高职高专建筑设计专业"互联网＋"创新规划教材

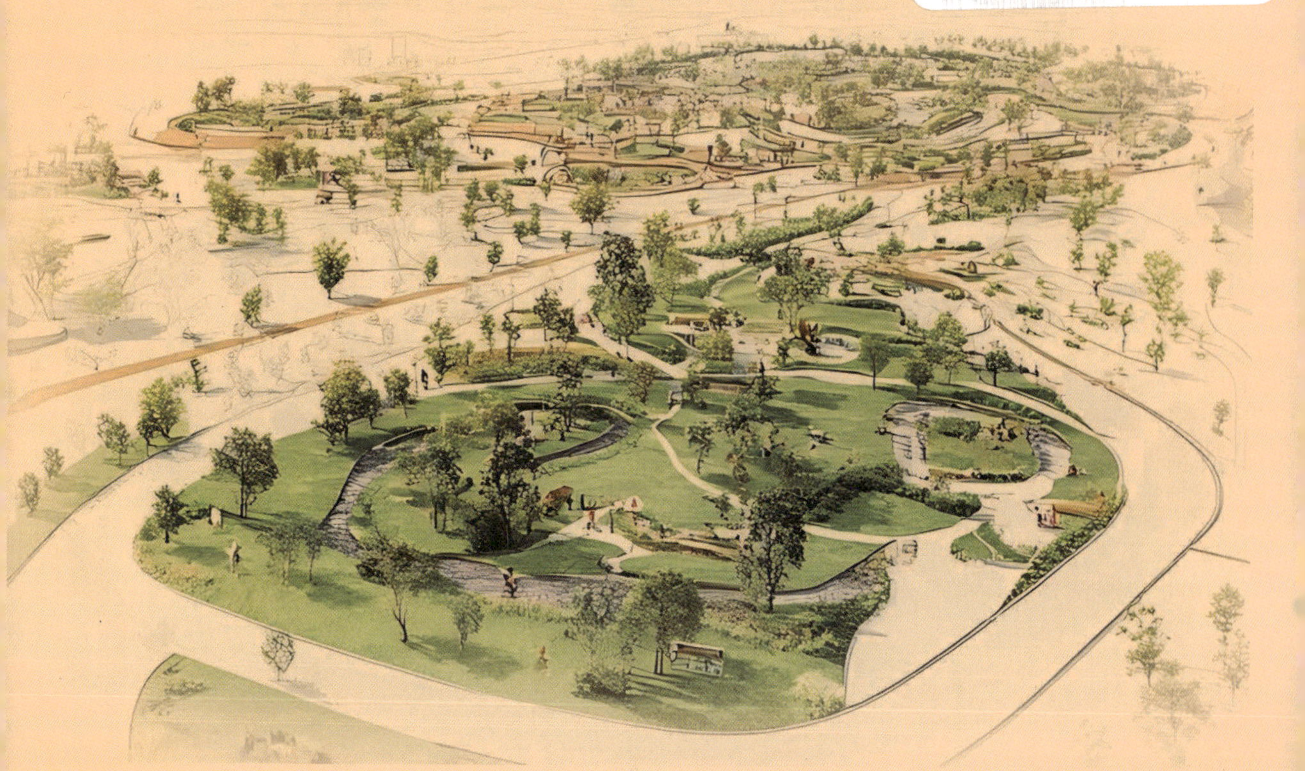

园林 景观设计

赵肖丹 李 燕 / 主 编
冯 磊 刘 草 陈 倬 赵 洁 / 副主编
王集萍 王晓改 徐 晗

内容简介

本书是一本专门为高职学生量身打造的园林景观设计领域的实用型教材。本书包含 10 个项目，以工作过程为导向构建教学内容。从园林景观设计基础理论入手，涵盖园林构成要素、设计方法与程序等内容，融合新兴技术、创新理念，紧跟行业发展。同时结合课程思政，培养学生的职业道德与文化自信。书中还涉及不同类型绿地的园林设计要点，如庭院、道路、广场、居住区、公园等，是高职园林相关专业学生提升专业技能与综合素养的"学思一体＋数实一体"优质教材。

图书在版编目（CIP）数据

园林景观设计 / 赵肖丹，李燕主编. —— 北京：北京大学出版社，2025.7. —— (高职高专建筑设计专业"互联网+"创新规划教材). —— ISBN 978-7-301-36139-9

Ⅰ. TU986.2

中国国家版本馆 CIP 数据核字第 202574ZB47 号

书　　　名	园林景观设计 YUANLIN JINGGUAN SHEJI
著作责任者	赵肖丹　李　燕　主编
策 划 编 辑	杨星璐
责 任 编 辑	王莉贤　刘健军
数 字 编 辑	蒙俞材
标 准 书 号	ISBN 978-7-301-36139-9
出 版 发 行	北京大学出版社
地　　　址	北京市海淀区成府路 205 号　100871
网　　　址	http://www.pup.cn　新浪微博：@北京大学出版社
电 子 邮 箱	编辑部 pup6@pup.cn　总编室 zpup@pup.cn
电　　　话	邮购部 010-62752015　发行部 010-62750672　编辑部 010-62750667
印 刷 者	北京宏伟双华印刷有限公司
经 销 者	新华书店
	787 毫米×1092 毫米　16 开本　18 印张　431 千字 2025 年 7 月第 1 版　2025 年 7 月第 1 次印刷
定　　　价	75.00 元

未经许可，不得以任何方式复制或抄袭本书之部分或全部内容。
版权所有，侵权必究
举报电话：010-62752024　电子邮箱：fd@pup.cn
图书如有印装质量问题，请与出版部联系，电话：010-62756370

前 言
Preface

在当今快速发展的时代，园林景观设计作为一门融合自然科学、人文艺术与工程技术的学科，正发挥着日益重要的作用。对于高职学生而言，掌握园林景观设计的知识与技能，不仅能够满足日益增长的城市建设、生态环境改善和人们对美好生活向往的需求，更是开启充满机遇与挑战的园林相关职业道路的关键。

高职教育注重培养学生的实践能力和职业素养，旨在使学生能够迅速适应社会需求并在各自的专业领域内发挥作用。本教材正是基于这样的高职教育理念编写而成的，旨在为高职园林相关专业的学生提供一本实用、易懂、针对性强的教材。

本教材具有以下几个鲜明的特点。

（1）以学生的知识基础和学习能力为出发点。考虑到高职学生的知识储备和学习特点，我们采用了简洁明了的语言来阐述园林景观设计的基本概念、原理和方法。避免了过于复杂的理论推导，将重点放在让学生理解和掌握如何进行实际的园林景观设计操作上。

（2）强调实践导向。园林景观设计是一门实践性很强的学科，纸上谈兵无法真正培养出合格的专业人才。因此，本教材融入了大量的实际案例分析、现场操作指南和实践项目训练。通过这些内容，学生能够在学习过程中不断地将理论知识与实际应用相结合，提高动手能力和解决实际问题的能力。本教材每一个章节都精心设计了相应的实践任务，这些任务模拟真实的园林景观设计场景，让学生在完成任务的过程中逐渐积累实践经验。

（3）注重与时俱进。园林行业在不断发展，新的理念、技术和材料不断涌现。本教材及时反映了行业的最新动态，将 AI 技术、生态理念融入教材内容，并融入了党的二十大精神，使其贯穿思想道德教育、文化知识教育和社会实践教育各个环节。这使学生在学习过程中能够接触到行业前沿知识，培养他们的创新意识和适应未来行业发展的能力。

教材内容共有 10 个项目，建议安排 64~120 学时。项目 1 至项目 3 将园林景观设计的发展历程、构成要素、设计构思、设计方法等内容串联起来，为学生的设计理论夯实基础，建议安排 12~20 学时。项目 4 为新兴技术 AI 智能辅助设计，建议安排 4 学时。项目 5 至项目 10 作为不同绿地类型的设计理论及项目实践训练，建议每个项目安排 8~16 学时。

我们希望，通过本教材的学习，高职学生能够对园林景观设计有一个全面深入的理解，能够熟练掌握园林景观设计的基本技能，并且在未来的职业生涯中，凭借扎实的专业知识和实践能力，在园林景观设计领域发挥自己的才能，为创造更加美丽、宜居、生态的环境贡献自己的力量。

本教材由河南建筑职业技术学院的赵肖丹和李燕担任主编；河南建筑职业技术学院冯磊、刘草、陈倬、赵洁、王集萍、王晓改、徐晗担任副主编；河南建筑职业技术学院杜秋、王月明，青岛市市政工程设计研究院有限责任公司孔森担任参编。编写分工如下：赵肖丹负责教材整体设计、统稿；赵肖丹、李燕编写项目1及课程资源；刘草编写项目2及课程资源；赵洁、王集萍编写项目3及课程资源；陈倬编写项目4、项目5，王集萍编写项目4、项目5课程资源；王月明、杜秋编写项目6及课程资源；李燕编写项目7，王集萍编写项目7课程资源；王晓改、赵洁编写项目8及课程资源；冯磊编写项目9，王集萍编写项目9课程资源；徐晗编写项目10，孔森编写项目10的项目设计实训。

感谢所有为教材编写提供素材的土人景观、张唐景观、奥雅设计、顺景园林、金石景观设计、河狸摄影等的各位同人，他们为丰富教材的内容提供了宝贵的案例和实景图片。

限于编者水平和能力，书中难免有不足之处，敬请读者批评指正。

编　者
2025年7月

目录 Contents

项目 1 园林景观设计概论 ………… 1
- 1.1 任务导入 ……………………… 2
- 1.2 相关知识 ……………………… 3
  - 1.2.1 园林景观设计的概念 …… 3
  - 1.2.2 园林景观设计发展趋势、热点、机遇 ……………… 4
  - 1.2.3 园林景观设计影响因素 … 9
  - 1.2.4 园林景观设计艺术方法 … 12
- 1.3 项目设计实训 ………………… 22
  - 园林景观设计实地调研实训 ……… 22

项目 2 园林构成要素的设计 ……… 24
- 2.1 任务导入 ……………………… 25
- 2.2 相关知识 ……………………… 25
  - 2.2.1 园林地形设计 …………… 26
  - 2.2.2 园林植物种植设计 ……… 29
  - 2.2.3 园林建筑与小品设计 …… 35
  - 2.2.4 园路设计 ………………… 38
  - 2.2.5 园林水景设计 …………… 41
  - 2.2.6 园林铺装设计 …………… 44
- 2.3 项目设计实训 ………………… 49
  - 城市绿地园林构成要素调研 ……… 49

项目 3 园林景观设计的方法与程序 ………………………… 50
- 3.1 任务导入 ……………………… 51
- 3.2 相关知识 ……………………… 51
  - 3.2.1 园林景观设计基本原则 … 51
  - 3.2.2 园林景观设计方法 ……… 54
  - 3.2.3 园林景观设计程序 ……… 57
  - 3.2.4 园林景观设计表达 ……… 64
- 3.3 项目设计实训 ………………… 80
  - 园林景观设计表现技法实训 ……… 80

项目 4 人工智能数字化园林景观设计 ………………………… 82
- 4.1 任务导入 ……………………… 83
- 4.2 相关知识 ……………………… 83
  - 4.2.1 人工智能在辅助园林景观设计方面的作用与发展趋势 …… 83
  - 4.2.2 数字智能驱动的设计方法 … 85
  - 4.2.3 虚拟现实技术和增强现实技术的应用 ………………… 86
- 4.3 项目设计实训 ………………… 87
  - 运用人工智能辅助校园景观设计 … 87

项目 5 园林庭院景观设计 ………… 88
- 5.1 案例导入 ……………………… 89
  - 5.1.1 私家庭院景观设计 ……… 89
  - 5.1.2 "一带一路"暨金砖国家技能发展与技术创新大赛"园林景观设计虚拟仿真"赛项 … 90
  - 5.1.3 全国职业院校技能大赛"园林景观设计与施工"赛项 …… 91
- 5.2 相关知识 ……………………… 94
  - 5.2.1 庭院的概念和分类 ……… 94
  - 5.2.2 庭院的风格 ……………… 95
  - 5.2.3 庭院景观设计的要求 …… 99
  - 5.2.4 庭院景观设计的原则 …… 101
  - 5.2.5 庭院的设计要素 ………… 101
  - 5.2.6 庭院的布局形式和设计要点 ……………………… 106
- 5.3 项目设计实训 ………………… 107
  - 某民宿庭院景观设计实训 ………… 107

项目 6 城市道路景观设计 ………… 109
- 6.1 案例导入 ……………………… 110
  - 6.1.1 项目概况 ………………… 110
  - 6.1.2 总体设计 ………………… 111

6.1.3　重要节点设计 …………… 112
　6.2　相关知识 …………………………… 114
　　　6.2.1　城市道路景观设计的发展
　　　　　　沿革 …………………… 114
　　　6.2.2　城市道路景观设计的功能 … 117
　　　6.2.3　城市道路景观设计的基本
　　　　　　概念 …………………… 118
　　　6.2.4　城市道路景观设计的原则 … 123
　　　6.2.5　城市道路景观设计的要点 … 124
　　　6.2.6　城市道路景观树种的选择 … 138
　6.3　项目设计实训 ………………… 140
　　　某城市老城区中的生活型街道改造
　　　设计项目实训 …………………… 140

项目7　城市广场景观设计 ………… 142
　7.1　案例导入 …………………………… 143
　　　7.1.1　项目概况 ………………… 143
　　　7.1.2　项目规划设计 …………… 144
　7.2　相关知识 …………………………… 153
　　　7.2.1　城市广场基础知识 ……… 153
　　　7.2.2　城市广场的分类及特点 … 154
　　　7.2.3　城市广场景观设计的
　　　　　　原则 …………………… 159
　　　7.2.4　城市广场空间设计 ……… 163
　　　7.2.5　城市广场设计要素 ……… 166
　7.3　项目设计实训 ………………… 172
　　　某城市商业广场景观设计项目实训 … 172

项目8　居住区景观设计 …………… 174
　8.1　案例导入 …………………………… 175
　　　8.1.1　项目概况 ………………… 175
　　　8.1.2　前期分析 ………………… 177
　　　8.1.3　设计理念 ………………… 177
　　　8.1.4　景观策略 ………………… 178
　8.2　相关知识 …………………………… 182
　　　8.2.1　居住区概述 ……………… 182
　　　8.2.2　居住区景观的环境营造 … 184
　　　8.2.3　居住区景观设计的原则与
　　　　　　要求 …………………… 186
　　　8.2.4　居住区场地景观设计 …… 189

　　　8.2.5　居住区景观构成元素设计 … 195
　　　8.2.6　居住区景观设计的成果 … 205
　8.3　项目设计实训 ………………… 207
　　　某居住区景观设计实训 ………… 207

项目9　城市公园景观设计 ………… 209
　9.1　案例导入 …………………………… 210
　　　9.1.1　项目背景 ………………… 210
　　　9.1.2　理念定位 ………………… 211
　　　9.1.3　总体设计 ………………… 212
　　　9.1.4　重要景观节点及特色 …… 220
　　　9.1.5　经济技术指标 …………… 229
　9.2　相关知识 …………………………… 229
　　　9.2.1　城市公园景观设计基础
　　　　　　知识 …………………… 229
　　　9.2.2　城市公园景观设计的原则 … 233
　　　9.2.3　城市公园景观设计的影响
　　　　　　因素 …………………… 234
　　　9.2.4　城市公园景观设计的分区 … 234
　　　9.2.5　城市公园景观设计要点 … 236
　9.3　项目设计实训 ………………… 243
　　　9.3.1　城市公园景观实地调查 … 243
　　　9.3.2　某城市公园景观设计实训 … 245

项目10　滨水景观设计 ……………… 248
　10.1　案例导入 ………………………… 249
　　　10.1.1　项目概况 ……………… 249
　　　10.1.2　项目规划设计 ………… 249
　　　10.1.3　专项设计 ……………… 255
　10.2　相关知识 ………………………… 256
　　　10.2.1　滨水景观类型与特点 … 258
　　　10.2.2　滨水景观设计原则 …… 262
　　　10.2.3　滨水景观设计内容 …… 263
　　　10.2.4　滨水绿地植物生态群落
　　　　　　　设计 ………………… 267
　　　10.2.5　滨水景观驳岸设计 …… 271
　　　10.2.6　滨水景观道路设计 …… 276
　10.3　项目设计实训 ………………… 279
　　　某滨水景观设计实训 …………… 279

参考文献 ……………………………… 281

项目 1

园林景观设计概论

教学目标

本项目阐述了园林景观设计的内容，涵盖其概念、发展趋势、热点、机遇、影响因素和艺术方法。通过本项目的学习，学生能够提升在园林景观设计方面的能力，如具备园林景观鉴赏能力，具备园林景观设计的创新思维，能够运用各种造景手法开展园林景观设计，还能根据设计项目组织团队完成任务，培养团结协作和解决问题的能力。

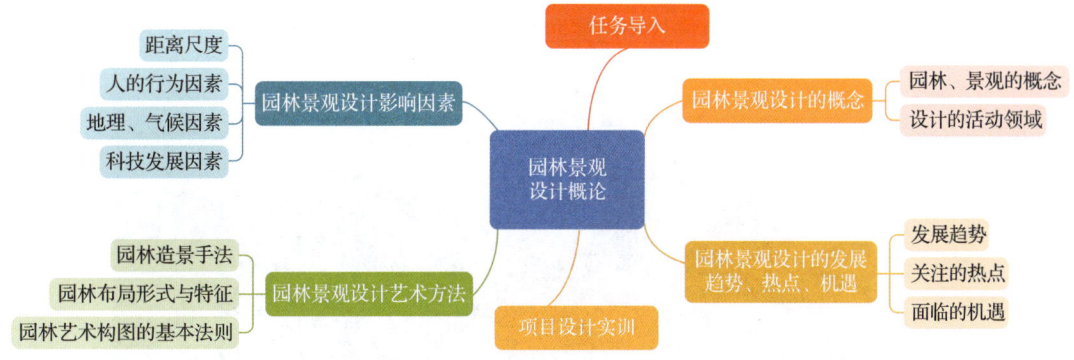

1.1 任务导入

园林景观设计是园林绿地建设之前的规划手段，是实现园林美好理想的创作过程。习近平总书记在浙江安吉余村首次提出"绿水青山就是金山银山"理念。党的十八大以来，以习近平同志为核心的党中央把生态文明建设作为治国理政的重要内容，推动美丽中国建设取得历史性成就，形成了习近平生态文明思想。党的二十大报告同样指出中国将生态文明建设作为国家发展的重要组成部分，强调人与自然和谐共生的重要性。

在这样的背景下，园林工作者应该紧跟时代步伐。一方面，深刻领会生态文明建设的重要意义，将"绿水青山就是金山银山"的理念贯穿于设计中；另一方面，要在园林景观设计时充分考虑经济条件的限制，遵循自然法则，以实现人与自然的和谐共生为目标，为创造美丽中国贡献专业智慧和创新力量。

在新时代的生态文明建设历程里，中国取得了极具历史性意义的成就，其中包括生态环境制度体系的持续完善、污染防治攻坚的深入施行、绿色发展方式的成功确立等（图1-1-1）。在学习本书的过程中，希望大家能够对园林环境进行观察，仔细记录下植物的种类、生长情况以及季节的变化，这会助力你们了解生态系统的动态变化。与此同时，要踊跃参与到身边的如校园绿化、社区花园等园林维护或设计项目之中，这会锻炼自己的专业实践能力；投入一些园林生态研究项目之中，增强对园林景观设计和生态保护的认知。另外，需关注国家关于生态环境保护的政策和法规，了解国家在生态文明建设领域的最新态势。并思索如何把现代科技和设计理念融入园林景观里，从而适应未来的发展需要。参与这些活动，不仅能够让自身的知识得以增长，还能为国家的生态环境保护贡献自己的力量，共同推动社会朝着更为绿色、可持续的方向迈进。

图1-1-1　大理洱海生态治理与休闲农业示范区/土人景观

1.2 相关知识

1.2.1 园林景观设计的概念

1. 园林

园林是指在一定的地块范围内，依据自然地形、地貌，利用植物、山石、水体、建筑等主要素材，根据功能要求，遵循科学原理和艺术规律，创造出的可供人们游憩、观赏的境域（图1-2-1）。

园林景观设计概论

2. 景观

景观是指土地及土地上的空间和物体所构成的综合体，它是复杂的自然过程和人类活动在大地上的烙印，是多种功能（过程）的载体（图1-2-2）。关于"景""观"两字，我国古代文献中解释：景，"光也"，意为日光；观，"谛视也"，意为仔细看。"景"是现实中存在的客观事物，而"观"是人对"景"的各种感受与理解，"景"与"观"的关系实际上体现了人与自然的和谐统一。景观大致可分为两大类，即自然景观和人文景观。

图1-2-1 苏州畅园

图1-2-2 哈尔滨群力湿地公园/土人景观

3. 园林景观设计

园林景观设计是指在某一区域内以一定的科学、技术和艺术规律为指导，创造一个由形态、形式等因素构成的、具有一定社会文化内涵及审美价值的景物和空间环境。因此，园林景观设计是综合性的学科，主要内容是空间设计和管理，对象是空间形态，侧重于对空间领域的开发和整治，即对土地、水、大气、动植物等景观要素与环境的综合利用与再创造。

中国的景观设计与中国的园林、山水画有着密切的联系，古典园林艺术博大精深，美学思想上强调"师法自然"，其组景、造景手法高超，讲究"虽由人作，宛自天开"。中国的园林景观设计在多年实践与探索的基础上，已走出传统造园的小圈子，设计范畴已拓展到城市公园、居住区绿地、城市广场、城市道路等城市环境生态相关的各个方面，从不同尺度建立人与自然多样化的联系，它更强调人类的发展、资源与环境的可持续性。

4. 现代园林景观设计的活动领域

园林景观设计是对园林景观进行分析、规划、布局、改造、设计、管理、保护和恢复的科学与艺术，是基于科学和艺术的方法，探究人与自然的关系。园林景观设计包含园林景观分析、园林景观规划、园林景观营造和园林景观管理四个过程。它的产生和发展都有其深刻的背景，而且，园林景观设计的概念和实践范畴是随着社会的发展不断演变和扩充的，在不同的国家和地区具体的实践领域也有所区别，这和学科本身的发展及当地的经济发展状况有密切的联系。

目前，园林景观设计在运用新技术方面取得了很大的进步，在场地设计、景观生态分析、风景区分析等方面都开始了对 AI、RS 和 GIS 的运用和研究（图 1-2-3、图 1-2-4）。

图 1-2-3　利用 AI 软件辅助设计

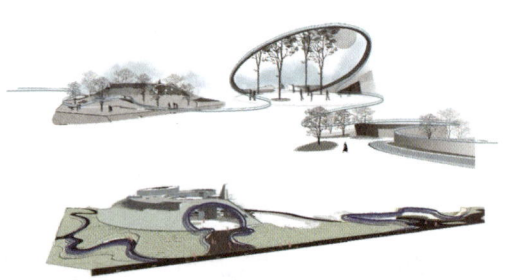
图 1-2-4　利用遥感影像+GIS 进行景观分析

1.2.2　园林景观设计发展趋势、热点、机遇

当今社会出现的能源、生态、人口等问题，使人类不得不对环境加以关注。随着城市建设规模的不断扩大和乡村的急剧城市化，目前中国正经历着至今为止规模最大、速度最快的城市化过程，人类的生存环境面临着巨大的挑战，也引发了一系列人与环境的矛盾。城市的大量建设促使园林景观设计行业高速发展，但也面临着很多问题，如在园林景观设计时忽视了人与自然环境的和谐问题等。

园林景观规划设计的趋势和热点

人类社会可持续发展研究的核心是将社会文化、生态资源、经济发展三大问题平衡考虑，以全球范围和几代人的兴衰为价值尺度，并以此作为人类发展的基本方针。

1. 园林景观设计发展趋势

随着科学技术的迅猛发展，文化艺术的不断进步，国际交流及旅游的日益频繁，人们的社会生活方式、文化理念、价值观发生着深刻的变化，审美的情趣日益丰富，品位也越来越高雅。它们相互结合，共同催生了现代景观设计发展的需求，纵观世界园林景观设计的发展总趋势，大体有以下几个方面。

（1）可持续发展和生态原则将成为园林景观设计必须考虑的因素。

（2）园林景观设计逐渐走向社区并日趋复杂化。

（3）综合运用各种新技术、新材料、新工艺、新模式，对园林进行科学规划、科学施工，创造出丰富多样的新型园林景观。

（4）园林绿化的生态效益与社会效益、经济效益的相互结合、相互作用将更加紧密，向更高程度发展，在经济发展、物质与精神文明建设中发挥更大、更广的作用。

2. 园林景观设计关注的热点

1）城市慢行景观

城市慢行景观指的是以步行、自行车等慢速出行方式为交通主体的配套景观设计。

城市绿道体系是可以供行人和骑车者进入的，自然景观良好，以休闲功能为主的绿色开敞空间，主要设置在公园、滨水区域、文教场所和景区等（图1-2-5～图1-2-7），通常沿滨水区域、城墙、道路附属绿地等进行建设。城市绿道分为区域绿道、城市绿道和社区绿道三个等级。

碳中和景观

图1-2-5　郑州高铁公园

图1-2-6　郑州双鹤湖中央公园步道/同济大学建筑设计研究院

图1-2-7　城市沿河步道

例如图 1-2-5 所示的郑州高铁公园，定位为线性高地公园，公园紧邻高铁桥架，全长 10 km，为城市铁路沿线的再利用提供了思路。

2）弹性景观

弹性景观是指对干扰具有敏感响应能力，能较快恢复到原有状态，并保持其结构和功能的景观。当前干旱、极端高温、火灾、洪涝、滑坡和生物多样性缺失等破坏因素对人类生活和社会发展造成了极大的影响。通过对弹性景观的营建可以带来诸多益处，如建造滨海缓冲区能同时提供野生动物栖息地和居民休闲场所；建造雨水基础设施可以减轻洪涝灾害；城市森林在净化空气的同时亦能减少城市热岛效应。同时，这些营建措施也可以极大地提高城市景观的弹性。

3）事件景观

国际、国内重大的展览、赛事、峰会、论坛等，如奥运会、亚运会、世界博览会等，其主场馆及周边的配套景观设计也是当前的设计热点。

4）棕地景观

"棕地"被定义为被遗弃的、闲置的或者未充分利用的商业或工业用地，虽然这些用地之前的利用含有或可能含有环境污染物，但具有巨大的潜在开发价值，是未来景观生态保护开发利用的重要方向。

岐江公园是在广东省中山市粤中造船厂旧址上改建而成的主题公园，设计强调足下的文化与野草之美。设计的主导思想是充分利用造船厂原有植被，进行城市土地的再利用，建设成一个开放的、反映工业化时代文化特色的公共休闲场所（图 1-2-8、图 1-2-9）。

图 1-2-8　粤中造船厂环境改造前　　　　　　图 1-2-9　粤中造船厂环境改造后

（岐江公园）/土人景观

5）景观与大数据

遥感技术、云计算、大数据等信息技术的发展为景观的感知和科学决策提供了依据和支持，同时，也为公众参与提供了可能，让公众从一开始就参与到项目规划中来，实现公众与专业机构共同做规划（图 1-2-10）。

6）滨水区复兴

滨水区一般指在城市中与海、湖、江、河等水域相邻的陆地地带，这些地带常被建设成具有较强观赏性和使用功能的城市公共绿地边缘区域，具有水陆过渡的特点。

数字交互景观

图1-2-10 智慧城市管理数据分析/花瓣网

7）栖息地与生物多样性保护

栖息地即生境，就是生物及其生存环境，合适的栖息地能够促进野生动植物的生存与繁衍，进而实现野生动植物和人类的共存。景观设计师应该能够设计兼具美学和生态系统服务功能的栖息地。

8）城市环境与公共健康

医学的各种研究表明自然景观要素对人身体和心理有积极作用，良好的康复景观环境能为疗养者提供安全、舒适的休闲环境。

9）园林景观设计的社会关怀

"低造价、低影响、低维护"的三低景观是当前社会对园林景观设计的要求，也是未来发展的主流趋势。同时，园林景观设计需要体现和融入社会关怀，如在设计过程中对生理性弱势群体——儿童、老人、残障人士的需求重点关注，亦或是对贫困地区等特殊地区和场地的重点考虑。毛寺生态实验小学（图1-2-11）的设计师利用当地的生土材料和建造技术，延续当地传统的施工工艺、组织模式，使当地的工匠认识到传统技艺的价值所在，以低造价塑造了优质的校园室内外环境。

图1-2-11 毛寺生态实验小学

10）园林景观设计的生态

将生态因素纳入设计之中，从而帮助确定设计方向。在美学和生态相结合的园林景观设计中，生态与游憩往往存在此消彼长的关系。设计师的作用就在于协调美学与生态，以获取综合效益最大化。

如三亚红树林生态公园，遵循生态过程的自然规律，利用指状相扣的红树林混交林岛来加快红树林修复，塑造出既美丽又生态的景观（图1-2-12）。

图1-2-12　三亚红树林生态公园/土人景观

3. 园林景观设计面临的机遇

1）城市双修

城市双修是指生态修复、城市修补，是治理"城市病"、改善人居环境、转变城市发展方式的有效手段，有计划、有步骤地修复被破坏的山体、河流、湿地、植被等生态环境。以郑州市为例，郑州市的城市双修主要聚焦于生态廊道、城市风貌和水系的治理。

2）海绵城市

海绵城市是指城市能够像海绵一样，在适应环境变化和应对自然灾害等方面具有良好的"弹性"，下雨时吸水、蓄水、渗水、净水，缺水时将蓄存的水释放并加以利用。

3）和美乡村

党的二十大报告提出"建设宜居宜业和美乡村"的具体要求，使园林景观设计在乡村景观风貌规划和乡村旅游规划上发挥重要作用。如在宜兴乡村振兴实践中，将园林景观融入乡村风貌中，游客在休闲时常有移步易景的惊喜发现（图1-2-13、图1-2-14）。

4）田园综合体

田园综合体是集现代农业、休闲旅游、田园社区为一体的特色小镇或乡村综合发展模式，集循环农业、创意农业、农事体验于一体的综合体，通过农业综合开发、农村综合改革转移支付等渠道开展试点示范。采用"公司+村+农场"的模式，"产业+旅游"模式，推动一、二、三产业融合发展，提升农业产值。田园综合体的建设开发离不开园林景观设计的参与和支持。

5）传统村落保护

传统村落指形成较早，拥有较丰富的文化与自然资源，具有一定历史、文化、科学、艺术、经济、社会价值，应予以保护的村落。

图 1-2-13　宜兴南浔（一）

图 1-2-14　宜兴南浔（二）

由于交通、经济、教育、人口流动等诸多因素的不平衡发展，传统村落不断地消亡，园林景观设计师应在传统村落保护开发中，在文化元素的保护传承、村落规划布局、乡村景观风貌保护等方面，提供科学的决策建议和技术服务支持。

上述新机遇为园林景观设计行业的发展带来了新的挑战，同时，也提供了新的发展方向和动力。

1.2.3　园林景观设计影响因素

1. 景观中的距离尺度

景观设计处理的大多是外部空间设计及外部空间与内部空间的渗透协调关系，因此应注意空间的属性和限制空间的要素。一般认为，20～25 m 的视距是创造景观"空间感"的尺度。在这个视距内，大多数人能看清他人的面部表情，使人们感觉比较亲切，所以，这个空间尺度具有一定的社交意义。不同的空间具有不同程度的封闭性，其封闭程度主要取决于围合空间的竖向要素的高度、密实性和连续性，较为常见的竖向要素为建筑、墙体、山石、植物等。

园林空间设计

领域性是个人或群体为满足某种需要拥有或占用一个场所或区域，并对其加以人格化和防卫的行为模式。领域性是有关城市空间的一个概念。根据人们行为活动与城市形体环境的关系，提出了由私密性空间、半私密性空间、半公共性空间及公共性空间构成的空间体系的设想。人类对领域性的需求逐渐从生理层面发展到高级的心理层面，具有特殊性。

2. 景观中人的行为因素

1）人在景观中的三种基本活动

人在景观中的三种基本活动为：必要性活动、自发性活动和社会性活动。每一种活动类型对于物质环境的要求各不相同。

（1）必要性活动：指人因为生存需要而必须进行的活动。

（2）自发性活动：指人在外部条件适合（如天气、场所）且自身有意愿参与的活动，这一类活动包括散步、锻炼身体、晒太阳等。自发性活动与环境的质量有很密切的关系。

（3）社会性活动：指人在公共空间中有赖于他人参与的各种活动，如聊天、下棋等。社会性活动和环境品质亦有相当大的关系。

以上三种活动类型是人在景观外部空间中的活动方式。同时不同类型的活动对于外部空间的要求也不相同，这决定了外部空间环境的设计应有针对性，以满足人们对外部环境设施及空间布局的不同要求。

2）景观与人行为的基本需求

当人在相应的室外空间中活动，个体心理与行为虽然彼此间存在着差异，但是从整体上来看仍然具有共性，这也就是我们要对其进行研究的前提和基础。

（1）公共性与人际距离。

公共性是人们对空间需求的主要体现，同时也是以人际交往为主体的社会性活动的前提。人的社会性决定了人们之间要进行信息的交流、思想和情感的沟通，这种人际交往行为大多是在公共空间内进行的。

（2）私密性与安全感。

私密性是个人或群体控制自身与他人进行信息交换的时间、方式、程度的需求。私密性可以理解为个人对空间接近程度的选择性控制，人对私密性的选择可以表现为一个人独处，希望按照自己的愿望支配自己的环境，或几个人亲密相处不愿意接受他人的干扰。图 1-2-15 所示为私密性空间。

图 1-2-15　私密性空间/右图河狸摄影

安全感是人在社会中的心理需求，是园林景观设计要满足的基本要求。只有在满足安全感的前提下，人们在空间生活中才能更自在地活动，如私人庭院的封闭围墙设计，能够给予人心理上的安全感，让人更舒适地在庭院中活动。由于人们对安全感的需求常通过心理界限感知体现，因此在大型景观区域中，小分区的边界处理需兼顾功能性与心理舒适感，形式也更为多元。

（3）宜人性和从众心理。

园林景观设计既要满足经济实用的功能，还要满足人们精神上的需求，即审美需求，契合人们对美的向往。设计具有极强的社会属性，设计活动需要遵循大众的社会机制。

3. 地理、气候因素

一个地区的气候在一定程度上受其所处的地理位置影响，纬度愈高，温度愈低；同时还受其他因素影响，如地形地貌、森林植被、水面、大气环流等。所处地域不同，景观特征有较大差异。如云南干栏式住宅（图1-2-16），采用架空的做法，既有利于通风隔热，又有利于防洪水、防虫蛇害；黄土高原和河西走廊受气候影响采用窑洞住宅（图1-2-17），其冬暖夏凉、就地取材，十分适合当地的地理气候条件。

图1-2-16　云南干栏式住宅

图1-2-17　黄土高原窑洞住宅

4. 科技发展因素

园林景观设计与施工中注重新材料、新工艺的运用，而从更广泛的层面来看，每种新材料的发现，都会给社会生产和生活面貌带来巨大改变，推动人类社会物质文明的发展，新材料的出现为园林景观设计的发展提供物质保证（图1-2-18～图1-2-20）。

图1-2-18　喷水单车互动性景观/张唐景观

图1-2-19 "大莲蓬"互动雕塑景观/张唐景观

图1-2-20 儿童乐园

1.2.4 园林景观设计艺术方法

1. 园林造景手法

园林造景手法

园林景观的设计、施工过程，称为造景。它是一门融合了艺术与科学的高超技艺，通常需要体现高度的思想性、科学性、艺术性，通过对园林要素的反复推敲，构成优美的园林景色。造景要根据园林绿地的性质、规模，因地制宜、因时制宜。现将常用的园林造景手法介绍如下。

1）主景

景就距离远近、空间层次而言，有前景、中景、背景之分（也称近景、中景与远景）。一般来说，前景、背景都是为了突出中景，中景往往是主景部分（图1-2-21）。

主景是能够集中观赏者的视线，成为画面重点的景物。通常通过升高主景的位置，使其在视觉上更加突出，如在高台上设置重要的建筑或景观元素；或运用对比的手法，如在体量、色彩、质地等方面与周围环境形成差异，来强调主景的重要性。

配景则是围绕主景布置，起到衬托和辅助的作用。不同性质、规模、地形环境条件的园林绿地中，主景、配景的布置是有所不同的。

（1）升高主景。

通过升高主景位置，使其高于周围环境，从而吸引视线。如将主景建筑置于高台上，把主景所在区域设计成凸起的小山。相反，也可降低周围环境的地势，使主景相对凸显出来。

（2）运用对比手法。

体量对比：使主景在体积上明显大于周围的配景（图1-2-22）。如一座宏伟的宫殿在一群较小的亭台楼阁中会显得格外突出。

色彩对比：采用鲜明的色彩来突出主景。如在一片绿色的植物中，设置一座红色的亭子。

质感对比：让主景具有与周围景观不同的质地和纹理。如光滑的大理石雕塑在粗糙的砖石铺地中会更加引人注目。

（3）运用视线引导。

如利用道路、小径或水流等线性元素，引导观赏者的视线自然地聚焦到主景上，或布置一些通透的空间或开口，使观赏者在行进过程中能够提前看到主景，引导观赏者持续关注主景。

图 1-2-21　前景、中景、背景层次关系　　　　图 1-2-22　运用对比增强主景

（4）运用光线和阴影。

利用自然光线的照射，使主景在特定的时间呈现出独特的光影效果，从而突出其立体感和质感。

（5）空间构图的重心。

为了突出主景，常把主景布置在整个构图的重心处（图 1-2-23），规则式园林构图中，主景常居于构图的几何中心；自然式园林构图中，主景常布置在构图的自然重心上。

图 1-2-23　主景位于构图重心上

2）配景

配景则是围绕主景布置，起到衬托和辅助的作用。园林属于空间艺术，亦同其他艺术作品，故园景也需有主、从之分，以主景为主，配景为从，配景起着陪衬主景的作用。

3）借景

"园林巧于因借"，借景在园林造景中十分重要。有意识地把园外的景物"借"到园内可透视、感受的范围中来，称为借景。借景可以利用园林周围的自然或人工景观，将其纳入园林的视野范围，以丰富园林的景观层次和内容。

（1）借景的内容。

借形组景：主要采用对景、框景等构图手法，把有一定景观价值的远、近建筑物以及山、石、花木等自然景物纳入园区中来。

借声组景：自然界声音多种多样，园林中所需要的是能激发感情、怡情养性的声音。在我国园林中，暮鼓晨钟、溪谷泉声、林中鸟语、雨打芭蕉、柳岸莺啼等，都是借声组景的优秀代表。

园林中既重视月色组景（如杭州西湖的"三潭印月""平湖秋月"），也注重植物色彩的运用，如白桦的白色树干、五角枫的红色树叶等。

借香组景：在造园中利用植物散发的幽香来增添游园的兴致，是园林营造中不可忽视的一个方面。

（2）借景的方法。

远借：是把园林远处的景物组织进来，所借物可以是山、水、树木、建筑等。比如无锡寄畅园借惠山丰富的景观（图1-2-24）。

邻借：又称近借，借取邻近的园林景色或建筑景观。周围环境是邻借的依据，周围景物只要是能够利用成景的都可以利用，不论是亭、台、楼、阁，还是山、水、花木（图1-2-25）。

图1-2-24　远借　　　　　　　　　　　　图1-2-25　邻借

仰借：借高空中的蓝天白云、翱翔飞鸟、明月繁星等自然景象。可以通过营造开阔的天空视野，或者在高处设置观景台来实现仰借。

俯借：是指利用居高临下俯视观赏园外景物。如登高四望，四周景物尽收眼底，就是俯借。

应时而借：根据不同的季节、时间和气候条件，巧妙地借用相应的自然景观元素，以营造出与时节相契合的独特景观效果。

以一日来说，日出朝霞、晓星夜月。清晨借初升的朝阳和晨雾，营造出朦胧而清新的感觉；傍晚借绚丽的晚霞和落日余晖，赋予园林温暖而浪漫的氛围；夜晚借皎洁的月光、闪烁的星辰，打造出宁静神秘的夜景。

以四季来说，春天借盛开的繁花，如桃花、樱花等，展现生机勃勃的春日景象；夏天借茂密的绿树、清凉的溪流，营造出清凉舒适的氛围；秋天借金黄的枫叶、火红的柿子，展现秋意的斑斓与丰收的喜悦；冬天借皑皑白雪、傲雪的寒梅，塑造出宁静素雅的冬日景致。

4）对景

对景强调园林景观之间的相互呼应和对应关系。对景可做严整、规则的对称处理，亦可做灵活、拟对称的处理，分为正对和互对。正对（图1-2-26）是在轴线的两端设置对称或相似的景观，给人以平衡和庄重的感觉。互对则是景物之间在位置和形态上相互关联，但不一定完全对称，形成一种富有变化和互动的视觉效果。

5）障景

障景指的是通过设置屏障，如假山、植物、建筑等，来阻挡观赏者的视线，从而引导游览路线，增加园林景观的神秘感和层次感。首先，障景能够控制游览节奏。适当遮挡视线，使游客在行进过程中不能一下子看到全部景观，从而激发他们的好奇心和探索欲（图1-2-27）。其次，障景能营造空间层次，形成"欲扬先抑"的效果，增强景观的纵深感和丰富性。最后，障景可以保护隐私。

图1-2-26　对景

图1-2-27　展示区入口障景/河狸摄影

障景常利用山、石、植物、建筑等作为屏障，其设置多数用于入口处，或自然式园路的交叉处，或河湖转弯处，使游人在不经意间视线被阻挡或引导到某个方向。

6）隔景

利用园林要素分隔园林的景色，称为隔景。隔景通过分隔，能使景致丰富、深远，增添构图变化，可使园中若干景点、景区突显其特色。隔景将园林绿地隔成若干空间，能产生园中有园、池中有池、岛中有岛和大景之中包孕着小景的境界，从而扩展意境（图1-2-28）。

图1-2-28　桥体隔景

7）夹景

景为树木、建筑等园林要素所夹，称为夹景（图1-2-29）。此景是利用树丛、岩石或建筑，分列在视线的两旁，使观景者的视线只能由两树丛或两建筑物之间通过，看到前方的美景。夹景通常用于主景或对景前，用于左右较封闭的狭长空间，其作用是突出轴线或端点的主景或对景，美化风景构图效果，同时还具有增加景深的造景作用，引起游人注意。

8）框景

框景（图 1-2-30）是指利用门框、窗框、廊柱框、树枝框等，把景色框限在从框中所看到的范围之内，有意识地将园中的景色进行剪裁和优化，使其宛如一幅嵌在框中的图画，从而达到独特的艺术效果。由于画框的作用，观赏者的视觉高度集中在框子中间画面的主景上，于是景物便能给人以强烈的感染力。如苏州园林中的月洞门，透过它可以看到门后精心布置的假山、花木，形成一幅优美的框景画面。框景的妙处在于它能够引导观赏者的视线，聚焦于框中精心选取的景观片段，突出景色的主题和精华部分，增加景观的层次感和纵深感。

图 1-2-29　夹景　　　　　　　　　　图 1-2-30　框景

9）漏景

漏景（图 1-2-31）常由漏窗取景而来。除漏窗等建筑装修构件外，疏林树干也是形成漏景的好材料，用于漏景的植物不宜色彩华丽，树干宜空透阴暗，树木体型宜高大，姿态宜优美，排列宜与景并列。在沿漏窗之长廊或沿花格之围墙等处观景时，廊外、墙外的景色，忽断忽续，时隐时现，有"犹抱琵琶半遮面"的感觉，含蓄雅致，是空间渗透的一种主要方法。

图 1-2-31　漏景

10）题景

题景（图 1-2-32）是为园林中的景观或景点赋予富有诗意、文化内涵或艺术韵味的名称或题字。题景起到画龙点睛的作用，所以题景亦称为点景。如知春亭、爱晚亭（图 1-2-33）、花港观鱼等。它不但丰富了景的欣赏内容，增加了诗情画意，还点出了景的主题。

图 1-2-32　题景

图 1-2-33　爱晚亭

11）添景

添景通常是指在园林中，当远方的自然景观或人文景观之间的过渡显得空旷、单调时，为了丰富景观层次，增加景深和情趣，而在中间添加一些过渡性的景物。这些添景的景物可以是树木、亭台楼阁等。添景的作用在于避免景观显得过于疏散和孤立，使整体画面连贯、丰富和有节奏感。

2. 园林布局形式与特征

在园林中把景物按照一定的艺术规则有机地组织起来，创造成一个和谐完美的整体的过程称为园林布局。各种园林绿地布局形式，大致可分为规则式、自然式和混合式三种。

1）规则式

规则式园林，又称整形式园林或图案式园林，是一种以对称布局和几何形状为特征的园林风格。这种园林风格强调人工美，追求形式的完美和秩序感，通过对植物的精心修剪和建筑、水体等元素的规划布置，形成一种理想化的景观。规则式园林布局的形成受到历史传统、哲学思想和生产水平等因素的影响。主要的中外规则式园林代表有我国的北京天坛（图 1-2-34）、法国的凡尔赛宫（图 1-2-35）、意大利的台地园等。

图 1-2-34　北京天坛

图 1-2-35　凡尔赛宫

规则式园林的特点主要有以下几点。

（1）对称性：园林的布局往往以中轴线对称，体现了严谨的几何形态。

（2）规则性：园林中的植物经过精心修剪，建筑和水体等元素经过规划布置，呈现出完美的秩序感。

（3）强烈的人工痕迹：规则式园林强调人工美，体现了人类智慧和力量的痕迹。

2）自然式

自然式园林是一种模仿自然、追求自然美的园林形式（图1-2-36）。我国从春秋战国时期山水园林出现开始，自然式园林就成为中国古典园林的主要风格。自然式园林的布局按自然景观的组成规律采取不规则形式，通过对自然景观的提炼和艺术的加工，再现出高于自然的景色。它可以满足人们向往自然、融入自然的审美需求。如苏州拙政园、杭州花港观鱼公园等。

图1-2-36　现代自然式园林/PLAT ASIA 设计/河狸摄影

自然式园林的主要特点有以下几点。

（1）对自然的模仿和尊重：自然式园林的设计尽可能地模仿自然景观，如山脉、河流、森林等，强调自然的真实性和多样性，道路多随地形起伏，道路的平面和剖面多由自然起伏的平曲线和竖曲线组成。

（2）有限的人工干预：自然式园林的设计尽量减少人工建筑和装饰，尽可能地利用原有的自然景观。若有单体建筑，多为对称布局或不对称均衡布局；而建筑群或大规模建筑组群，多采用不对称的均衡布局。

（3）强调视觉效果：自然式园林的设计强调视觉效果，如视点的选择、视距的控制、视向的引导等，以提供最佳的观赏体验。

（4）强调功能和实用性：自然式园林的设计也强调功能性和实用性，如提供休闲、娱乐、运动等空间，满足人们的生活需求。

（5）生态性与自然融合：强调与自然环境的和谐共生，如利用本土植物、顺应地形地貌等。

3）混合式

混合式园林在设计上既体现了中国传统园林的自然、诗画、含蓄等特色，又引入了西方园林的对称、几何、开放等元素，使得园林既具有东方的意境之美，又不失西方的现代感和秩序感（图1-2-37）。混合式园林在布局形式上包含两种方法：一是将自然式园林和规则式园林的特点用于同一园林中，如在园路布局中，规则式的主园路与自然式的园林小径交错布置；二是将一个园林分为若干个区，一部分区域采用规则式布局，另一部分区域采用自然式布局。

图1-2-37　混合式园林

3. 园林艺术形式美法则

园林美是园林设计师在对自然美、生活美和艺术美高度领悟后所产生的审美意识与园林形式的有机统一。概括地说，园林美应该包括自然美、生活美、艺术美三种形态。

园林艺术构图的基本原则即园林艺术形式美的法则，是指导园林设计理论的基础知识，在园林景观设计实践中具有重要意义。园林是由各种山水、植物、建筑、园路等园林要素构成的。这些构成要素具有一定的形状、大小、色彩和质感，而形状又可抽象为点、线、面、体。园林艺术构图综合了这些点、线、面、体及色彩、质感的普遍组合规律。

园林设计艺术形式

园林艺术形式美法则的内容主要包括以下几个方面。

（1）对比与调和。

对比是将迥然不同的事物并列在一起，形成显著差异，突出表现一个景点或景观，使之鲜明迥异，引人注目。调和也称协调，是相近的不同事物的相融，并列在一起，达到完美的境界和多样化中的统一，使人感到协调、融合、亲切、随意、自然。园林中的调和是多方面的，如体形、线条、比例、色彩、虚实、明暗等都可以作为调和的对象。

下面介绍几种常用的对比手法。

① 形象的对比。

园林布局中构成园林景物的点、线、面、体常具有各种不同的形态，如长短、高低、大小等。在园林景物中，形状的对比与调和应用常常是多方面的，当存在对比时，还应考虑对比和调和二者的关系，所以在对称严谨的建筑周围，常种植一些整形的树木，并做规则式布置，而在自然式园林中，常以花草树木做自由式的布置，以取得协调。

② 体量的对比。

体量相同的景物，在不同环境中进行比较，给人的感觉不同。在大的环境中，会感觉其小，在小的环境中，会感觉其大。拿园林来说，大园气势磅礴、开敞、通透、深远；小园封闭、亲切、纤巧、曲折。大园中套小园，互相衬托，较小体量景物衬托大体量的景物，使大的更加突出，小的更加袖珍。如颐和园的佛香阁体量很大，而阁周围的廊，体量都较小，就是这一效果。

③ 方向的对比。

在园林的空间、形体和立面的处理中，常常运用垂直和水平方向的对比来丰富园林景物的形象。如用挺拔高直的乔木形成的竖向线条，与低矮丛生的灌木绿篱的水平线条形成对比，从而丰富园林的立面景观。

④ 空间的对比。

在空间处理上，将两个有明显差异的空间安排在一起，借两者的对比作用突出各自的特点。

⑤ 明暗的对比。

光线的强弱能造成景物、环境的明暗对比。环境的明暗给人不同的感受。明给人开朗活泼的感觉，暗给人幽静柔和的感觉，在园林布局中，布置明朗的广场空地供游人玩耍活动，布置幽暗的疏林、密林，供游人散步休息。

⑥ 虚实的对比。

园林中的虚实对比，常常是指园林中的空间与实墙，疏林与密林，水与山的对比，等等，在园林布局中做到虚中有实、实中有虚是很重要的，虚和实是相对而言的。虚让人感觉轻松，实让人感觉厚重，虚实对比能产生统一中有变化的艺术效果。

⑦ 色彩的对比。

园林绿地中利用色彩的对比关系可引人注目，以便更加突出主题，如常说的"万绿丛中一点红"，通过色彩对比突出主题。色彩的对比包括色相和色度的对比。秋季在艳红的枫叶林、黄色的银杏树的后面，应有深绿色的背景树林来衬托。

⑧ 质感的对比。

在园林中，可利用山石、水体、植物、道路、广场、建筑等不同的材料质感，形成对比，强化效果。即使是植物，不同种类之间也在质感上存在差异，有的给人厚实之感，有的则显得空透。相同材料不同质感也给人不同的感觉，如粗面的石材、混凝土、粗木等让人感觉稳重，而细致光滑的石材、细木等让人感觉轻松。

（2）节奏与韵律。

园林中的节奏就是景物有规律地反复连续出现，如灯杆、花坛和行道树等。园林中的韵律（图1-2-38），就是有规律，但又有抑有扬，起伏变化，从而产生富于感情色彩的律动感，使得风景产生更深的情趣和抒情意味，如自然山峰的起伏，人工群落的林冠线等。

由于节奏与韵律有着内在的联系与共同性，故可用节奏韵律表示它们的综合意义，节奏韵律就是一种事物在动态过程中，有规律、有秩序并富于变化的动态美。

图1-2-38 带有韵律感的景观设计

园林艺术构图中常见的节奏韵律如下。

① 简单韵律。

简单韵律是指由同种元素等距反复出现的连续构图。如等距的行道树、等高等距的长廊。

② 交替韵律。

交替韵律是指由两种或两种以上元素交替等距反复出现的连续构图。如河堤上一株柳树、一株桃树的交替栽种，两种不同花坛的等距交替排列，登山道一段踏步一段平台交替布置，等等。

③ 渐变韵律。

渐变韵律是指在园林布局中连续重复的组成部分，在某一方面作规则的逐渐增加或减少所产生的韵律，如体积的大小、色彩的浓淡、质感的粗细等。

④ 起伏曲折韵律。

起伏曲折韵律是指由一种或几种元素在形象上出现较有规律的起伏曲折变化所产生的韵律。如连续布置的山丘、道路、花径、树木、建筑等，可起伏曲折变化，并遵循一定的节奏规律。

⑤ 拟态韵律。

拟态韵律是指既有相同元素又有不同元素反复出现的连续构图。如花坛的外形相同，但花坛内种的花草种类、布置又各不相同；漏窗的窗框一样，但花饰又各不相同；等等。

⑥ 交错韵律。

交错韵律是指某一元素作有规律的纵横穿插或交错，其变化是按纵横或多个方向进行的。如空间的一开一合，一明一暗，景色有时鲜艳，有时素雅，有时热闹，有时幽静，如组织得好，都可产生节奏感。

（3）比例与尺度。

园林由植物、建筑、园路、地形、山石、水体等组成，它们构图的美感都与比例、尺度有关。人们经过长期的实践和观察，探索出黄金分割（即近似值1∶0.618）是较好的形式美比例。园林构图的比例是指园景和景物各组成要素之间空间形体体量的关系，不是单纯的平面比例关系。

与比例相关联的是尺度。尺度是景物和人之间发生关系的产物，凡是与人有关的物或环境空间都有尺度问题，园林尺度又分为适用尺度、可变尺度和夸张尺度。如台阶的宽度不小于 30 cm（人脚长），高度为 12～19 cm 为宜（人抬起脚，不会产生疲劳的高度），一般园路宽能容两人并行，即 1.2～1.5 m 较合适，这些都为适用尺度；花坛的大小可由所处空间的大小而定，属可变尺度；北京颐和园佛香阁的蹬道设置比较高，是为了体现佛香阁的高大宏伟，属夸张尺度。可见不同的功能，有不同的空间尺度要求。

（4）均衡与稳定。

均衡，是指园林布局中左与右、前与后的轻重关系。稳定，是指园林布局在整体上轻重的关系。人们从自然现象中意识到一切物体要想保持均衡与稳定，就必须具备一定的条件，如像山那样，下部大，上部小；像树那样下部粗，上部细，并沿四周对应地分枝出杈；像人那样具有左右对称的体形；等等。

① 均衡。

均衡是事物的两部分在形体布局上不相等，但双方在量上却大致相当的形式。也就是对称的布局都是均衡的，但均衡的布局不一定对称，因此，就分出了对称均衡和不对称均衡。对称均衡布置常给人庄重、严整的感觉；不对称均衡布置常给人轻松、自由、活泼、富于变化的感觉。所以不对称均衡广泛应用于一般游憩性自然式园林中。

② 稳定。

稳定着重考虑上下之间的轻重关系。园林布局在体量上往往采用下面大、向上逐渐缩小的方法来取得稳定坚固感。如颐和园的佛香阁、西安的大雁塔等。

形式美不是固定不变的，它随着人类生产实践、审美实践的丰富、发展而不断变化。形式美的不断发展和完善，必将大大开拓人的审美境界，促进人对美的发现与创造。

 讨论思考

结合园林景观设计的热点，想一想选择哪些元素可以提升园林景观的吸引力和可持续性？

1.3　项目设计实训

园林景观设计实地调研实训

1. 调研准备

（1）调研目标：确定调研的主要目的，如了解某种园林风格、植物配置、景观设计手法或园林管理情况等。

（2）调研地点：选取具有代表性的园林景观作为调研对象，如城市公园、植物园、私家园林、风景名胜区等。确保调研地点能够满足调研需求，并考虑交通便利性和安全性。

（3）调研计划：制订详细的调研计划，包括调研时间、路线、方法、所需工具和预期成果。提前了解调研地点的背景信息，如历史沿革、设计风格、主要特色等。

（4）调研工具：确保所需工具齐全，如手机、笔记本、测量工具等。

2. 实地调研

（1）现场观察：观察园林景观的整体布局、植物配置、景观节点设置等。观察园林景观小品和设施的设计和使用情况，如雕塑、座椅、照明设施等。

（2）记录数据：使用笔记本或电子设备记录观察结果，包括文字描述、草图绘制和照片拍摄等。对重要数据进行测量并记录，如植物的高度、冠幅、间距等。

（3）访谈交流：与游客、管理人员等进行访谈，了解他们的游览体验、管理经验等。记录访谈内容，并尝试从多个角度获取信息和观点。

3. 分析与总结

（1）对实地考察资料归类整理：对数据进行初步处理和分析，提取有价值的信息和观点。

（2）撰写调研报告：根据调研目的和所收集的资料撰写调研报告。报告内容应包括调研背景、调研过程、调研结果、问题分析和改进建议等部分。使用图表、照片等增强报告的可读性和说服力。

（3）思考：如何将调研结果应用于未来的学习和实践中，并提出进一步的学习计划和研究方向。

项目 2

园林构成要素的设计

教学目标

本项目介绍了园林构成要素的类型和设计要点等相关基本知识，通过本项目的学习，学生应了解园林构成要素的概念、类型、作用和功能，熟悉园林构成要素的应用场景，掌握园林构成要素的设计方法和原则，把握园林构成要素的绿色生态发展趋势，能够熟练运用各园林构成要素进行园林景观设计。

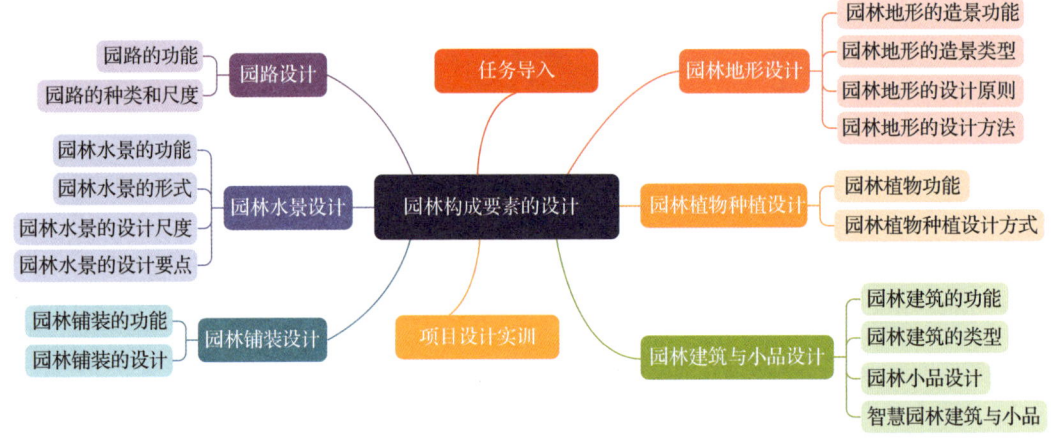

项目 2　园林构成要素的设计

2.1　任务导入

黄山学院生命与环境科学学院的赵昌恒教授，曾担任第 44、45、46 届世界技能大赛园艺项目中国技术指导专家组组长。他于 2017 年创建了第一个国家级园艺世赛基地——第 44 届世赛园艺项目中国集训基地。同年在阿布扎比举办的第 44 届世界技能大赛上带领中国选手孙伟、汪仕洋顽强拼搏、奋勇争先，斩获铜牌。中国选手以专业的态度、专注的精神，通过自己的技巧改变土石沙砾的面貌，将其做成优美的园艺作品，赢得了世界的肯定。图 2-1-1 所示为世界技能大赛参赛作品。

这些选手和教练在世界技能大赛园艺项目中，展现出了大国工匠的精神，他们对技艺的专注、对细节的把控、对完美的追求，以及不断超越自我的精神，值得我们学习和尊敬。

在新时代，园林工作者在理解并掌握园林各要素设计的方法和原则之时，需注重细节，彰显工匠精神，力求精益求精，让园林构成要素不仅成为美丽的景观，更成为精美的艺术作品。

图 2-1-1　世界技能大赛参赛作品

2.2　相关知识

园林景观设计通常利用各种自然或人工设计要素来创造室外环境空间以满足人们对环境的美好感受和需要，园林景观设计者必须考虑园林各类要素之间、使用者与要素之间、要素与环境之间的关系是否符合科学规律，并满足人们对艺术享受的需求。营造优美宜人的园林景观，主要需要以下六大要素：地形、植物、建筑、园路、水景以及铺装，地形、建筑、园路、水景四种要素通常构成园林的整体骨架，植物、铺装既可以烘托整个园林的氛围又可以为园林带来各种独特的富有生命的变化，这些要素相辅相成，共同创造丰富多彩的各类环境空间，形成各类园林景观。

2.2.1 园林地形设计

园林构成要素-地形

地形是指地表的形态特征，具体表现为地表本身的高低起伏状态。地形与地势、地貌不完全一样，地形多偏向于局部结构，而地势看走向，地貌看整体特征。地形在园林景观设计的运用中既是一个美学要素，又是一个实用要素，作为基底和依托，地形是构成整个园林景观的骨架，其布置和设计的恰当与否会直接影响到其他园林景观要素的设计，地形既影响空间的构成和空间感受，也影响景观呈现、排水、小气候、土地使用等。

1. 园林地形的造景功能

地形是所有室外活动的基础，几乎任何设计要素都要与地面接触，地面的形状、坡度和方位会对依附其上的各种因素产生影响。园林地形具有构成空间骨架、控制视线、引导排水、创造小气候、烘托景观背景等功能。

2. 园林地形的造景类型

地形包括各类复杂多样的类型，如山谷、山丘、平原等，这些地表类型一般称为大地形。从园林来讲，地形包含土丘、台地、斜坡、平地，或因台阶和坡道引起的水平面变化的地形，这类地形统称为小地形。此外园林中起伏较小的地形叫微地形，微地形是针对街道、居住小区、城市公园等范围较小区域的地形形态而作的定义，其地面高低起伏但起伏幅度不太大。

3. 园林地形的设计原则

在园林景观设计中，我们可以利用地形不同的组合方式来营造不同的空间形态，以激发人们的好奇心，或者利用不断上升的坡地营造出前进序列感，也可利用地形的形态变化来满足人的审美和情感要求，园林地形的设计原则主要有以下几点。

（1）应满足景观和空间塑造的要求，满足植物的生长习性，符合园林艺术审美。

（2）应与保留的现状地形相适应，并应与相邻用地地形相协调，因地制宜、土方平衡。

（3）园林地形塑造应保持水土稳定，高程设置应利于雨水就地消纳，绿化用地地形宜做微起伏，增加雨水的滞蓄和渗透。

（4）土山堆置应做承载力计算，堆置高度应与堆置范围相适应；土山堆置应按照自然安息角设置自然坡度，当坡度超过土壤的自然安息角时，应采用护坡、挡墙、固土或防冲刷等工程措施。

（5）园林地形填充土不应含有对环境、人和动植物安全有害的污染物或放射性物质。

4. 园林地形的设计方法

在宏观角度上，园林地形造景形态有两大类：陆地和水体，陆地又分为平地、坡地和山地。地形形态与游人容纳量及游人的活动内容有密切的关系，平地容纳的游人较多，山地及水体的游人容量受到限制，但有水体才能开展水上活动，如划船、游泳、垂钓等，有山地和坡地才能供人进行爬山锻炼、登高远望等活动。一般地形形态的理想比例是：陆地占全园的 2/3～3/4，其中平地占陆地的 1/2～2/3，坡地占陆地的 1/6～1/4，山地占陆地的 1/6～1/4；水体占全园的 1/4～1/3。

根据造景需求，地形形态可以设计成凹地、凸地和平地，陆地可以是凹地、凸地或平地，水体一般为凹地，凹地可以形成山谷、下沉广场、水景等景观形态，凸地可以形成坡地和山地等景观形态，平地可以形成广场、道路等景观形态。

1）平地

平地一般坡度小于 3%，是景观设计中运用最多的一种地形，即把现有地形进行填沟削岗，平整土地，塑造成平坦宽阔的地形。景观中的平地大致有草地、集散广场、交通广场及建筑用地等，如图 2-2-1 所示。平地是一种中性的场所，场地的特征取决于设计要素的特点和风格。平地按地面的材料分为土草地面、沙石地面、铺装地面、绿地种植地面等。为了有利于排水，平地一般要保持 0.5%～2% 的坡度。

图 2-2-1　武汉万科未来中心/张唐景观

2）坡地

无论是凹地还是凸地都有坡面可以设计成坡地，因此地形的坡度设计非常重要。坡地具有动态的景观特征，一般是从平地到山地的过渡地带，或临水的缓坡，对于斜坡而言，坡道和踏步是解决交通的一个主要元素，但对于车辆交通来说，道路规划应沿边绕行，即沿等高线进行设计。坡地接坡度可分为缓坡、中坡、陡坡。

缓坡：坡度为 3%～10%，一般可作为活动场地，这类地形的排水条件很好，而且具有一定的起伏感；坡度超过 4% 的场地如果用作一般性建筑场地或者园林构筑物及大面积铺装场地，则需要做台阶。

中坡：坡度为 10%～25%，只能局部小范围的加以利用。

陡坡：坡度为 25%～50%，山地中陡坡比较多，适合做种植林地和植被坡地；在有平地配合时，可利用地形的坡度作观众的看台（图 2-2-2）或栽植植物用地（图 2-2-3）。

图 2-2-2　深圳宝安滨海文化公园草阶看台/
欧博设计/河狸摄影

图 2-2-3　深圳宝安滨海文化公园景观草坡/
欧博设计/河狸摄影

悬崖陡坎为坡度接近垂直的场地，多由岩石构成，极少为土质，难以利用为植物种植地或者活动场地，一般还需对这些场地进行土壤加固，如修筑挡墙护坡等，防止土体滑坡或者坍塌。

3）山地

堆山是我国古典园林中最为常见的改造地形的手段，有了山就有了高低起伏的地势，能调节游人的视点，丰富园林的艺术内容。山地的坡度一般大于 35%，包括自然山地和人工堆山叠石，如图 2-2-4、图 2-2-5 所示。城市绿地以自然地形为主，应慎重选择大规模人工堆山叠石，假山宜少而精，并与环境相协调。人工堆山叠石设计应对石质、色彩、纹理、形态、尺度有明确设计要求，人工堆叠假山除用天然山石外，也可采用人工塑石。

图 2-2-4　奥林匹克森林公园中人工挖湖堆垒而成的仰山

图 2-2-5　郑州森林公园凤山园区的弃土堆山

2.2.2　园林植物种植设计

植物在园林中具有观赏、组景、分隔空间、装饰、庇荫、防护、覆盖地面等用途,包括木本植物和草本植物,是园林景观设计中唯一具有生命力的重要设计要素。植物也承载着中国人独有的美学文化和诗意情怀,蕴含着中国文化的精神内涵和独有的美学价值。中国被誉为"世界园林之母",中国原产花卉植物对世界园林做出了巨大贡献。

园林构成
要素-植物

1. 园林植物功能

1）观赏价值

植物的大小、形状、色彩和季相变化具有一定的观赏性,利用植被的色彩、质地等特点可以营造小范围的特色,强调主景、框景及美化其他设计元素,使其成为景观焦点或背景。

另外,植物随季节生长、凋零及其颜色变化,也能给人提供美学上的享受。此外,植物的气味、质感,以及"雨打芭蕉""风吹竹林"等声效,能为游人带来嗅觉、触觉与听觉的多重感官体验,在植物造景中需综合考量。植物材料可以作为主景,创造出各种主题的植物景观,也可以作为背景,对比和衬托主要景观。

2）营造空间

根据植物形成的地面、垂直面、顶平面三个面的排列组合方式,植物营造的空间一般可以分为开敞空间、半开敞空间、覆盖空间、垂直空间、完全封闭空间。

开敞空间:仅用低矮灌木及地被植物作为空间的限制因素,四周完全开敞,无方向性、无隐秘性,如图 2-2-6 所示。

图 2-2-6　低矮灌木和地被植物形成的开敞空间

半开敞空间：一面或多面受到较高植物的封闭，限制了视线的穿透，形成部分方向封闭、部分方向开敞的半开敞空间。与开敞空间相比，其空间开放程度较小，具有一定的方向性，方向指向封闭性较差的开敞面，封闭面具有一定的隐秘性，适合一面需要隐秘、一面需要观景的空间环境，如图 2-2-7 所示。

图 2-2-7　半开敞空间视线朝向开敞面

覆盖空间：利用具有浓密树冠的遮阴树构成的顶部覆盖、四周开敞的较空透空间，也是半开敞空间的一种类型。可利用分枝点较高的乔木围合，使人们能够穿行或站立于树冠和地面之间的宽阔空间，利用覆盖空间的高度，能形成垂直尺度的强烈感觉，也有较好的遮阴效果，可以形成林下活动空间，也可应用于道路绿化中，行道树交冠覆盖，形成遮阴绿廊，如图 2-2-8 所示。

图 2-2-8　树冠下的覆盖空间

垂直空间：运用高而密的植物构成的一个四周封闭、朝天开敞的空间类型，将视线导向空中和前后，如图 2-2-9 所示。此类空间具有强烈的秩序性，可以引导人们去往固定方向。同时，此类空间类型也较为隐秘，且具有一定的神秘感，如两侧的竹林小径。

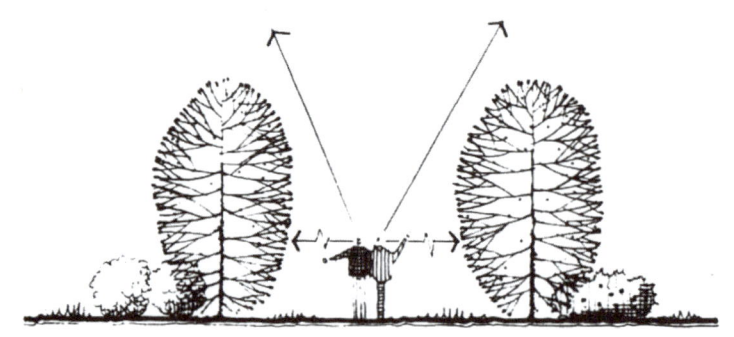

图 2-2-9　顶面开敞的垂直空间

完全封闭空间：乔灌草植物大小交错、分层布置，围合成四周和顶部完全封闭的空间，具有极强的隐私性和隔离感，可以用作静思空间，也可以作为植物隔离带，如图2-2-10所示。

图 2-2-10　完全封闭空间

3）改善生态

植物具有涵养水源、保持水土、遮阴、防风、调节小气候、减少噪声等生态功能。首先，植物能够创造较舒适的小气候，例如落叶乔木夏季的浓荫能遮挡阳光，降低局部气温；其次，植物的根系、地被等低矮植物可起到护坡的作用，减少土壤流失。此外，植物可以吸收二氧化碳和有害气体、释放氧气、吸滞烟灰和粉尘、减少空气中的含菌量，能够净化空气、水体和土壤。

2. 园林植物种植设计方式

植物的种植方式有孤植、对植、列植、丛植、群植、林植、绿篱、花坛、花境等传统种植方式，此外还有立体绿化、屋顶绿化和其他新型种植方式。

（1）孤植（图2-2-11）：单株树木或丛生树木单独栽植，作为独立观赏焦点的栽植方式。

（2）对植（图2-2-12）：用两株或两丛相同或相似的树，按照一定的轴线关系，作相互对称或均衡的种植方式。

园林构成要素-植物配置基本形式

图 2-2-11　北京林业大学"林之心"　　　　图 2-2-12　北京林业大学学研中心
　　　　景观中的孤植树　　　　　　　　　　　对面壁泉两侧的对植树

（3）列植（图2-2-13）：沿直线或曲线以等株距或按一定的变化规律种植的植物配植方式，是对植的延伸。列植形成的景观比较整齐、单一、气势大。列植是规则式园林绿地中应用最多的基本栽植形式。

图 2-2-13　北京林业大学校内园路列植

（4）丛植（图 2-2-14）：将一株以上树木配置成一个整体的植物配植方式，通常是由二到十几株同种或异种乔木或乔、灌木组合种植而成的种植类型。配置树丛的地面，可以是自然植被或是草坪、草花地，也可以是山石或台地。

图 2-2-14　同种或异种丛植

（5）群植（图 2-2-15）：由多株树木混合成丛、成群的植物配植方式，是由二三十株以至数百株乔、灌木成群配置，树群可以分为单纯树群和混交树群两类。组成群植的单株树木数量一般在二三十株以上。树群所表现的主要为群体美，树群也像孤植树和树丛一样，是构图上的主景之一。

图 2-2-15　群植

（6）林植（图 2-2-16）：凡成片、成块大量栽植乔、灌木，构成林地或森林景观的植物配植方式。树林可分密林和疏林两种。密林混交林具有多层结构，疏林多与草地结合，成为疏林草地。

图 2-2-16　林植

（7）绿篱（图 2-2-17）：由灌木或小乔木以近距离的株行距密植，栽成单行或双行，紧密且规则形态的植物配植方式。

图 2-2-17　绿篱

（8）花坛（图 2-2-18、图 2-2-19）：在具有一定几何轮廓的种植池内，种植各种不同色彩的观赏植物，以构成华丽色彩和精美图案的一种花卉种植方式，主要是通过色彩和图案表现植物的群体美，具有一定的装饰性。

图 2-2-18　郑州市庆祝建党百年立体花坛

（9）花境（图 2-2-20）：采用自然式种植方式配置观赏植物的一种花卉种植方式，主要表现观赏植物的自然美，以及观赏植物自然组合的群体美。

图 2-2-19　郑州市国庆立体花坛　　　　　图 2-2-20　麓湖生态城天府美食岛一期花境/河狸摄影

（10）立体绿化（图 2-2-21）：指除平面绿化以外的其他所有绿化方式，可以增加种植面积，更好地改善环境。城市下列区域应重点布局立体绿化：建筑密度高、绿化覆盖率低、热岛效应严重的旧城区，城市新区的重点景观区域，城区主要街道的立交桥、人行天桥等，具备条件的教育科研、公共服务和行政办公区等，具有大面积裸露边坡和立面的山体、河道、道路和桥隧。

图 2-2-21　绿城建发　杭州沁园生活艺术馆绿幕墙/朗道国际设计/河狸摄影

（11）屋顶绿化（图 2-2-22）：指在各类建筑物和构筑物顶面进行的绿化。屋顶绿化可以增加绿化面积，创造更多宜人的绿色活动空间。屋顶绿化应根据屋面及建筑整体的允许荷载和防渗要求进行设计，不得影响建筑结构安全及排水，应保证植物自然生长，具有一定的覆土深度。

图 2-2-22　北京市朝阳区万科时代中心屋顶绿化/张唐景观

（12）其他种植方式。

此外，随着人们对美好环境的追求，植物种植需求被广泛增加，因此当种植空间不足却又需种植植物改善环境时，就采取了一些其他种植方式，如放置在室内外的种植钵、可移动种植池、挂在道路隔离栏杆上的种植篮等。

2.2.3 园林建筑与小品设计

园林中供人游览、观赏、休憩并构成景观的建筑物或构筑物统称园林建筑。园林建筑是构成室外环境的主要因素之一，建筑被誉为凝固的诗、凝固的音乐，优秀的园林建筑本身就是园林中的一景，一组优美的建筑能给人带来艺术的享受。我国园林之中建筑形式多种多样，不同民族、不同地区风格也不同，中国传统园林中的建筑类型有亭、廊、榭、舫、楼、阁、轩、馆、台、塔、厅、堂、桥等。

1. 园林建筑的功能

1）满足使用

园林建筑可以为游览者提供观景的视野和场所，也可以提供休憩及活动、娱乐的空间，还可以提供售卖、餐饮、售票、摄影、租赁服饰等各类简单的使用功能，如北京林业大学校内的森林之廊（图 2-2-23），廊内设置各类桌椅供学生学习及休憩。

图 2-2-23　北京林业大学校内的森林之廊

2）观赏特性

园林建筑的艺术造型及观赏价值一般较高，建筑往往自身就具备极佳的观赏特性，可以成为园林中的一景，如园林中的亭台楼阁。

3）组织游览

园林建筑可以通过巧妙的布局，引导游览者按照一定路线进行游览，启发游览赏景的视觉、嗅觉、听觉等综合感受，使游览者获得最佳的观景感受，如中国古典园林中的廊。

4）人文情怀

中国古典园林里建筑的匾额和楹联中的诗词，表达了居住者的所思所想，同时也蕴含了丰富的传统文化意境，体现了人文情怀，引人深思和联想，如苏州拙政园的"与谁同坐轩"（图 2-2-24）。

图 2-2-24　苏州拙政园的"与谁同坐轩"

2. 园林建筑的类型

园林建筑根据使用功能的不同可以分为以下5类。

1）游憩类建筑

游憩类建筑是供游览者休憩、游赏使用的，造型优美、具有艺术特色，其本身也是景点或是景观的构图中心，如亭、廊、轩、榭、舫、阁、台、塔、花架等。图2-2-25所示为北京林业大学校内的"树洞转亭"。

图2-2-25 北京林业大学校内的"树洞转亭"

2）服务类建筑

服务类建筑是为游览者在游览途中提供一定服务的建筑，如游客中心、游船码头、便利店、茶室、餐厅、饮品店、接待室、厕所、旅馆等。

图2-2-26 北京林业大学"林中低碳驿站"

3）文娱类建筑

文娱类建筑是为游览者参与各种活动提供场地的娱乐休闲活动场所，如游艺室、演出厅、露天剧场、体育馆、游泳馆、滑冰场、攀岩馆、影音室等。

4）文教展示类建筑

文教展示类建筑（图2-2-26、图2-2-27）是提供教学、科普、举办展示活动以及供人参观等的场所，如展览馆、纪念馆、博物馆、动植物展览厅等。

图2-2-27 北京林业大学"林中博物馆"

项目 2　园林构成要素的设计

5）管理类建筑

管理类建筑主要指公园、风景区的管理及办公用房，一般供内部人员使用，包括办公室、实验室、广播站、食堂、医疗卫生室、仓库、变电站、垃圾站、泵房、治安机构等。

3. 园林小品设计

园林中供人使用和装饰的小型建筑物和构筑物称为园林小品。它们可供休息、装饰、照明、展示之用，同时方便园林管理及游人使用，一般没有内部空间。其体量小巧、造型多样、内容丰富，具有较高观赏价值和艺术个性，既能美化环境、丰富园趣，又能使游人从中获得美的体验和人文感悟。

1）园林小品功能

园林小品具有较高的观赏价值。其色彩、质感、肌理、尺度、造型等都具有艺术性，可以成为园林环境中的一景，对提高游人的游览质量和美化环境起着重要的作用。园林小品如果设计新颖、独特且美观合理，同时体现一定的文化内涵，会给人留下深刻的印象，使园林环境更具感染力，如北京大兴南海子公园内与动物保护相关的景观小品（图 2-2-28）。

图 2-2-28　北京大兴南海子公园内动物保护相关的景观小品

2）园林小品分类

园林小品主要分为园林建筑小品、园林装饰小品、园林设施小品三大类。

园林建筑小品指具有建筑性质的景观小品，如围墙、景墙、园桥、台阶等。

园林装饰小品指富有艺术价值和文化氛围的装饰类小型景观装置，如各类雕塑、标志物、花钵、花池、景观置石等，还有很多节庆的景观软装小品，如节日花灯、装饰画等。

园林设施小品指园林中为满足人们使用或安全需要而设置的构筑物性质的小品，具有一定的使用功能，如园灯、护栏、室外家具、儿童娱乐设施、休闲健身设施、广告宣传牌、垃圾箱、指示牌、导览牌、解说牌、饮水池、洗手池、路标、隔离带等。

4. 智慧园林建筑与小品

现在，越来越多的园林建筑、园林小品与科技手段融合，有了很多智慧园林建筑与互动体验景观小品。它们提升了园林空间的体验感和互动性，提高了园林游赏的参与性和趣味性。例如，图2-2-29所示北京林业大学校内智慧园林建筑与小品，呈螺旋排列的光柱连接着校园内11棵最古老大树上的树干水分传感器，随着灯光颜色的变化，人们能够实时感知大树的生命节律。当11个人手拉手围绕在灯柱周围时，AI人体姿势识别传感器将自动识别，灯柱会呈现出一场绚烂的灯光秀。

图 2-2-29　北京林业大学校内智慧园林建筑与小品

2.2.4　园路设计

园林构成要素-园路

园路是指园林中的道路工程，是景观中不可缺少的构成要素，是园林的骨架与网络，其设计包括园路布局、园路结构和地面铺装等。园路起着组织空间、引导游览、组织交通等作用，并为人们提供散步休息场所，它像脉络一样，把园林的各个景区联成整体。园路设置实际上是为了便于人们通行，因此设计园路时要"以人为本，安全第一"，充分考虑不同人群的通行需求，尤其是园路的坡度设置要考虑环境因素，要便于排水，并注意无障碍设计，体现人文关怀。

1. 园路的功能

1）组织空间

园路常与建筑、地形、植物等景观要素结合，将园林绿地划分成多个大小不一、富有变化的空间单元，为园林绿地的功能分区、空间组织提供基础。

2）引导游览

园路引导游人按照设计的意图、线路、角度来观赏风景，并按景观连续构图的展示程序逐渐展示园景，引导人们到达各个景点从而形成游赏路线，使人在行走的过程中，可以体会到优美的景色。

3)组织交通

园路与城市道路相连,可以集散、疏散、引导园区内人流与车流,组织人车交通流线,方便人车通行。交通组织作为园路的基本功能之一,在满足对游客的集散、疏导需求的同时还应满足园林绿化、建筑维修、养护、管理等工作以及安全、消防等方面的运输需要。

4)造景作用

园路的铺装材料、线型、色彩、构图等本身也是园林景观的一部分。例如中国传统园林巧妙运用石材、砖材、青瓦、卵石、砖瓦碎片组合拼贴成各种装饰铺装纹样,形成具有独特艺术性和观赏价值的园林地面景观,营造出文化意蕴丰富的园林空间(图 2-2-30、图 2-2-31)。

图 2-2-30　苏州园林铺装图案(一)

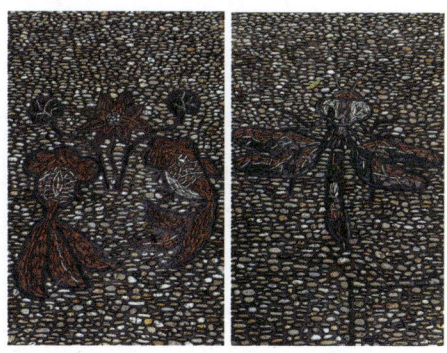

图 2-2-31　苏州园林铺装图案(二)

5)工程作用

园路可以借助其边缘形成边沟组织排水,道路汇集两侧绿地径流之后,利用纵向坡度即可按预定方向将雨水排除(图 2-2-32)。此外水电管网在园路下铺设时,园路设计应结合管线设计综合考虑。

图 2-2-32　园路排水方式

2. 园路的种类和尺度

城市绿地内道路设计应以绿地总体设计为依据，按游览、观景、交通、集散等需求，与山水、树木、构筑物及相关设施相结合，设置主路、支路、小路和广场，形成完整的道路系统。

园路应根据园林场地大小确定路网及等级，场地较大可以分为 4 级，场地较小可以分为 3 级，一般园路以其性质和功能可分为以下几种类型。

（1）主要园路（图 2-2-33）：联系全园，从园区入口通向各主要广场、建筑、景点及分区，是大量游客和管理用车通行的道路，道路两旁应充分绿化，同时满足消防安全的需求。主要园路一般构成环道，宽度为 4~6 m。除部分风景区外，主要园路上不能有台阶。

（2）次要园路（图 2-2-34）：是主要园路的辅助道路，分布于各分区内，沟通各景点、建筑，宽度为 2~4 m。

图 2-2-33　北京大兴南海子公园主要园路　　　图 2-2-34　北京大兴南海子公园次要园路

（3）游憩小路（图 2-2-35）：主要供人们散步休息，应做到能够引导游人深入到园内各个偏僻、宁静的角落，以提高园林各景观节点的使用效率，双人行走小路，宽度一般为 1.2~2 m，单人行走小路，宽度一般为 0.8~1 m。游憩小路形式多样，多曲折自由布置。

图 2-2-35　北京林业大学校内游憩小路

园桥（图 2-2-36）是园路的特殊景观形态，是跨越水面或山涧的园路，不仅可以连通水面两岸的交通，组织游览路线，也可以分隔水面，增加水面层次，提升水面的景观效果，还可以作为水面上的观赏景物，自成一景。

图 2-2-36 园桥

2.2.5 园林水景设计

我们以水寄情，"水光潋滟晴方好，山色空蒙雨亦奇""泉眼无声惜细流，树阴照水爱晴柔""春江潮水连海平，海上明月共潮生"；我们以水比德，上善若水，以柔克刚。上善若水，厚德载物。"智者乐水，仁者乐山"；习近平总书记指出："我们既要绿水青山，也要金山银山。宁要绿水青山，不要金山银山，而且绿水青山就是金山银山。"水又是生态保护的重要一环。水景蕴含着山河壮阔的文化自信和青山绿水的生态文明观，我们要在水景的设计中牢记匠心，不忘青山绿水的生态责任。

园林构成要素-水景

1. 园林水景的功能

1）基底作用

水景可营造开阔、坦荡的视觉空间，众多的景点均以水面作为基底，形成良好的图底关系，从而起到扩大景观空间的作用，如信阳南湾湖景区。水面作为基底可以将不同形状和大小的水景统一在一个整体之中，使分散的景点联系到一起，如苏州拙政园等。

2）系带作用

水景可以通过水上的园桥、堤岸、汀石、水榭、亭廊等园林要素连接起来，从而产生线状或面状的连接，表现出景观的整体感和延续性。线状水景形成一种带状的"项链式"的景观效果，如图 2-2-37 所示。面状水景起到直接或间接的统一构图作用，如北京颐和园昆明湖、杭州西湖等。

3）焦点作用

水景的形态和声响常能引起人们的注意，因此在设计中常将水景放置在空间、视线的焦点处，景观轴线、空间的中心点或视线容易集中的醒目处，使其突出成为景观焦点。还可以借助音乐和灯光等科技手段，营造出形式多样、富有变化和节奏的水景，作为布局中的焦点。

4）排洪蓄水

近年来，城市频发暴雨内涝，园林水体（图 2-2-38）如干渠、水库、人工湖、自然湖泊等，在暴雨来临、山洪暴发时，可以起到排洪蓄水，防止城市内涝的作用，水体周边的湿地植被也能减缓水流，调节地表径流和削减洪峰，从而延迟洪峰到来。蓄水也可以作为部分生产和生活用水。

图 2-2-37　北京亮马河

图 2-2-38　北京林业大学雨水花园

5）调节城市小气候

水体在增加空气湿度和降温方面有显著作用，因此水景设计对于改善园林内部的小气候有着重要作用，小气候的改善程度与水面大小成正比。此外，水体可以减少尘埃，提高空气中负离子的含量，改善周围环境。水景也可以掩蔽噪声，特别是利用瀑布和喷泉的声音掩蔽噪声。水体还具有防护、隔离的作用，如护城河、隔离河。

6）效益价值

可以将水体按面积设计成可开展水上活动及种植水生植物的大水面和纯观赏的小水面两种类型。园林中的大水面不仅具有景观生态效益，还具有社会效益和经济效益。如早期的西湖就是天然的水库，具有农田灌溉的功能，后期才发展为西湖十景，从而更强调其景观生态、旅游文化功能。此外，水体还可以用于发展水产养殖业、开展水上赛事活动、进行水上运输、作为防灾备用资源，水灯展示和水幕电影还可以宣传本地文化。

2. 园林水景的形式

人工设计水体时按形式可分为自然式水体、规则式水体、混合式水体三种类型。

（1）自然式水体的外形轮廓由无规律的曲线组成。园林中自然式水体主要通过两种方式形成：一是对原有水体进行改造，二是人工仿造自然形态，呈现出具有天然特征的水体形式（图 2-2-39），如溪、涧、河、池、潭、湖、涌泉、瀑布、壁泉等。这类水景设计要坚持生态原则，充分利用自然条件，创造出新的亲水形态。

（2）规则式水体（图 2-2-40）是人工开凿成的几何形状的水体形式。此类水体的外形轮廓为有规律的直线或曲线闭合而成的几何形，大多采用圆形、方形、矩形、椭圆形、梅花形、半圆形或其他组合类型，线条轮廓简单，多以水池的形式出现。城市开放空间也常采用规则式水体，从而与周边硬质环境取得统一感。

（3）混合式水体（图 2-2-41）是规则式水体与自然式水体有机结合的一种水体类型，富有变化，具有比规则式水体更灵活自由，比自然式水体更易与建筑空间环境协调的优点，是规则式水体与自然式水体的综合运用。

根据空间特点不同，可采取多种手法引水造景，如喷泉、壁泉、叠水、涉水池等。根据运动特征不同，可分为跌落式水景，如瀑布、叠水等；溪流式水景，如小溪等；静止式水景，如池塘、倒影池、生态水池、涉水池等；喷泉式水景，如音乐喷泉、喷雾喷泉、旱喷泉、程序控制喷泉等；其他新颖形式的水景，如互动喷泉，北京林业大学"心动涌泉"会跟随着人的心跳跳动（图2-2-42）。

图2-2-39　仿自然形态的水景

图2-2-40　规则式水体

图2-2-41　混合式水体

图2-2-42　北京林业大学"心动涌泉"

3. 园林水景的设计尺度

水景的尺度是水景设计中需要着重考虑的内容之一。其主要考虑水面的大小和水面的纵、横长度与水边景物高度之间的比例。

除自然形成的或已具规模的水面外，水面的大小在设计时需要进行控制，使其与周围环境的比例关系相协调。过大和过小的水面都不适宜，水面的大小是相对的，在不同的空间中应该选择不同大小，小尺度的水面适合小尺度空间，如庭院花园、城市街头绿地等；大尺度的水面适合大尺度空间，如自然风景、城市公园和巨大的城市空间或广场等。

水体应该在不同的环境中设置成不同的形式、大小和纵、横长度，与环境达到最佳和谐状态，最大化地体现水景价值，例如，苏州网师园水面的大小仅为约350 m^2，但它与环绕的月到风来亭、竹外一枝轩、射鸭廊和濯缨水阁等一组建筑物却保持着和谐的比例，堪称小尺度水面的典范，显得庭院空旷幽深（图2-2-43）。

图 2-2-43　苏州网师园水景

4. 园林水景的设计要点

城市绿地的水景设计应以总体布局及当地的自然条件、经济条件为依据，因地制宜，合理布局水景的种类、形式。

水景设计应注意水面的收、放、广、狭、曲、直等变化，湖岸线设计应以自然曲线为主，讲究自然流畅，开合交织，从而达到自然且无人工造作痕迹的效果。

水面形状宜大致与所在地块的形状保持一致，仅在具体的岸线处设计曲折变化。

水景设计应充分利用自然水体，创造临水空间和设施，并应设置沿岸安全防护措施。

喷泉设计应以每天运行为前提，合理确定其形式，并应与环境相协调。旱喷范围内及附近地面铺装应防滑。

城市绿地的水岸宜采用坡度为 1∶6～1∶2 的缓坡，水位变化比较大的水岸，宜设护坡或驳岸。

水体的进水口、排水口、溢水口及闸门的标高应保证适宜的水位，并满足调蓄雨水和泄洪、清淤的需要。

水体驳岸顶与常水位的高差以及驳岸的坡度，应兼顾景观、安全、游人亲水心理等因素，并应避免岸体冲刷。

以雨水作为补给水的水体，在滨水区应设置水质净化及消能设施，防止径流冲刷和污染。

2.2.6　园林铺装设计

园林铺装是指用各种材料对地面进行的铺贴装饰，包括园路、广场及各类活动场地等地面的装饰，为人们的各种休闲活动提供基础。园林铺装不仅具有组织交通和引导游览的功能，还为人们提供了良好的休息、活动场地，同时创造了优美的地面景观，给人美的享受，增强了园林场地艺术效果。

1. 园林铺装的功能

园林地面铺装兼具功能性和艺术性，具有以下 4 种功能。

1）划分空间

园林铺装通过材料或样式的变化形成空间界线，在人的心理上产生不同暗示，达到空间分隔及功能变化的效果。两个不同功能的活动空间往往采用不同的铺装材料，或者使用同一种材料，通过不同的铺装样式，达到"割而不断，分而不离"的效果。

2）引导视线

园林铺装利用其视觉效果，引导游人的视线并强化空间感，如图2-2-44所示。例如，在园林景观设计中，经常采用直线形的铺装线条引导游人前进；在需要游人驻足停留的场所，则采用无方向性的铺装；利用平行于视平线的铺装线条可以强调铺装面的深度；利用垂直于视平线的铺装线条能够强调空间宽度。

3）体现寓意

良好的景观铺装对空间往往能起到烘托、补充或诠释主题的作用，利用铺装图案强化意境，寄托美好的寓意，这也是中国园林艺术的手法之一。例如北京故宫的雕砖卵石嵌花甬路，路面上铺有以寓言故事、民间剪纸、文房四宝、吉祥用语、花鸟虫鱼、戏剧场面等为题材的图案。此外，园林铺装可以使用文字、图形、特殊符号等来传达空间主题，加深意境，这在一些纪念性、知识性和导向性场地空间比较常见，例如杭州湖滨步行街的铺装，游人随处可见雨滴、涟漪、细雨、波浪等水元素设计符号，与西湖相呼应。

图2-2-44　引导性铺装

4）装饰地面

地面铺装需根据空间的功能、风格和意境作出相应设计，以不同的纹样、质感、尺度、色彩等来装饰园林地面，形成或优美流畅、或自然野趣、或规整有序、或生动活泼等不同风格气质的装饰效果。

2. 园林铺装的设计

园林铺装的设计在营造空间的整体形象上具有极为重要的作用。在进行园林铺装设计时，应注意遵循一些原则，使铺装设计既富于艺术性，又满足生态要求，同时更加人性化，以达到最佳的效果。

铺装场地面积应根据园路设计的总布局确定，铺装场地宜根据集散、活动、演出、赏景、休憩等功能要求作出不同的设计。园林内应设计儿童活动场地和供不同年龄段居民健身锻炼、休憩散步、娱乐休闲的铺装场地。

1）铺装的尺度

不同尺度的铺装能取得不一样的空间效果，铺装图案的大小对外部空间能产生一定的影响，形体较大、较平展的铺装图案会使空间产生一种宽敞的尺度感，而形体较小、较紧缩的铺装图案，则使空间具有压缩感和私密感。场地大小不同选择的铺装尺寸也应不同，应该采用不同尺寸的图案和不同色彩、质感的材料，形成与场地空间相适宜的比例关系，构造出与环境相协调的铺装效果。

2）铺装的色彩

铺装的色彩要与周围环境的色调相协调，铺装的色彩在园林中一般是衬托景点的背景，少数情况会成为主景。若铺装的色彩过于鲜亮，可能喧宾夺主，甚至扰乱空间的和谐性，而且色彩的选择还要充分考虑人的心理感受。铺装色彩的应用应在统一中求变化,通过视觉上的冷暖节奏变化以及轻重缓急节奏的变化,做到稳重而不沉闷,鲜明而不俗气,如图 2-2-45 所示。例如,在儿童活动场地,可使用色彩鲜艳的铺装;在安静休息区域,可采用浅色淡雅的铺装(图 2-2-46)。

图 2-2-45　园路铺装颜色和广场铺装颜色的对比　　　　图 2-2-46　休憩区的木质铺装

3)铺装的质感

园林铺装在很大程度上依靠铺装材料的质地给人们传达各种感受。在铺装材料质地的选择上,可以根据空间大小选择,大空间选用质地粗犷、厚实、线条较明显的材料;小空间则应该采用较细小、圆滑、精细的材料,细致感给人轻巧、精致、柔和的感觉。不同质地的材料在同一景观中出现,必须注意其协调性。

4)铺装的图案纹样

园林铺装以其多种多样的图案纹样来衬托和美化环境,铺装图案纹样可以装饰路面,不同的园林环境和场地应该选用不同的铺装图案纹样,不同的图案纹样给人们的心理感受是不一样的。例如,规则的图案纹样会产生静态感、稳定感,如正方形、矩形铺装;不规则图案纹样具有较强的动感和趣味感。

5)铺装的人性化设计

园林铺装主要是便于人们的行走和活动,因此铺装的设计应该注意满足无障碍设计、适老性等人性化设计要求,此外还应考虑使用者的心情,铺装的质感、颜色和图案有时候能够影响场地使用者的情绪。

6)铺装的材料选择

园林铺装材料种类和园路铺装种类相似,应该根据活动场地的不同选择合适的铺装材料,一般道路和运动场地可以选择整体性铺装材料,广场、人行道及各类活动场地可以选择块料材料,儿童活动场地宜选择柔性、耐磨的地面材料,不应采用锐利的路缘石。

铺装材料的选择也应考虑生态性和安全性,铺装场地应该有一定的坡度满足排水要求。人行道、广场及车流量较小的道路宜采用透水铺装,铺装材料应保证其透水性、抗变形及承压能力;停车场适合选择生态型植草砖铺装。同时铺装材料应该防滑且无毒无害。此外,采用生态性较好的铺装材料还能很好地调节地面温度,有效缓解"热岛效应"。湿陷性黄土与冰冻地区的铺装材料应根据实际情况确定,以保证地面的安全稳定。

3. 铺装设计案例

张唐景观设计的南京汤山矿坑公园,其铺装设计生态自然,与场地氛围契合。场地距离南京市区约一小时车程，位于南京汤山温泉旅游度假区内汤山山体南侧，曾是汤山最大的废弃矿坑龙泉采石场（图2-2-47）。

景观设计通过梳理地形和水文，在被破坏的自然基底上打造四大宕口景观（温泉酒店、攒子瀑、天空走廊、伴山营地）、阡陌花涧、矿野拾趣与三叠湖，以及服务配套的餐厅茶室等（图2-2-48）。

图2-2-47　南京汤山矿坑公园场地/张唐景观

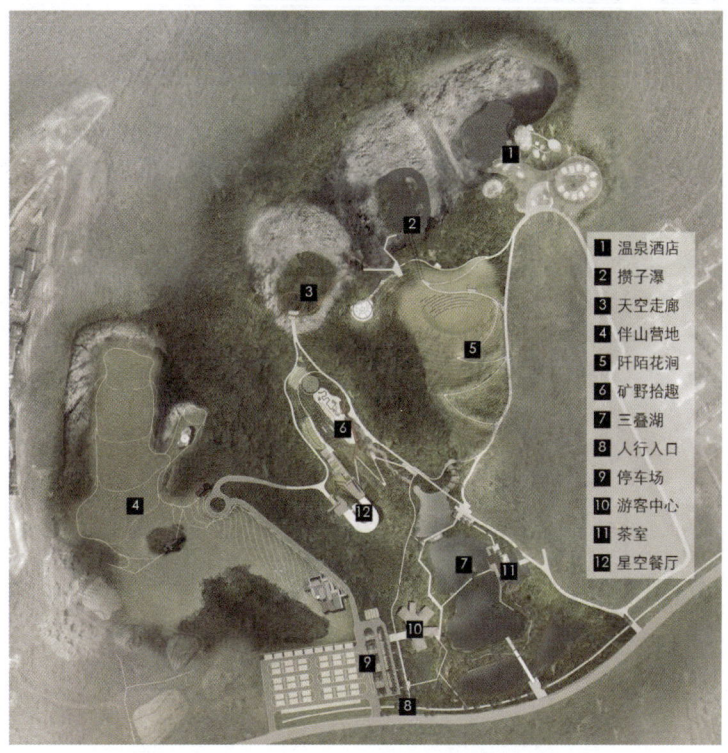

图2-2-48　南京汤山矿坑公园总平面图/张唐景观

其中，矿野拾趣区以木材与有机覆盖物作为活动场地和道路铺装材料，木材的柔韧性与有机覆盖物的缓冲性兼具生态性与儿童活动安全性（图 2-2-49）。

图 2-2-49　矿野拾趣区/南京汤山矿坑公园/张唐景观

其他区域的活动场地和道路铺装多采用碎石与钢板等元素，既自然生态又风格粗犷，呼应矿坑历史记忆（图 2-2-50）。

图 2-2-50　碎石与钢板等元素设计/南京汤山矿坑公园/张唐景观

讨论思考

你最喜欢的园林构成要素是什么，你会如何创意运用它呢？

2.3 项目设计实训

城市绿地园林构成要素调研

1. 实训目的

（1）了解城市绿地设计中所用的园林构成要素类型。
（2）掌握城市绿地设计中园林构成各要素的特点。
（3）掌握城市绿地设计中园林构成各要素的设计方法。
（4）分析城市绿地设计中园林构成各要素的设计优缺点。
（5）评价城市绿地设计中园林构成各要素的综合效果。

2. 实训要求

选择所在地的某一城市绿地如公园、广场、街头游园等作为调研对象，进行实地调研、分析和评价，完成实训报告1份并以PPT的形式进行调研汇报。

3. 任务评价

（1）项目实训态度：认真勤奋、态度端正，10分。
（2）调研报告：调研充分、资料全面、数据有效、分类清晰、评价合理，50分。
（3）陈述与汇报：40分。

项目 3

园林景观设计的方法与程序

教学目标

本项目介绍了园林景观设计的方法与程序相关基础知识。通过本项目的学习，学生应熟悉园林景观设计的基本原则，掌握园林景观设计的方法与程序，熟悉园林景观设计方案的表现方法，能够熟练运用手绘和软件进行方案设计和效果图表现。

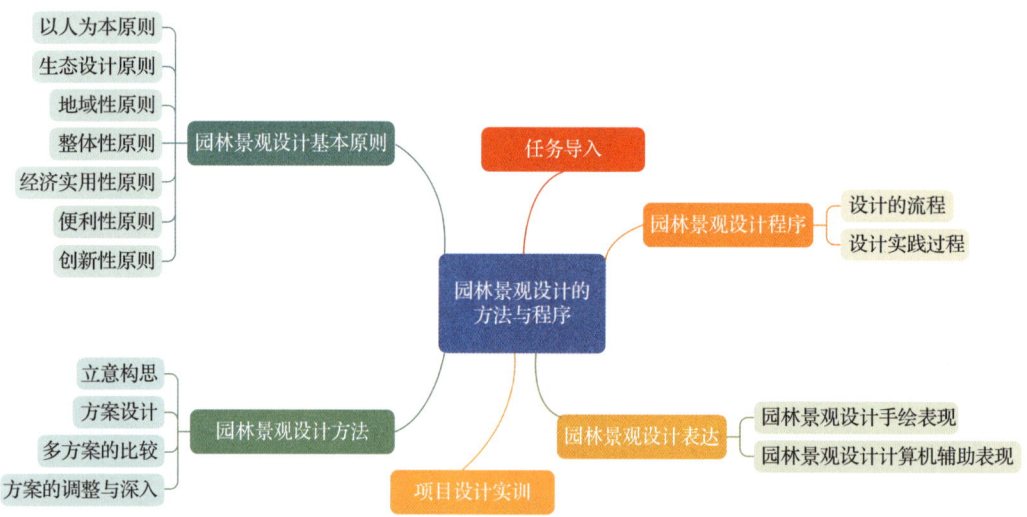

项目 3　园林景观设计的方法与程序

3.1　任务导入

为了响应建设美丽中国和创造美好生活的时代要求，我们怎么做才能发挥专业优势为国家和社会贡献自己的专业能力呢？园林景观设计涉及多学科领域，它需要在满足基本功能的基础上，创造出美观、可持续和具备地域文化特色的园林景观空间，在此过程中会用到哪些方法？

3.2　相关知识

3.2.1　园林景观设计基本原则

城市是人类改造世界和改造自然最集中的地方。为创造与自然密切结合且具有文化内涵的城市景观，景观设计要以人为核心，在尊重人的基础上，关怀人、服务人。景观设计时须遵循以下原则。

园林景观设计原则

1. 以人为本原则

人是城市空间的主体，任何空间环境设计都应以人的需求为出发点，体现出对人的关怀。真正的现代景观设计是人与自然、人与文化的和谐统一，它包含人和人之间的关系、人和自然的关系，以及人和土地的关系。人有基本的生理层次需求和更高的心理层次需求。

疗愈景观与园艺疗愈

在进行园林景观设计时应根据婴幼儿、青少年、成年人、老年人等的行为心理特点、文化层次和喜好等特征，来划分功能分区，创造出满足其各自需要的空间，如运动场地、交往空间、无障碍通道等。以人为本在设计细节的要求上更为突出，如踏步、栏杆、扶手、坡道、座椅的尺度和材质的选择必须满足人的生理层次需求（图 3-2-1）。近年来，无障碍设计在国际上被广泛应用，如广场、公园等的入口处设置供残障人士使用的坡道（图 3-2-2）。

2. 生态设计原则

生态设计是直接关系到环境景观质量的一个非常重要的方面，是创造良好的环境、更高质量和更安全景观的有效途径。尊重地域的自然地理特征、节约和保护资源都是生态设计的体现。人居环境最根本的要求是生态结构健全，适宜人类的生存和可持续发展。园林景观设计应首先着眼于满足生态平衡的要求，为营造良好的生态系统服务；其次要尊重物种的多样性，减少对自然资源的过度消耗，保持土壤营养和水循环，维持植物生境和动物栖息地的质量，把这些融汇到园林景观设计的每一个环节，才能达到生态效益的最大化，才能给人类提供一个健康、绿色、环保、可持续发展的家园（图 3-2-3）。

图 3-2-1　向内倾斜 15°的栏杆扶手

图 3-2-2　无障碍通道

图 3-2-3　北京林业大学雨水花园

3. 地域性原则

地域环境和传统文化元素是园林景观设计中不可或缺的元素，园林景观设计离不开传统文化的根基，园林景观设计要充分考虑设计地段的自然地域特征和社会文化特征，自然环境是人类赖以生存和发展的基础，其地形地貌、河流湖泊、绿化植被等要素构成城市的宝贵景观资源，尊重并强化城市的自然景观特征，使人工环境与自然环境和谐共处，有助于地域景观特色的创造（图 3-2-4）。地域性原则表现为地域文化的尊重和保留，以及地域文化的再利用两个方面（图 3-2-5）。

图 3-2-4　奢香古镇古彝梯田

图 3-2-5　铁路主题公园

4. 整体性原则

城市的美体现在整体的和谐与统一之中。古人云："倾国宜通体，谁来独赏眉。"这说明了整体美的重要性。城市景观艺术是一种群体关系的艺术，其中的任何一个要素都只是整体环境的一部分，只有相互协调配合才能形成一个统一的整体。

园林景观是城市尺度上由一系列生态系统组成的具有一定结构与功能的整体，在设计中应把它作为一个整体分析、研究。在把握城市总体景观结构的基础上，对城市中的自然绿化、水域等的分布和发展趋势要做系统的调查分析，以此作为宏观基础来对城市广场、公园、绿地等园林景观要素进行指导和协调。

5. 经济实用性原则

园林景观是面向大众、融入社会与生活中的艺术，是结合使用与审美的环境实体，在服务公众方面，经济性也是设计中的诸多重要原则之一。

对于户外环境中的景观而言，需要正确、合理、科学地选用材料（图3-2-6），并注意材料的性能，从成本的角度出发，考虑零部件的简化，材料来源的便捷，组合方式的合理与更换零件的方便等。材料选定后，还要考虑施工技术问题，要选择与材料相适应的，适当的、有效的、方便的技术加工工艺。园林景观设计要考虑与所处环境的协调（图3-2-7），与使用者及其生存、活动空间的协调。因此，不同等级的设计选用不同档次的材料，使环境美化、方便舒适的同时，应融入节约社会资源的观念，以成本优势获得人们的认同。

图 3-2-6　橡胶跑道

图 3-2-7　水中踏步

6. 便利性原则

园林景观设计的便利性主要体现在道路交通的组织、公共服务设施的配套服务和服务方式的方便程度。在绿化空间、街道空间、休息空间最大限度地满足功能需求的基础上，还要考虑公共服务设施为使用者的生活所提供的方便程度，所以要根据使用者的生活习惯、活动特点采用合理的分级结构和宜人的尺度，使小空间内的公共服务半径最小，使用者来往的活动路线最顺畅，并且利于经营管理，这样才能创造出良好的、方便的室外小环境。

7. 创新性原则

创新设计是在满足以人为本和生态设计的基础上对设计者提出的更高要求，它需要设计者开拓思维，不拘于现有的景观形式，敢于表达自己的设计语言和个性特色。这就要求园林景观设计

园林景观设计

具有独特、灵活、敏捷、发散的创新思维，从新的形式、新的方向、新的角度来处理园林景观的空间、形态、色彩等问题，给人带来崭新的思考和独特的设计观点，从而使园林景观设计呈现多元化的创新局面，避免似曾相识的景观形象。创新并非对传统的割裂，而是在保护历史文脉的基础上寻求突破。对于具有历史价值、纪念价值和艺术价值的景物，要有意识地挖掘、利用和维护保存。同时运用现代科技成果，创造出具有地方特色与时代特色的城市空间环境，以满足时代发展的需求（图3-2-8）。

图 3-2-8 中水生态净化示范区/土人景观

3.2.2 园林景观设计方法

园林景观设计方法与技巧

园林景观设计是多项工程相互配合的综合设计，涉及面广，综合性强，通常要考虑设计对象的美学、功能及诸多其他问题，常常要进行大量的研究、思考、建立模型、相互调整和再设计等工作，还应适当运用社会学的相关理论和方法，明确最终理想化的设计目标，才能引导设计逐步深入。设计内容涉及建筑、园林、市政、交通、水电等多学科领域，各种法则都要灵活掌握，才能在具体设计实践中，运用好各种设计要素，创造出符合使用要求的、客户满意的、经济适用的园林景观设计方案。一般以建筑为硬件、绿化为软件、道路为网络、小品为节点，采用各专业技术手段将设计方案付诸实施。从方案设计阶段来讲，设计方法可简单归纳为以下几点。

1. 立意构思

立意着重意境的创造，是设计者根据功能需要、艺术要求、环境条件等因素，经过综合考虑所产生的总的设计意图，确定作品所具有的意境。好的设计在立意方面多有独到和巧妙之处。立意从主观上表现为设计者通过设计来表达某种设计思想，从客观上表现为对环境条件的充分利用。方案构思是方案设计过程中至关重要的一个环节，也是设计的最初阶段，在立意的指导下，把第一阶段研究的成果具体落实到图纸上。构思要先考虑满足使用功能，充分利用基地现状条件，从功能、空间、形式、环境入手，运用多种手法形成一个方案的雏形，既不能破坏当地的生态环境，又要尽量减少对项目周围生态环境的干扰，力争为使用者创造出满意的空间场所。

2. 方案设计

方案设计从入手到进行，是一个汇集各种影响因素并进行分析总结与创作的过程。一般方案设计构思的切入点有以下几个。

1）场地特点

某些场地因素如地形地貌、景观影响及道路等都可作为方案构思的启发点和切入点。

（1）场地内外环境分析。场地内外环境分析包括场地自身条件（地形、日照、小气候）、视线条件（场地内外景观的利用，视线和视廊）和交通状况（人流方向和强度）等现状内容。重点研究环境内外之间的关系，确定场地的空间边界，系统分析使用功能。例如，针对不同的使用者及其活动特征进行分析，通过内部空间进行有机组织，处理好内外环境的过渡空间（图3-2-9）。

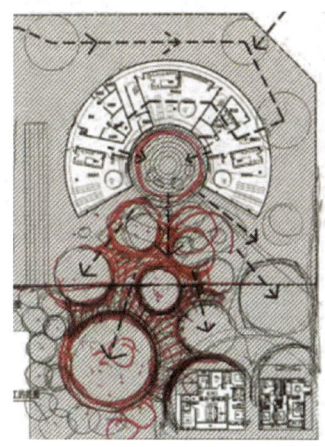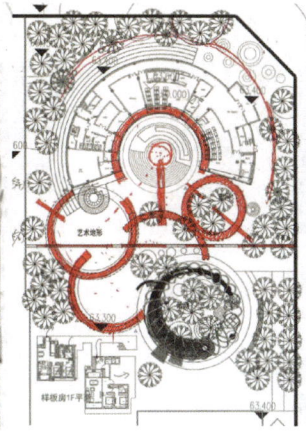

图3-2-9　场地内外环境分析/张唐景观

（2）场地文脉分析。设计者应对场地所具有的历史及乡土文化内涵进行全面、深入的分析，在设计时，将空间文化意义的积淀通过园林景观设计的艺术语言表达出来（图3-2-10）。

（3）环境心理学的应用。从使用者的心理和行为的角度进行研究，探讨人与环境的最优化。重视环境中人们的心理感受，着重研究空间的领域性、私密性、依托的安全感、从众与趋光心理等（图3-2-11）。考虑使用者的个性与环境的相互关系，充分理解使用者的行为特点，在塑造环境时予以考虑，同时适当地运用环境对人的行为加以引导，甚至在一定程度上加以"制约"。

图3-2-10　隋唐洛阳城九洲池/奥雅设计　　　图3-2-11　自然的休闲平台/张唐景观

2）设计风格

设计风格是设计作品独特的表现形式与气质内涵，是通过元素组合、空间营造等方式形成的具有辨识度的设计特征，它能帮助使用者建立环境意识，产生环境认知和联想。常见的园林景观设计风格有中式风格（图3-2-12）、新中式风格（图3-2-13）、现代风格、欧式风格等。在设计中，设计风格应理性地反映园林景观的个性与共性，建立景观的辨识度，强调与众不同的环境质量，对适宜的风格进行分析与合成、借鉴和修改，使之融入新的设计，从而形成"自然而然"的新作品。

图 3-2-12　中式风格　　　　　　　　　　　图 3-2-13　新中式风格/顺景园林

3）基本功能

园林景观环境应具备的基本功能包括安全、舒适、方便、高效、美观五个方面。设计时各功能要素要综合考虑，同时要依据人体工程学的研究成果，使环境因素满足人们各种生活活动的需要，达到提高环境质量的目的。在满足一定的功能后，可以在形式上有所创新，即将一些自然现象及变化过程加以抽象，用艺术形式表现出来（图 3-2-14）。

4）情感分析

设计者有目的地策划设计方案，通过设计手段把信息传达给人们，并让人们乐于接受。因此，设计者除具备专业知识外，还要在设计中倾注自己的全部感情，进而打动使用者。

在空间设计中，情感通过具体而生动的形式呈现。情感设计是情感内涵和设计理念的整合。设计者以情感或意念为线索，基于有序性和层次性的理念结构，运用空间的组合方式，创造空间的整体意义（图 3-2-15）。

图 3-2-14　鸟峪探秘乐园/奥雅设计　　　　　图 3-2-15　世界灭绝野生动植物纪念地

3. 多方案的比较

对于园林景观设计而言，由于影响设计因素很多，认识和解决问题的方式多样，需要多次考量，所以应根据场地条件和设置的内容多做些方案加以比较。多方案的比较能使设计者对某些设计问题做深入的探讨，这对方案构思的把握、方案设计的进一步推敲都非常有益。多方案比较的最终目的是获得一个相对优秀的实施方案。

4. 方案的调整与深入

方案调整的主要任务是解决多方案比较过程中发现的矛盾和问题，对方案的调整应控制在适度范围，力求不影响或改变原来方案的设计构思和整体布局，并进一步强化优势。

方案的深入在方案调整的基础上进行。在深化阶段要将设计要素的位置、尺度及相互关系，准确无误地反映到平面图、立面图、剖面图及总图中来，各部分设计要注意对尺度、比例、均衡、韵律、虚实、光影、色彩等规律的把握与应用，并且要核对方案设计的技术经济指标。在方案深入设计的过程中，各部分之间必然相互作用、相互影响，如平面图的深入，可能影响到立面图与剖面图，反过来，立面图、剖面图的深入也会影响到平面图（图3-2-16）。

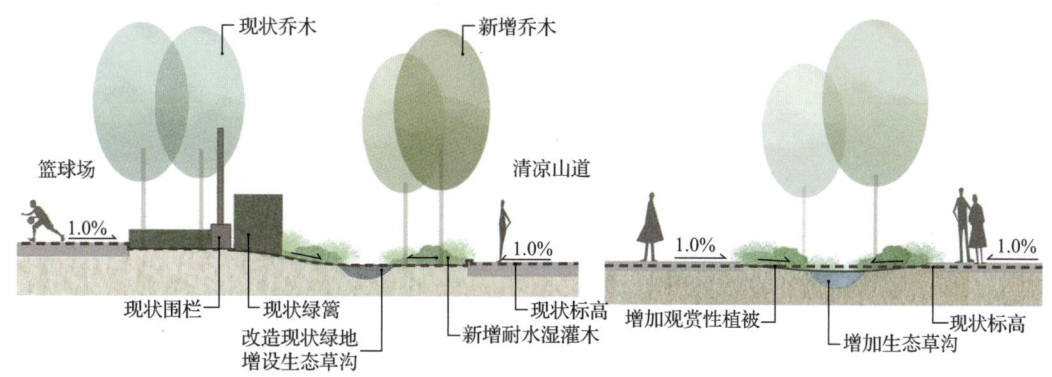

图3-2-16　方案的深入/张唐景观

3.2.3 园林景观设计程序

1. 设计的流程

现代园林景观设计呈现一种开放性、多元化的趋势，每个项目都具有其特殊性，园林景观的各项设计都要经历由浅到深、从粗到细不断完善的过程，设计过程中的许多阶段都是息息相关的，但是，不同的园林景观设计项目在分析和考虑问题时都有一定的相似性，都遵循园林景观设计的工作流程。

园林景观设计程序

园林景观设计的流程是指从事一个园林景观项目设计，从项目策划、项目选址、场地分析、概念规划、影响评价、综合分析到施工和使用运行这一系列工作的方法和顺序。

1）项目策划

首先需理解项目特点，其次通过调研分析编制全面的设计任务书，最后梳理形成准确翔实的需求清单。建议向业主、潜在用户、维护人员及同类项目规划者咨询，参考过往案例，探索新技术、新材料与规划理论的应用方向。

2）项目选址

先将必要或有益的场地特征罗列出来，再寻找和筛选场址范围。在这一阶段需要各种相关资料，如地质测量图、航空和遥感照片、道路图、交通运输图、规划用途数据、区划图、地图册、各种规模和比例的城市规划图纸等。在此基础上，选定一个最为理想的场地。一个理想的场地可通过最小的变动，最大限度地满足项目要求。

3）场地分析

场地分析就是通过现场考察来对资料进行补充，尽量地把握场地和周边环境的关系、现有的园林景观资源、地形地貌、植被、水源和水系分布，以利于分析它们对拟建项目的制约因素和对现有园林景观的影响效果，使拟建项目与整个地区的环境在园林景观设计时，能够达到最大程度的协调。

4）概念规划

概念规划是设计师从分析和定位中得出设计概念主题，通过确定项目性质、功能、规模、建设周期、程序、预算等内容，将这些概念初步以宏观设计形式呈现出来。概念规划实际上就是对整个项目的环境、功能综合分析之后，所作的空间总体形象的构思设计。

概念的形成，标志着人们的认识已从感性认识上升到理性认识。最初的概念，往往具有非常强烈的个性，控制着整个园林景观设计的发展方向。所以，在这一过程中，至关重要的是建筑师、园林景观师、工程师等多专业工作人员的合作，相互启发和纠正，最终达成统一的认识。

5）影响评价

园林景观评价对于判断园林景观使用质量的好坏具有非常重要的意义。不同的社会背景、不同的时期，评价标准是不同的。目前的园林景观评价标准主要有以下几方面。

（1）美学评价标准：主要关注城市园林景观的形态特征。

（2）功能评价标准：衡量景观作品能够在人们生活中发挥多大的作用，在园林景观评价中占据重要地位。

（3）文化评价标准：评价园林景观形态的文化特征和意义，以及园林景观作品是否能够彰显文化特质，增强场所认同，建立人与环境之间的有机和谐关系。

（4）环境评价标准：评价园林景观对环境生态的影响程度，主要关注园林景观作品可能带来的环境影响，能源的利用方式，对自然地形、气候等风土特征的尊重程度等。

在所有评价结果都收集之后，总结这个开发的项目可能带来的所有负面效应、可能的补救措施、所有由项目创造的积极价值，以及在设计过程中强化这些积极价值的措施、进行建设的理由，如果负面作用大于益处则应该建议不进行该项目。

6）综合分析

在草案研究基础上，进一步对各草案的优缺点以及纯收益作比较分析，得出最佳方案，将最佳方案转化成初步规划方案并进行费用估算。

7）施工和使用运行

这一阶段设计师应充分地监督和观察，并注意使用后的反馈意见。

这个设计程序有较强的现实指导意义，在小型园林景观的设计中，其中的步骤可以相对地进行一些简化和合并，缩短设计周期，加快运作，完成项目。

2. 设计实践过程

园林景观设计是一项综合性很强的工作，习惯上，整个设计过程常常被描述为一个线性进程，包括前期的资料收集、调查研究、概念设计、方案设计、施工图设计。依据该线性进程，将园林景观设计实践过程划分为以下五个阶段。

1）任务书阶段

任务书是以文字说明为主的文件，主要包括以下内容。

（1）项目的概况。
（2）设计的原则和目标。
（3）园林绿地在全市园林绿地系统中的地位和作用。
（4）园林绿地所处地段的特征及周边环境。
（5）园林绿地的面积和游人容量。
（6）园林绿地总体设计的艺术特色和风格要求。
（7）园林绿地总体地形设计和功能分区。
（8）园林绿地近期、远期的投资以及单位面积造价的定额。
（9）园林绿地分期建设实施的程序。

作为一个建设项目的业主，一般会邀请一家或几家设计单位进行方案设计。一般来说，如果工程的规模大、对社会公众的影响比较大，需要进行招投标，中标者才有机会取得设计的委托。其目的主要是根据各个方案的性价比进行筛选，实质上是择优。也有一些项目以直接委托的方式进行。无论采取哪种方式，设计单位都要明确项目的基本内容，根据自己的情况决定是否接受设计任务。

在本阶段，设计人员作为设计方在与业主初步接触时，应充分了解任务书内容及整个项目的概况，包括建设规模、投资规模、时间期限等方面，特别要了解这个项目的总体框架和基本实施内容，这些内容往往是整个设计的根本依据，从中可以确定哪些值得深入细致地调查和分析，哪些只要作一般的了解。因此，任务书阶段一般较少用图样，常以文字说明和表格分析为主。

2）基地调查与分析阶段

在此阶段，业主会同设计师至基地现场踏勘，进行基地调查，收集与基地有关的原始资料，补充并完善不完整的内容，对整个基地及环境进行综合分析，使基地的潜力得到充分的发挥。

基地调查与分析主要包括以下几方面内容。

（1）基地现状调查。

基地现状调查主要是对土壤、地形、气候、水系、建筑和构筑物、植被、管线设施等情况的调查。

（2）环境条件调查。

环境条件调查主要是对四周环境景观特点、质量状况、设施情况等的调查。

（3）设计条件调查。

设计条件调查的结果有基地现状图、现状树木位置图、地下管线图、主要建筑物的平（立）面图等。

基地现状图标明设计范围，基地范围内的地形、标高、现状物，以及四周环境情况等。

现状树木位置图主要标明要保留树木的位置，并注明其品种、规格等。

地下管线图主要标明各地下管线的位置。

主要建筑物的平（立）面图标明要保留利用的建筑物。其平面图上要注明室内、外标高，立面图要注明建筑物尺寸、颜色等。

此外，还要在总体和一些特殊的基地地块内进行拍照，将实地现状的情况带回去，以便加深对基地的感性认识。

(4)资料分析。

设计师在掌握一定的原始资料后,结合业主提供的基地现状图,要对其进行综合性的分析与整理,进一步发现它们之间的内在联系,进行要素整合。资料分析主要是自然环境的分析和人文背景的分析。

3)概念设计阶段

在着手进行总体设计构思之前,必须认真阅读业主提供的"设计任务书"(或"设计招标书")。设计任务书详细列出了业主对建设项目的各方面要求:总体定位、性质、内容、投资规模、技术经济控制及设计周期等。

概念设计是设计师综合考虑设计任务书所要求的内容和基地及环境条件,提出一些方案构思和设想。具体而言,设计师在进行总体设计构思时,对业主提出的项目总体定位进行构想,并与抽象的文化意义及深层的社会、生态目标相结合。同时,必须考虑将设计任务书中的设计内容融合到有形的设计构图中去,把这些概念内容初步体现在宏观的设计表达中,进而对功能关系和空间形象进行总体构思设计。这种"概念性"的设计是整个设计过程中十分重要的一个环节。

概念设计常用草图表达。在内容上,草图表达依据项目本身诸如功能需求、场地条件、空间限制等问题特征进行针对性划分,其目的在于使设计方向明确化,具体内容如下。

(1)反映功能方面的设计概念草图。

反映功能方面的设计概念草图是对场地内的功能分区、交通流线、空间使用方式、人数容量、布局特点等方面问题进行研究,多采用较为抽象的设计符号集合在图面上配合文字、数据等表达。图 3-2-17 所示为大唐芙蓉园儿童娱乐区的设计概念。

(2)反映空间方面的设计概念草图。

园林景观的空间设计属于创意设计,应结合原有场地的现状进行空间界面的思考,并结合使用需求采用因地制宜的方式进行空间创意设计,既涵盖功能因素又具有艺术表现力。反映空间方面的设计概念草图的表达方式比较丰富,如采用平、剖面分析与文字说明相结合的方式(图 3-2-18、图 3-2-19)。

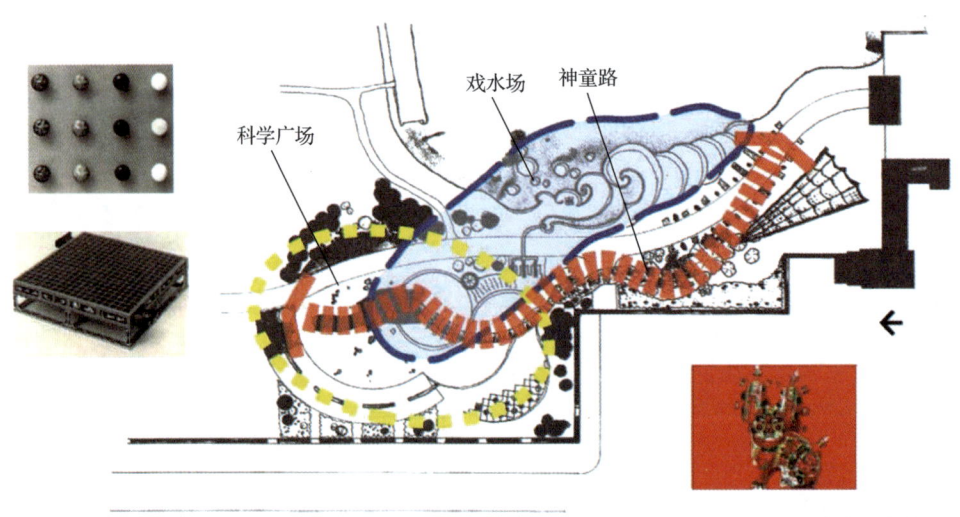

图 3-2-17　大唐芙蓉园儿童娱乐区的设计概念

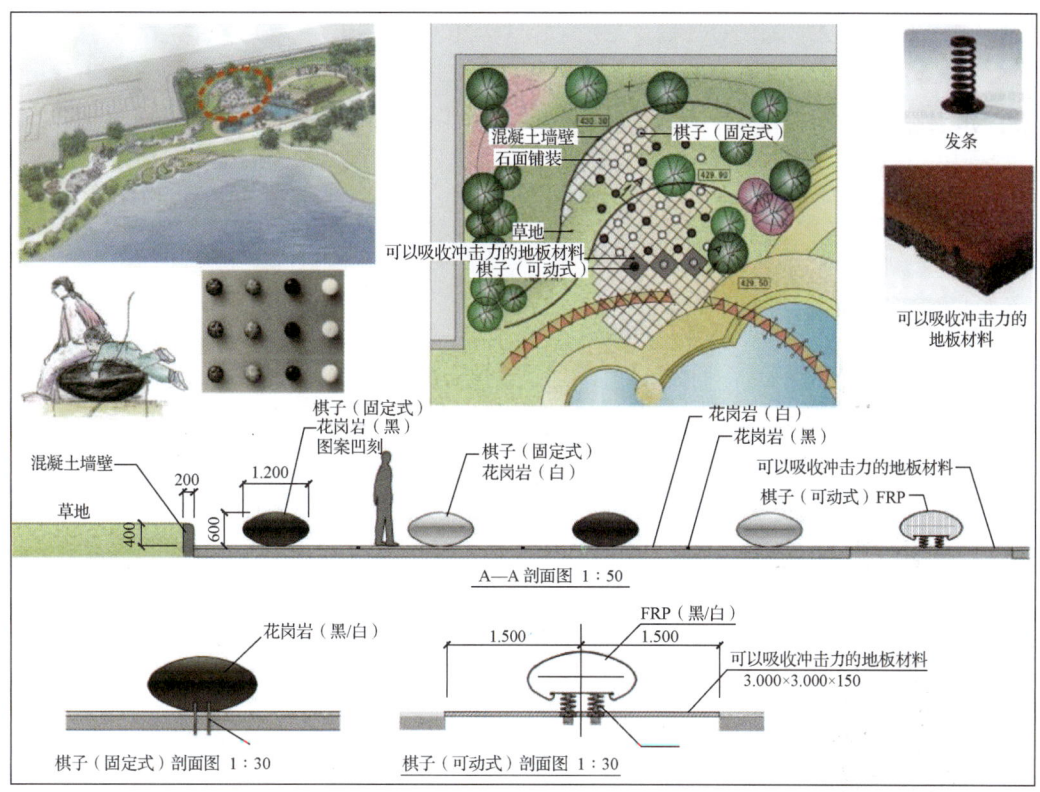

图 3-2-18　大唐芙蓉园儿童广场设计

图 3-2-19　因地制宜的空间创意设计

（3）反映形式方面的设计概念草图（图3-2-20）。

场地的风格形式体现了艺术表达，涉及设计师与业主审美观念的交流融合。因此，设计概念草图的表达要准确且具备一定说服力，必要时可辅以成形的实物场景照片，并添加背景文化说明，值得注意的是，在绘制草图时，应充分考虑设计深度的把握，使其既能展现设计理念，又符合项目实际需求。

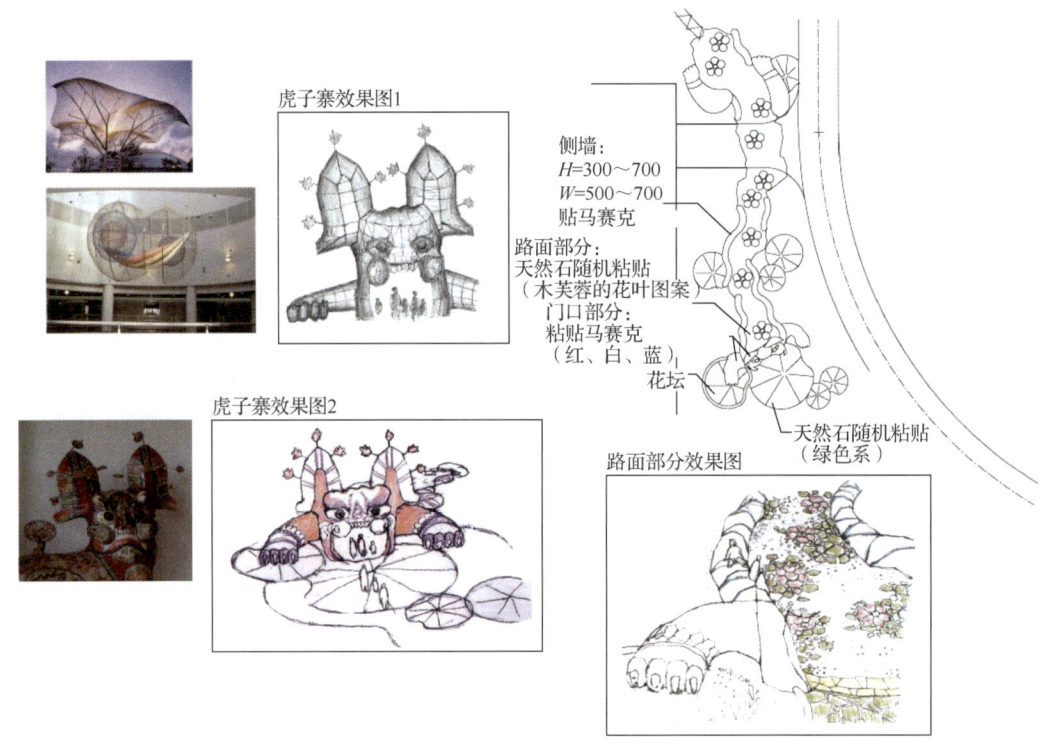

图3-2-20 生动的儿童游乐区效果图

（4）反映技术方面的设计概念草图。

目前，园林景观设计日益趋向智能化、工业化、生态化，这就意味着设计师要不断学习，了解相关门类的科学概念。园林景观设计师要想提高人们的生活质量，反映人们的文明生活程度，需要把技术因素转化为美学元素和文化因素。反映技术方面的设计概念草图既要包含正确的技术依据，又要有艺术形式的美感。如图3-2-21所示船体造型的舞台景观设计草图，充分展现了反映技术方面的设计概念草图在实际设计中的应用。

概念草图是设计师自我交流、进一步形成设计构想的基础记录，也是与其他设计者或业主交流沟通的一种方式。

4）方案设计阶段

（1）初步设计。

在本阶段要逐步明确总图中的入口、广场、道路、水面、绿地、建筑小品、管理用房等各元素的具体位置。通过这些元素的合理布局，使整个设计在功能上趋于合理，在构图形式上符合园林景观设计的基本原则,视觉上美观、舒适。方案设计完成后应与委托方共同商议,然后根据商讨结果对方案进行修改和调整。

当初步方案确定后,就要全面地对整个方案进行各种详细的设计,包括确定准确的形状、尺寸、色彩和材料,完成各局部详细的平(立、剖)面图、园景的透视图、整体设计的鸟瞰图等。

整个方案全都定下来后,将文字部分与图纸部分相结合,组成一套完整的规划方案文本。

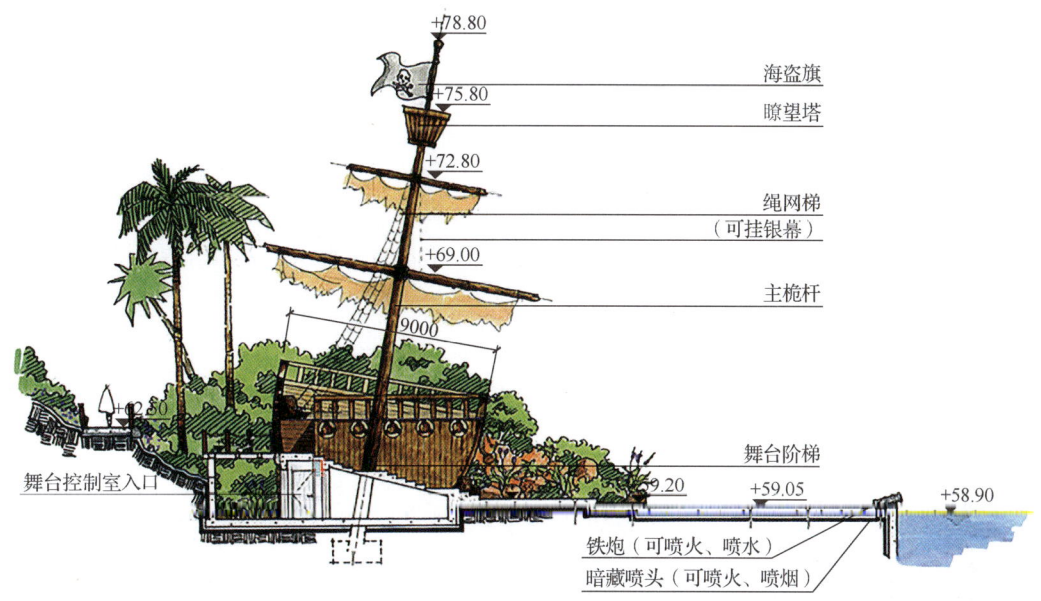

图 3-2-21 船体造型的舞台景观设计草图

初步方案设计文本包含以下内容。

① 封面:包含方案名称、编制单位、编制年月等。

② 扉页:写明方案编制单位的行政与技术负责人、设计总负责人、方案设计人、必要时可附透视图和模型照片。

③ 方案设计文件目录:包含设计说明书、投资估算、各类设计图纸等文件的对应页码索引。

④ 设计说明书:由总说明和各专业说明组成。

⑤ 投资估算:包括编制说明、投资估算及材料估算量。简单的项目可将投资估算纳入设计说明,独立成节。

⑥ 设计图纸:主要包括区位图、现状图、总平面图、各类分析图、功能分区图、绿化种植图、小品设计图、透视图等。

大型或重要的建设项目,可根据需要增加模型、电脑动画等,参加设计招标的工程,其方案设计文件的编制,应按招标的规定和要求执行。

(2)方案评审、扩初设计。

由有关部门组织专家评审组,召开方案评审(论证)会。在方案评审会上,项目负责人要结合项目的总体设计情况,将项目概况、总体设计定位、设计原则、设计内容、技术经济指标、总投资估算等诸多方面内容,向领导和专家们进行全面汇报。

方案评审会结束后,设计单位会收到打印成文的专家组评审意见。

设计人员结合专家组评审意见,进行进一步的扩大初步设计(简称"扩初设计")。在扩初文本中,应该有更详细、更深入的总体规划平面图、总体竖向设计图、总体绿化设计图、建筑小品的平、立、剖面图(标注主要尺寸)。在地形特别复杂的地段,应该绘制详细的剖面图。

在扩初文本中,还应该有详细的水、电气设计说明,如有较大用电、用水设施,要绘制给排水、电气设计平面图。

5)施工图设计阶段

施工图设计阶段是将设计与施工连接起来的环节。根据所设计的方案,结合各工种的要求分别绘制出能具体、准确地指导施工的各种图纸,如施工平面图、地形竖向设计图、种植平面图、景观建筑施工图、地面铺装大样图等。这些图纸应能清楚、准确地表示出各项设计内容的尺寸、位置、形状、材料、种类、数量、色彩以及构造和结构。

3.2.4 园林景观设计表达

1. 园林景观设计手绘表现

园林景观设计图纸表现-手绘

手绘是一种独特的设计语言,是园林景观设计中应用非常广泛的表现手段。它具有自由、灵活和个性化的特点,能够快速记录设计师的分析和思考内容,也是设计师收集资料、表达设计思维的重要手段。在科技迅速发展的今天,手绘依然具有独特的生命力。手绘艺术的运用,能够激发设计师的创造力,可以使设计更具独特性和吸引力,让我们的园林景观设计更加具有审美价值和艺术感。

手绘在园林景观设计中的表现大致可以分为:景观元素的表现、平面图的表现、立面图与剖面图的表现、透视效果图的表现。

1)景观元素的表现

(1)植物手绘表现。

植物手绘表现又可以分为平面表现和立面表现。

平面表现(图 3-2-22、图 3-2-23)主要用于园林总平面图及平面大样图的设计。植物的平面表现以"画圆"为主,再辅以多种形式的线条,如内弧线、外弧线、碎线等。表现过程中要注重疏密、大小、主次及"丛植"关系。此外,可以用马克笔勾勒出画面的光影轮廓,着重表现平面植物受光、背光、投影等多种光影关系。

立面表现(图 3-2-24)主要用于园林方案中透视图、立面图及剖面图设计。在绘制时,线稿要注意表现枝、干、叶的关系,做到"精画枝干,略画叶片"。还要注重树木冠幅外形的表现及叶形属性的表现,如阔叶植物、针叶植物等的外形不同,用线用笔要有所区别。填色过程中应注意用色彩变化来表现光影变幻。

项目 3　园林景观设计的方法与程序

图 3-2-22　树木平面落影表现

图 3-2-23　植物平面表现

（2）山石手绘表现（图 3-2-25）。

山石是园林景观配景要素之一，山石的表现包括质感和明暗表现，以及勾勒轮廓、勾绘石纹的方法。在山石手绘表现中，一般采用较为写实的手法，通过合理运用线条和笔触来体现山石的体量与质感。另外，马克笔上色时要注意环境关系，比如周围环境的色调对石头颜色的影响，以及石头在不同环境光线下的色彩变化等。

图 3-2-24　植物立面表现

图 3-2-25　山石手绘表现

（3）园林景观小品手绘表现（图 3-2-26）。

园林景观小品是指园林景观设计中的独立个体，如桌、凳、水池、指示牌、雕塑等具有功能性及观赏性的物品。当园林景观小品被放置在周围环境中后，这些园林景观小品就组合演变成环境小景。

2）平面图的表现（图 3-2-27）

园林的地形、水体、建筑、植物等要素都要在平面图上清楚地表现出来。手绘彩色平面图要注意线稿的设计深度，线稿的设计深度直接影响了彩色平面图的最终效果。还要注意光和影的关系，光影的表现旨在使平面空间更有立体感。对彩色平面图进行大面积铺色时，要特别注意用笔的走向，随着笔触变化能够表现出画面的层次和起伏。

065

图 3-2-26 园林景观小品手绘表现

图 3-2-27 平面图的表现

3）立面图与剖面图的表现

通常情况下，园林景观设计中立面图与剖面图是合二为一、同图表达的。其主要作用是对园林景观设计中竖向空间的图解与展示，手绘立面、剖面图的特点是呈现无透视的投影效果。剖面图表示地貌或构筑物的构造关系，无须表现前后空间感。立面图表现地面物体的构成情况及主要轮廓，需要表现物体间的前后空间关系。在绘制立面图时，要在种植区域中表现出植物的层次，然后进行润色等操作，从而完成一张准确细致的立面图（图 3-2-28）。

图 3-2-28 立面图的手绘表现

4）透视效果图的表现

透视效果图（图 3-2-29）能够呈现出园林景观的立体感和空间感。绘制透视效果图的步骤如下。

（1）确定视点：选择合适的观察位置，确定视点和灭点的位置。

（2）绘制地平线：在地平线上确定一个点，作为后续绘制参照，绘制出园林中的地平线。

（3）绘制建筑物：根据透视原理，绘制出园林中的建筑物，注意透视比例和角度。

（4）添加配景：在画面中添加树木、花草、山石等配景，丰富画面的内容。

（5）表现光影和色彩：根据实际光线和色彩，表现园林的光影和色彩效果，增强立体感和空间感。

（6）完善细节：对画面中的细节进行处理，如绘制出草地、道路等，使画面更加逼真。

图 3-2-29 透视效果图

随着社会和科技的发展、进步，手绘的风格也越来越多样，手绘的使用工具日益丰富，技法也随之发展，如马克笔、压感笔等在手绘中的广泛运用，让手绘技法变得更加丰富多彩。手绘表现形式有润纸手绘（图 3-2-30）、压感笔上色（图 3-2-31）等。

图 3-2-30 润纸手绘表现

图 3-2-31 压感笔上色表现

随着设计方法的不断创新，手绘在园林景观设计中的应用也在不断发展和变化。未来，手绘技术可能会更加智能化和个性化，可以通过增强现实、虚拟现实等技术实现更加逼真的表现效果。同时，手绘也面临着一些挑战，如设计效率、设计精度等方面的问题，需要设计师不断探索和创新。

园林景观设计

园林景观设计图纸表现之 CAD

2. 园林景观设计计算机辅助表现

1）基础图纸的绘制

在一个新的园林建设项目开始前，要有一个完善的设计方案。AutoCAD 软件可以绘制设计方案平面图（图 3-2-32），设计师通过模拟真实的空间，建立精细的尺度并反复推敲，全方位把控方案。同时可以利用软件进行局部修改，能够更快速地绘制出精细的方案并敲定，不需要像传统手绘那样重复绘制。

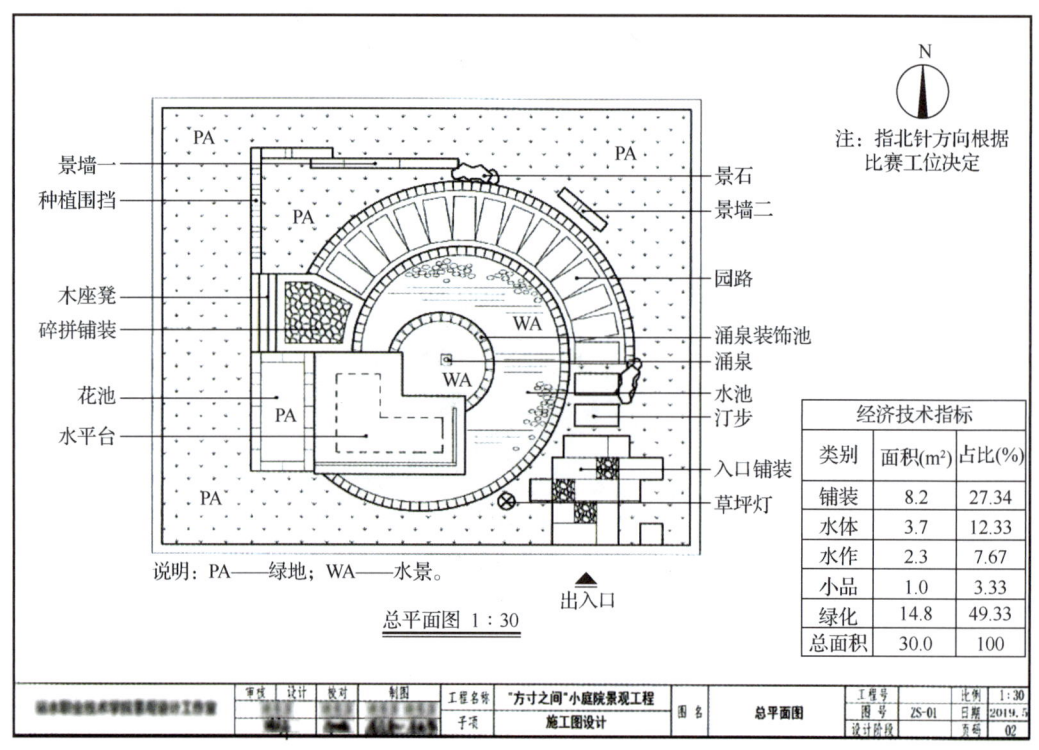

图 3-2-32 设计方案平面图（总平面图）

对于同行设计师来说，可以通过设计方案平面图清楚地理解设计方案，但是对于投资商、业主或者公众等非专业设计人员来说，仅通过设计方案平面图看懂设计方案是有一定难度的，这就需要设计师绘制局部立面图、剖面图来展示设计方案（图 3-2-33），这些图纸直接关系着方案是否能被应用于实际建设中，同时也避免因施工方返工而产生额外的费用和资源浪费。

园林施工图设计是园林景观设计的重要环节，是将设计方案转化为实际施工过程的具体指示文件，是设计师与施工人员之间的沟通桥梁。园林施工图还具有其他作用，如便于施工人员进行安全管理、维护施工现场环境卫生、方便后期维护管理等。因此，园林施工图在园林景观设计中具有举足轻重的作用。在园林施工图中，对制图的基本内容都有规定，这些内容包括图幅、标题栏（图 3-2-34、图 3-2-35）、会签栏、线宽、线型、文字、数字、符号和标注等，这些内容都应按照相应的规范进行绘制。表 3-2-1 所示为图线的线型、线宽及主要用途。

项目3 园林景观设计的方法与程序

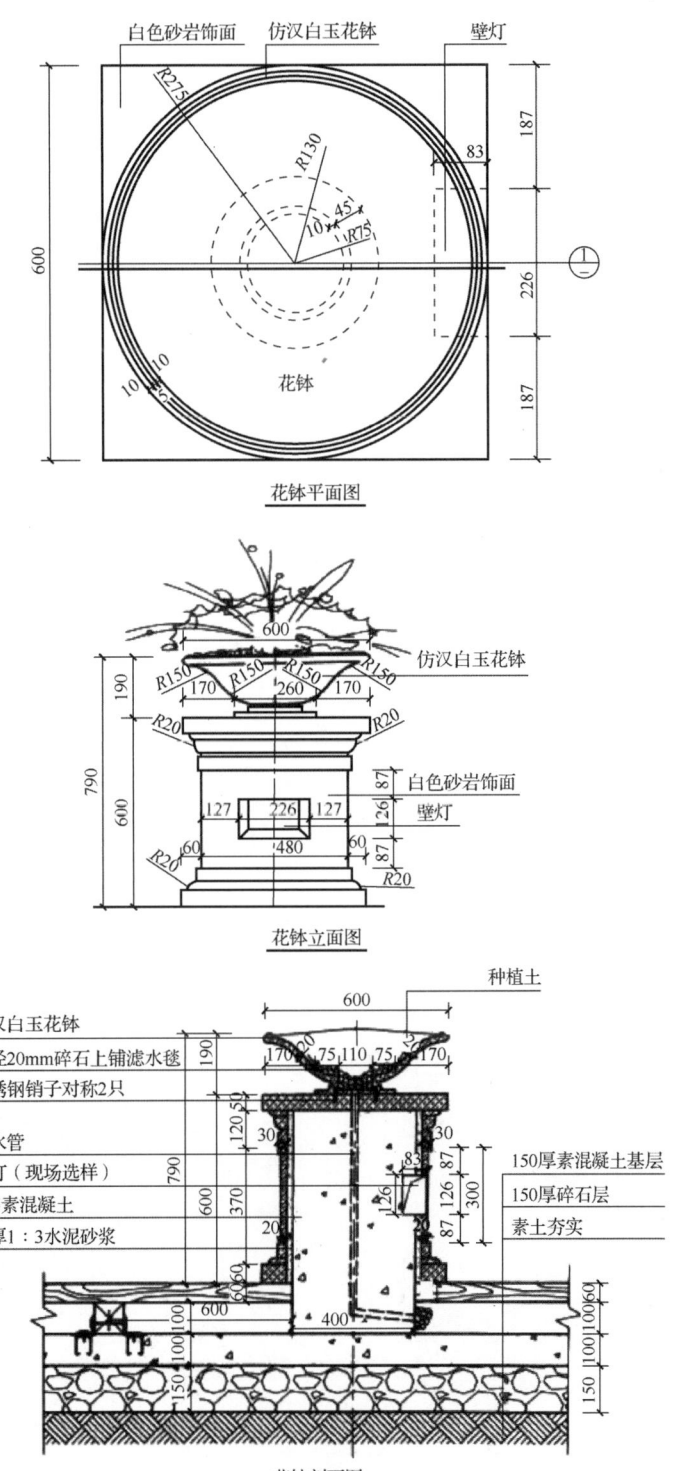

图 3-2-33 花钵平、立、剖面图

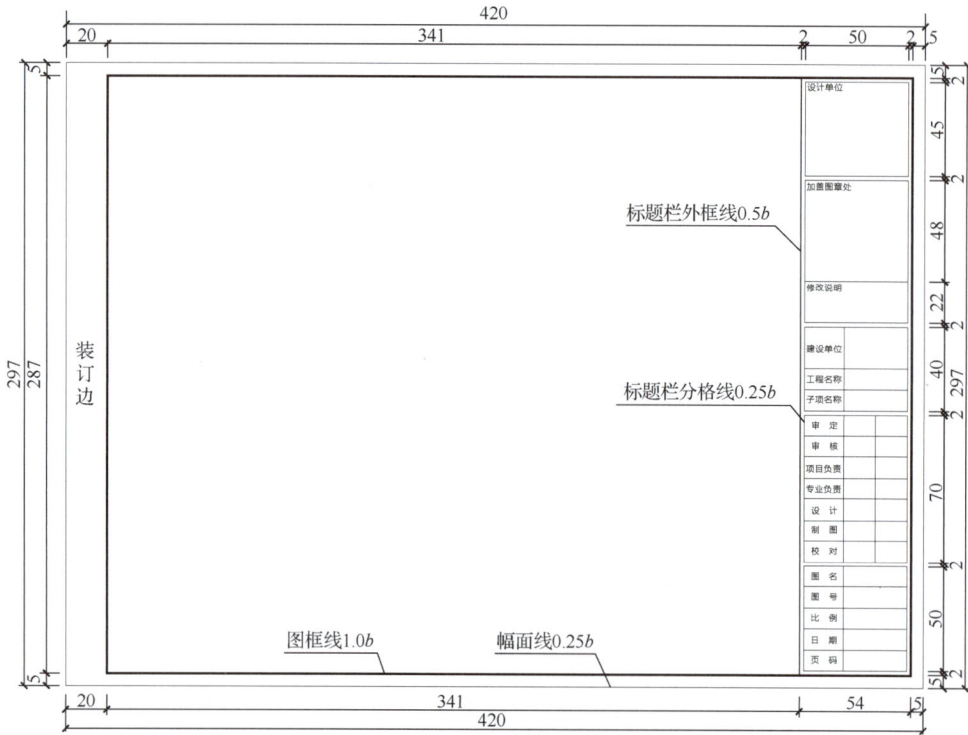

图 3-2-34　A3 图幅标题栏（竖向）

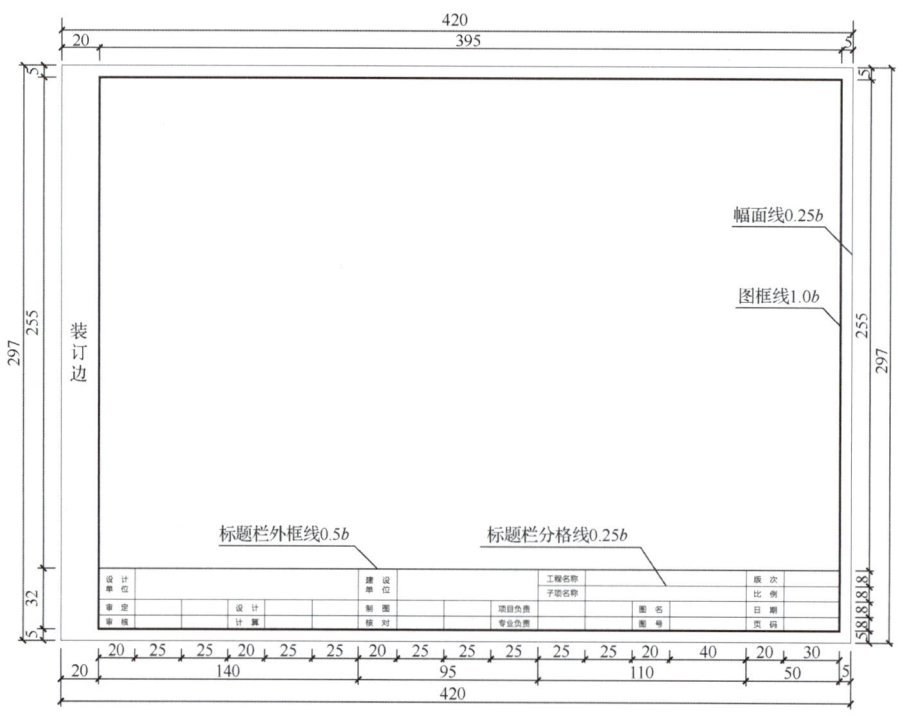

图 3-2-35　A3 图幅标题栏（横向）

表 3-2-1　图线的线型、线宽及主要用途

名称		线型	线宽	主要用途
实线	极粗		$2b$	地面剖断线
	粗		b	1. 总平面图中建筑外轮廓线、水体驳岸顶线 2. 剖断线
	中粗		$0.5b$	1. 构筑物、道路、边坡、围墙、挡土墙的可见轮廓线 2. 立面图的轮廓线 3. 剖面图未剖切到的可见轮廓线 4. 道路铺装、水池、挡墙、花池、座凳、台阶、山石等高差变化较大的线 5. 尺寸起止符号
	细		$0.25b$	1. 道路铺装、挡墙、花池等高差变化较小的线 2. 放线网格线、图例线、尺寸线、尺寸界线、引出线、索引符号等 3. 说明文字、标注文字等
	极细		$0.15b$	1. 现状地形等高线 2. 平面、剖面中的纹样填充线 3. 同一平面不同铺装的分界线
虚线	粗		b	1. 新建建筑物和构筑物的地下轮廓线 2. 建筑物、构筑物的不可见轮廓线
	中粗		$0.5b$	1. 局部详图外引范围线 2. 计划预留扩建的建筑物、构筑物、道路、运输设施、管线的预留用地线 3. 分幅线
	细		$0.25b$	1. 设计等高线 2. 各专业制图标准中规定的线型
单点画线	粗		b	1. 露天矿开采界限 2. 见各有关专业制图标准
	中		$0.5b$	1. 土方填挖区零线 2. 各专业制图标准中规定的线型
	细		$0.25b$	1. 分水线、中心线、对称线、定位轴线 2. 各专业制图标准中规定的线型
双点画线	粗		b	规划边界和用地红线
	中		$0.5b$	地下开采区塌落界限
	细		$0.25b$	建筑红线
折断线			$0.25b$	断开线
波浪线			$0.25b$	

注：b 为线宽宽度，视图幅的大小而定，宜用 1mm。

2）效果图的绘制

效果图是通过计算机辅助设计软件制作的虚拟图像，能够以更逼真的效果展现设计师的创意想法。这些效果图不仅可以清晰地展示设计理念，生动地还原设计师的构想，还能通过立体呈现帮助客户更好地理解设计方案，对设计方案有更直观的认识，提高沟通效率。SketchUp 是一款能够直接面向设计方案创作过程的设计工具，不仅能够充分表达设计师的思想，还能满足与客户即时交流的需要，目前已经广泛应用于室内、建筑、园林景观设计以及城市规划等领域。图 3-2-36 所示为使用 SketchUp 软件进行的建筑基础建模。

SketchUp 软件能广泛应用于园林景观设计是因为这个软件拥有以下特点。

（1）具有直观的显示效果。在使用 SketchUp 进行园林景观设计创作时，可以实现"所见即所得"，设计过程中的任何小品都可以创建为直观的三维样式，并能快速切换不同的显示风格。这样不但可以摆脱传统绘图方法的烦琐，还能与客户进行更为直接灵活和有效的交流。

（2）具有便捷的操作性。软件的界面十分简洁明了，所有的功能都可以通过界面菜单与工具按钮在透视图中直接实现，直观的操作方式使得初学者也能快速上手，实现高效的创意表达（图 3-2-37）。

图 3-2-36　建筑基础建模

图 3-2-37　软件建模

（3）具有全面的软件支持。SketchUp 能在模型建立的基础上满足建筑制图高精度的要求，还能完美地结合 V-Ray、Piranesi、Enscape、Lumion 等渲染软件呈现多风格效果。此外，SketchUp 与 AutoCAD、3ds Max、Revit 等常用设计软件能进行十分快捷的文件转换互用，满足多个设计领域的需求。

（4）具有优秀的方案深化能力。SketchUp 凭借其强大的推拉工具和组件库，在方案深化设计方面表现出色。同时，丰富的模型素材和材质库，使得深化设计更加高效，细节处理更加精细。其有着十分直观的显示效果，可以方便地进行园林景观设计方案的修改与深化，直至完成最终的方案效果。SketchUp 在设计尺度的推敲过程中同样起到非常重要的作用，因其可以以立体视角展示场地的各个角落的尺度，在这个过程中，可以发现一些可以优化的部分。

（5）具有自主的二次开发功能。SketchUp 的使用者可以通过 Ruby 语言进行创新性应用功能的自主开发，通过开发的插件可以全面提升 SketchUp 的使用效率或拓展延伸其功能。

园林景观设计方案在进行 SketchUp 建模时，首先要整理 AutoCAD 线稿。选择施工图纸中植被配置图（或植被配置总平面图），删除一些影响平面整体性的线，如字体、标高、铺装填充等，标高设置为零，清理无用的图层、图块等内容（图 3-2-38）。

项目3 园林景观设计的方法与程序

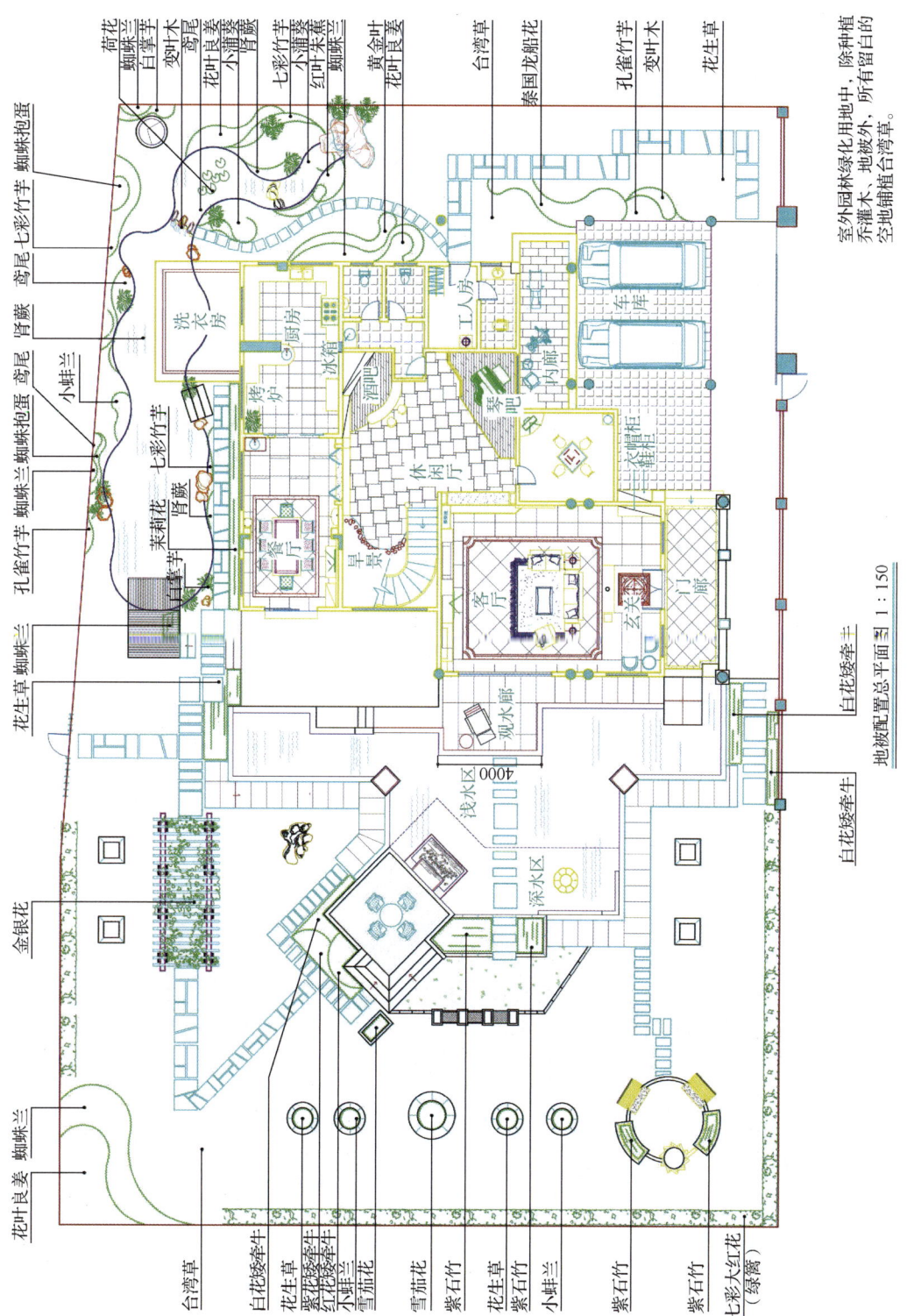

图 3-2-38 整理 AutoCAD 线稿
地被配置总平面图 1：150

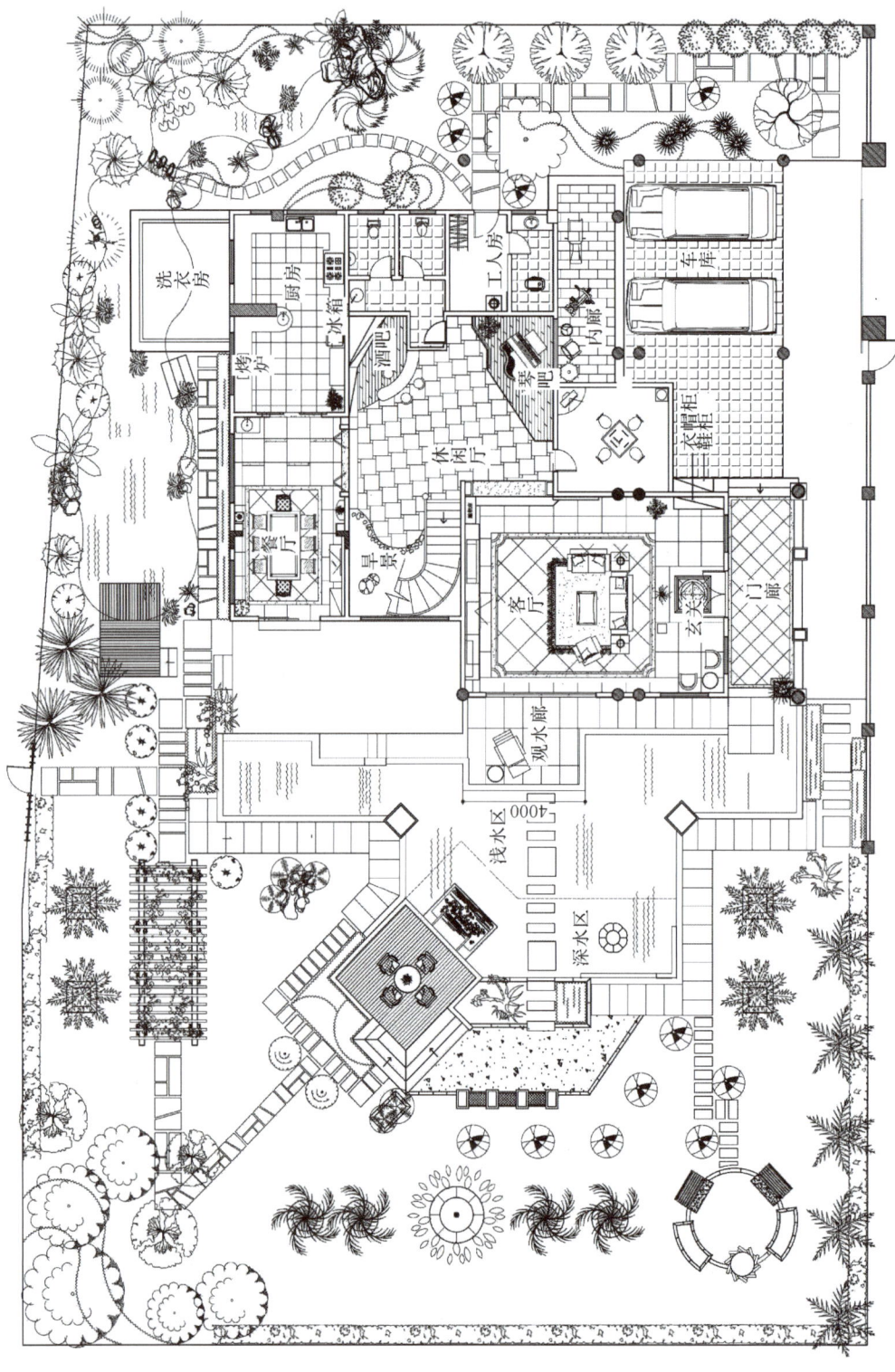

图 3-2-38 整理 AutoCAD 线稿（续）

然后将整理好的 AutoCAD 线稿导入 SketchUp 中。建模之前要先分析建模思路，若场景面积较大，还可用直线工具分割建模区域。

最后就可以开始使用 SketchUp 软件建模了。建模过程中需细化各个区域的景观效果图，将各个小品建成群组，目的是方便后期修改，使之不受场景中的其他元素干扰，加快编辑速度。一些小品可直接使用收集的素材，方便快捷，比如人物、植物等。

模型大体完成后，可导入 D5、Enscape（图 3-2-39）或 Lumion（图 3-2-40）等渲染软件中进行后期效果图渲染，以期导出真实度更高的动画或生成氛围真实的图片。

图 3-2-39　Enscape 渲染

图 3-2-40　Lumion 渲染

3）后期效果图处理

Photoshop 是一款操作简便快捷、功能强大的图形图像处理软件，在园林景观设计中有着广泛的应用。它具有强大的图像编辑和修饰功能，可以用来处理和优化图片、模型等素材，进而制作出精美的园林景观设计效果图。

Photoshop 在园林景观设计表现中的应用，大致可以分为利用其进行彩色总平面图、分析图的绘制，以及透视效果图、鸟瞰效果图和特效效果图的后期处理等方面。

园林景观设计图纸表现之Photoshop

（1）彩色总平面图的绘制。

彩色总平面图主要用来展示园林景观设计方案，如屋顶花园、城区规划等。园林设计图的表现手法日趋成熟，多样真实的草地、水面、树木的引入，使制作完成的彩色总平面图形象生动、效果逼真（图 3-2-41）。

绘制彩色总平面图一般分为三个阶段。第一个阶段是在 AutoCAD 中输出 EPS 平面图；第二个阶段是进行各种常见元素模块的制作，包括草地、树木、灌木、房屋、广场、水面、马路、花坛等；第三个阶段是后期合成处理。在 Photoshop 中对彩色总平面图进行着色时，应掌握一定的前后次序，最大限度地提高工作效率。

（2）分析图的绘制。

在园林景观设计中，分析图是一种常见的表达方式。Photoshop 可以制作包括功能分区图（图 3-2-42）、园林景观结构分析图（图 3-2-43）、交通分析图等在内的各种分析图，通过绘制和调色等操作，能够满足分析图的各种要求。

园林景观设计

1. 星月广场
2. 主题景墙
3. 亲水栈台
4. 喷雾
5. 月亮湾
6. 一线桥
7. 栖息岛
8. 亲水木栈1
9. 观水平台
10. 休闲中心
11. 亲水木栈2
12. 休闲广场
13. 市民广场
14. 花带
15. 中心大草坪
16. 启明广场
17. 恒星雕塑群
18. 花带
19. 休闲平台
20. 儿童活动区
21. 景观亭
22. 科技之门
23. 疏林草地

图 3-2-41　彩色总平面图

功能分区图

- 湿地生态保育区
- 湿地科普教育区
- 湿地利用观赏区
- 湿地生态艺术村
- 管理服务区
- 生态文化创意园

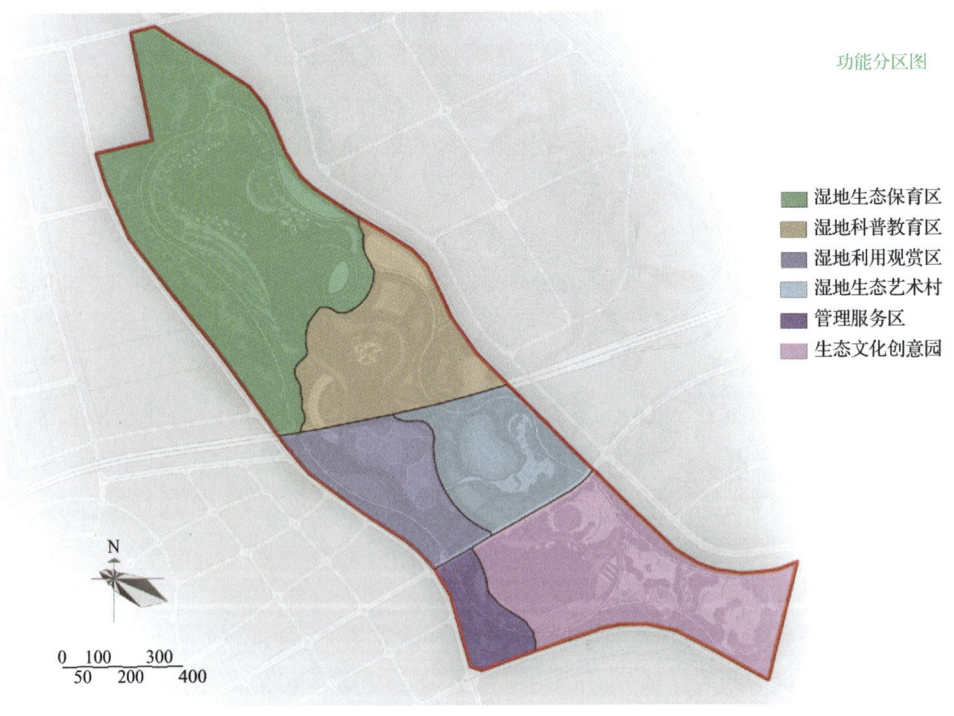

图 3-2-42　功能分区图

图 3-2-43　园林景观结构分析图

（3）透视效果图的后期处理。

Photoshop 还可以用于透视效果图中材质、灯光、配景等的后期处理。在将三维模型进行渲染之后，可以利用 Photoshop 强大的图像处理功能对图像进行编辑、调色等一些特殊处理，加入天空、植物、人物等配景，最终得到一幅生动逼真的透视效果图。

透视效果图（图 3-2-44）组成要素为天空、地面铺装、建筑、植物、水体及人、车、灯等配景。制作过程中应注意各组成部分的体量、色彩、亮度协调统一，尽量避免生硬做作的感觉。透视效果图的制作有很大的发挥空间，对于环境的处理非常灵活，通过后期的加工处理，小桥和亭子掩映在绿树碧水之间，如一幅婀娜多姿的江南画卷，目光所及，处处皆画，人亦融入画中。

图 3-2-44　透视效果图

（4）鸟瞰效果图的后期处理。

作为一种重要的效果图类型，鸟瞰效果图通过透视感极强的三维空间表现出园林景观的形体以及与环境的关系，使整个园林规划的形态、风格和周边环境都一览无遗。鸟瞰效果图（图3-2-45）表现总体规划，更便于读图者理解空间地形关系。

图3-2-45　鸟瞰效果图

鸟瞰效果图并不要求每一个细节都处理得细致入微，它强调的是大框架的把握，这里运用了抽象、虚化的背景来衬托整个大的场景，将视觉重点指向画面的中心建筑，建筑周围则以大量的树木和蜿蜒生动的水体加以着重刻画，虚实的对比中，达到突出表现园林建筑的目的。

（5）特效效果图的后期处理。

特效效果图大致可分为两类：一类是为表现某种特定场景而制作的效果图，如夜景、雨景、雪景、雾天等；另一类是为了展示建筑物的特点，通过夸张的色彩、造型等来表现建筑物，从而制作出相应的效果图。

图3-2-46所示为一张公园雨景效果图，采用了雨景的表现手法，烟云笼罩，建筑与环境自然融合，凭借柔美的画面风格和淡雅的整体色调，展现出一幅雨中公园的美丽景象。

图3-2-46　公园雨景效果图

为呈现雪景氛围并提升建筑效果图的艺术表现力,这里介绍雪景表现常用的两种手法:一种是雪景素材合成法(图3-2-47),另一种是积雪快速制作法(图3-2-48)。

图 3-2-47　雪景素材合成法雪景效果图

图 3-2-48　积雪快速制作法雪景效果图

讨论思考

对比手绘表现和计算机辅助表现,它们各自在传达园林景观设计方案的意境和细节方面有哪些不同?

3.3 项目设计实训

园林景观设计表现技法实训

1. 实训目的

（1）了解园林景观设计的内容与步骤。
（2）明确总平面图的表达方法以及所要表达的内容。
（3）训练手绘技巧与速度。

2. 实训内容与要求

用 A3 绘图纸抄绘总平面图。仔细观察分析后，在内容上可做适当调整，但比例关系、构图线条等要表现准确。

3. 抄绘步骤

（1）绘制轮廓，进行植物种植设计（图 3-3-1）。
（2）马克笔上色（图 3-3-2）。

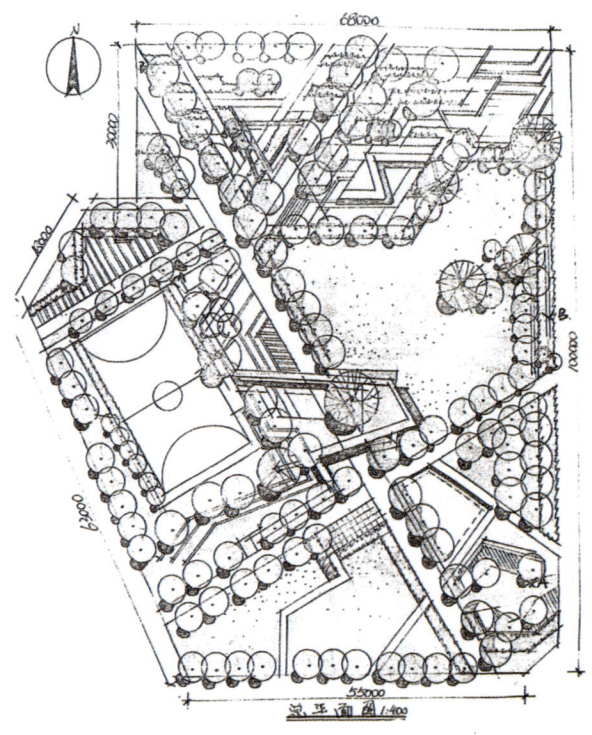

图 3-3-1 绘制轮廓，进行植物种植设计

项目3 园林景观设计的方法与程序

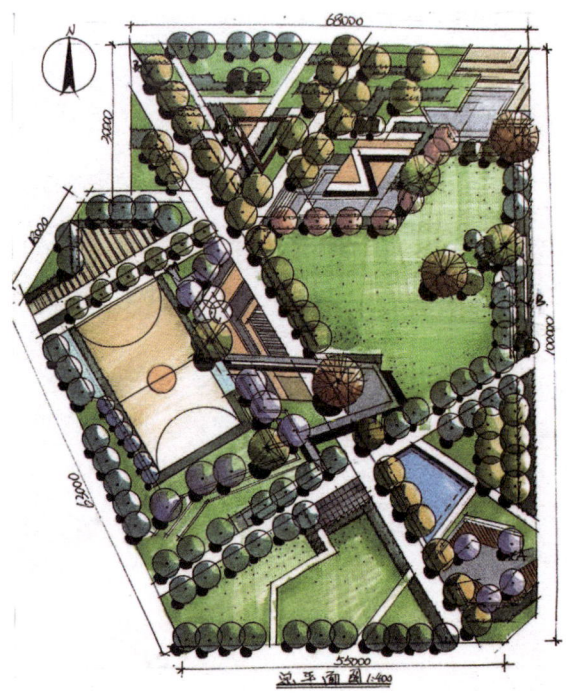

图 3-3-2 马克笔上色

知识拓展：
立意构思
案例

项目 4

人工智能数字化园林景观设计

教学目标

本项目介绍了人工智能在园林景观设计中的相关知识,包括其作用与发展趋势、设计方法及 VR/AR 形式呈现。通过本项目的学习,培养学生运用人工智能技术提出新颖设计概念和方案的能力,运用数字化软件进行绘图、建模和渲染的能力,对方案进行测试和优化的能力,从数据中提取信息用于设计决策的能力,以及准确把握客户需求并通过人工智能手段实现的能力,使学生具备先进的园林景观设计素养与技能。

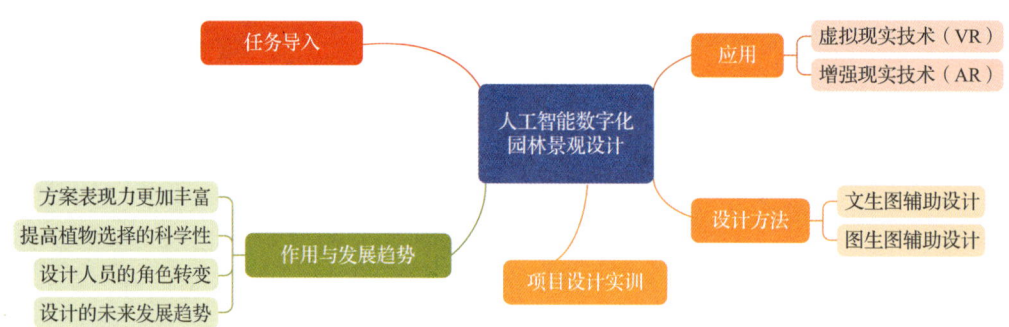

4.1 任务导入

2023 年，东南大学建筑学院的"艺术与媒介"课程"生成艺术——AI 造园"工作营由建筑运算与应用研究所华好老师团队主持，面向二年级升三年级的学生，在暑期展开，为期四周。工作营采用多模态 AI 技术进行园林设计与活动场景生成，利用文字、图像、视频等方式进行艺术表达。学生们通过学习 ChatGPT、Midjourney、Stable Diffusion 等人工智能技术，收集园林的文本与图像素材，用 AI 生成园林设计、活动场景、人物形象等，并进行 AI 模型训练与微调，利用图像、文字等综合方式展示园林设计及其故事场景。

2024 年，华中科技大学蔡新元教授团队自主研发的国内首个面向高等艺术教育的人工智能超级计算平台 ARTI Designer XL 正式上线。它可以进行家装、珠宝、服饰等创意设计，普通人也能借此成为设计师。该平台还制作出了中国首部 AI 国风漫剧《诗路人生》。该平台的升级版基于原生中文语料数据集及自有高质量图像训练数据，全面支持中文提示词输入，对设计领域内专有名词的理解和生成更为准确，并且注入大量中式元素，形成了具有"中式美学"的生态场。

由此可见，人工智能未来在园林景观设计中的应用将更加广泛和深入。

4.2 相关知识

4.2.1 人工智能在辅助园林景观设计方面的作用与发展趋势

近年来，人工智能（又称 AI）在园林景观设计领域的应用不断拓展，带来了诸多设计新途径。在设计灵感的生成方面，人工智能可通过算法和数据分析生成新颖独特的设计方案，突破传统园林景观设计的局限性，为景观设计带来更多创意和创新元素。

Deepseek

1. 人工智能使景观的方案表现力更加丰富

园林建模是园林景观设计中的重要环节，利用计算机视觉和深度学习技术，人工智能能够快速建立三维园林模型。例如，在一个大型城市公园的设计项目中，通过输入地形、植被、建筑等数据，人工智能能够迅速生成逼真的三维模型，设计师可以直观地看到公园的整体布局和景观效果。也可以在景区的改造项目中借助人工智能的建模技术，精确模拟不同季节和时间的光照变化对景观的影响，从而优化景点的设置和游客路线。此外，在庭院设计项目中，人工智能根据业主的需求和场地条件，可快速生成多个设计方案，为设计师提供丰富的参考和灵感。

2. 人工智能将提高园林植物选择的科学性

人工智能可以根据当地的气候、土壤条件等大量数据，智能推荐适合种植的树木、花草，大大提高植物的成活率。比如在干旱地区，人工智能会推荐耐旱的植物品种，如仙人掌、龙舌兰等；在潮湿的地区，则会推荐适应湿润环境的植物，如荷花、菖蒲等。在一个城市绿化项目中，人工智能通过分析土壤的酸碱度、肥力等因素，为设计师推荐既能美化环境又能改善土壤质量的植物组合。另外，在一个大型植物园的设计中，人工智能依据植物的生长习性、花期等，合理搭配不同的植物，确保四季都有丰富的景观效果。图 4-2-1 所示为人工智能生成的园林植被景观。

图 4-2-1 人工智能生成的园林植被景观

3. 人工智能促进园林景观设计人员角色转变

在人工智能时代，园林景观设计人员的角色发生了显著的转变。过去，设计师主要依靠自身的经验和创意进行设计。而如今，他们需要成为数据的分析师和决策者。例如，在一个公园改造项目中，设计师可利用人工智能分析游客的行为模式和偏好，从而优化公园内的设施布局和景观节点设置。此外，设计师还需要与人工智能技术协同工作，对技术生成的初步方案进行优化和艺术化处理。如在一个社区园林的设计中，人工智能生成了基础的布局方案，设计师在此基础上融入了当地的文化元素和艺术特色，使园林更具人文气息。

4. 未来发展趋势

未来，人工智能在园林景观设计领域的应用将更加广泛和深入。一方面，随着技术的不断进步，人工智能的算法将更加精准和高效，能够生成更具创意和个性化的设计方案。例如，通过深度学习，人工智能可以生成不同风格的园林景观设计。另一方面，人工智能将与其他新兴技术融合，如物联网、虚拟现实等，为园林景观设计带来全新的体验。例如，通过物联网技术，园林中的植物养护可以实现自动化和智能化，根据植物的生长状况自动调整浇水、施肥等措施。

4.2.2 数字智能驱动的设计方法

随着人工智能的快速发展，生成式人工智能为园林景观设计带来了更高的工作效率、更多的创意和更精准的决策支持，有助于打造出更美观、实用和可持续发展的园林景观。生成式人工智能可以根据输入的设计要求、风格偏好、场地条件等信息，快速生成多个初步的设计方案。

以国内一款人工智能设计平台（太行星系 AIGC）为例，该平台可以根据用户对园林景观的具体要求，包括风格（如中式、欧式、现代简约等）、功能（休闲、娱乐、观赏等）、场地大小和地形特点、元素特征等，为设计者提供初步的方案创意或展示效果。

1. 文生图辅助设计

文生图辅助设计通过输入提示词（图 4-2-2）生成景观设计效果图，如输入"自然主义园林""城市公园""滨水景观""竹子""黄杨"等提示词，同时在负向提示词中输入画面中不需要出现的元素（如"模糊""行人"），即可生成一组景观设计图（图 4-2-3）。

图 4-2-2 提示词输入与设置

图 4-2-3 输入提示词生成的景观设计图

园林景观设计

除输入提示词外,用户还需要选择"主题模型"算法,应尽量选择与场景关联度高的模型算法,以准确地表达设计意图,同时可以增加"融合模型 lorA"来丰富画面内容;而"采样方法"可根据画面风格进行选择;"提示词引导系数"和"跳过层"则体现提示词的重要程度,"提示词引导系数"值越高,"跳过层"值越低,代表提示词越重要,生成的图片越接近预期;反之,生成的图片会越发散。"迭代步数"代表计算次数,一般设置为 10~20 即可。

在设计时应使用丰富、生动且准确的词汇和语句向人工智能输入指令,以便其更好地理解设计意图,帮助生成符合需求的园林景观设计图。例如输入关键词:"新中式园林景观""自由曲线的静水面""丰富的组团植被""增加雾森系统",并将"迭代步数"设定为 20,可生成图 4-2-4 所示的景观设计图。

图 4-2-4 输入关键词生成的景观设计图

2. 图生图辅助设计

图生图辅助设计可以根据已有设计草稿、概念手稿或其他图纸资料,利用人工智能进行补充或美化。例如在人工智能设计平台上传一张概念彩平图,可运用人工智能生成一张新的具有写实效果且优化后的平面图。

尽管目前人工智能在园林景观设计中能够提供许多帮助和创意启发,但它无法替代设计师所具备的独特能力和价值。设计师拥有对美的敏锐感知力和独特的审美眼光,他们能够根据场地的文化背景、社会环境和用户需求,创造出富有情感和文化内涵的设计方案。这种对人文和情感因素的理解和把握是人工智能难以企及的。因此在未来人工智能普及的浪潮中,设计师应不断地提升设计思维和创造力,培养人文关怀意识,增加实践经验和沟通能力。

4.2.3 虚拟现实技术和增强现实技术的应用

虚拟现实技术(VR)在园林景观设计领域中,创造了一个完全模拟真实环境的三维空间场景。通过佩戴专门的头显设备,用户可以身临其境地漫游在这个由计算机生成的环境中,感受空间尺度、植物季相变化及景观节点的细节效果。这种沉浸式的体验使得客户能够在施工前就对设计方案有一个直观而全面的理解,并且提出相应的修改意见,从而减少设计过程中的反复与错误,节省时间和成本。

增强现实技术（AR）则是在真实的物理世界中叠加了虚拟的信息或图像，利用智能手机或者平板电脑等移动设备，用户可以在屏幕上看到设计方案与其周围实际环境相融合的画面。这不但有助于设计师在现场直接比较设计方案与实际情况是否匹配，而且能够让客户更加方便地参与设计，提高沟通效率及结果满意度。

 讨论思考

利用人工智能辅助方案表现时，如何提取有价值的信息用于输入指令，输入指令时需要注意哪些方面？

4.3 项目设计实训

运用人工智能辅助校园景观设计

对所在学校校园景观进行设计，以提升校园环境质量，满足师生的学习、休闲和社交需求。

1. 设计要求

（1）校园景观包括以下功能区域，并对下列区域进行重新设计。
① 教学区：营造安静、舒适的学习氛围，有适量的绿化和休息设施。
② 运动区：配备标准的田径场、篮球场、网球场等运动场地，以及观众看台。
③ 休闲区：设置花园、小径、长椅等，供师生放松身心。
④ 文化展示区：展示学校的历史、文化和成就。
⑤ 食堂周边区域：打造舒适的户外就餐环境。
（2）校园景观设计要体现学校的特色和文化，融合现代教育理念。

2. 实训步骤

（1）实地考察校园现状，测量相关场地数据，记录现有景观元素和存在的问题。
（2）与师生进行交流，收集他们对校园景观的期望和需求。
（3）运用选定的人工智能工具，输入校园景观的设计描述，包括功能区域的规划、景观元素的特点、风格偏好等，生成初步的设计概念图。
（4）对人工智能生成的设计概念图进行分析和评估，结合专业知识和实际情况进行调整和优化，并形成一份设计调研及概念方案，要求图文并茂。

项目 5

园林庭院景观设计

教学目标

本项目讲解了庭院景观设计相关知识，包括概念、分类、风格、要求与设计原则、设计要素，以及布局形式和设计要点。通过本项目的学习，培养学生庭院景观的设计能力，包括独立设计庭院景观方案，熟练运用景观元素进行空间组织设计，熟悉以手绘或计算机制图呈现方案效果，以及具备汇报庭院景观设计方案的能力，使学生具备全面的庭院景观设计素养与技能。

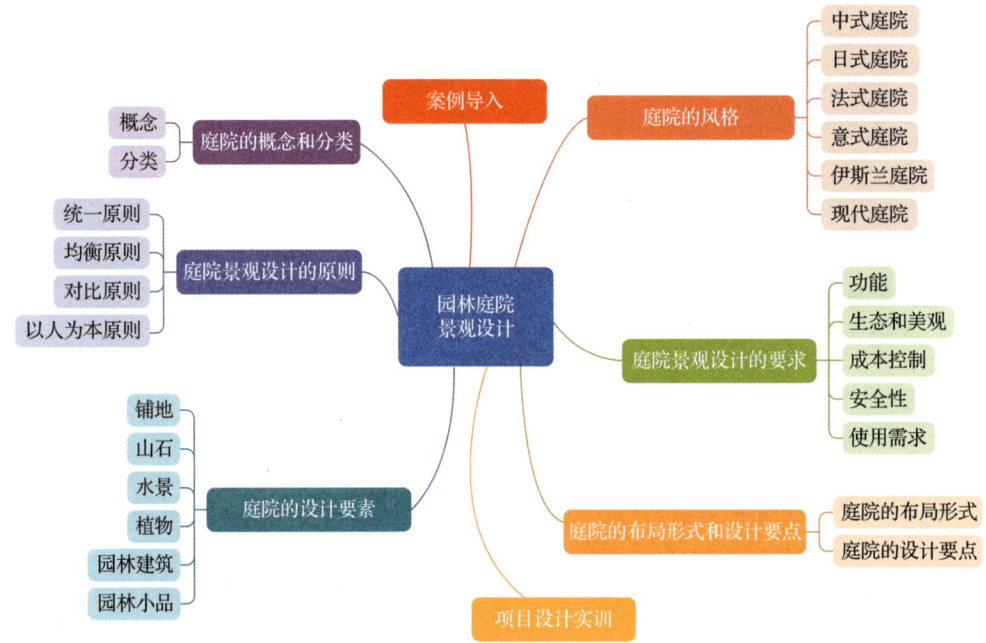

项目 5　园林庭院景观设计

5.1　案例导入

5.1.1　私家庭院景观设计

本案例为九间堂私家庭院景观设计（设计：金石景观设计/摄影：河狸摄影）。

该项目位于九间堂项目一期，临康厚街，虽未避市井之嚣，但亦有陶渊明结庐人境之趣。庭院的景观方案运用契合建筑气质的现代手法，融入当代崇尚的东方意境，从建筑与场所、人与环境出发，思考场地、建筑与现代人居的关系，塑造新中式景观，又不悖于现代人居对庭院生活的需求。图 5-1-1 所示为庭院总体布局，图 5-1-2 所示为庭院主景。

图 5-1-1　庭院总体布局

图 5-1-2　庭院主景

设计师与业主沟通时，业主强调以控制成本和提升效果为改造原则，设计师在反复推敲室内外空间关系，重新梳理局部空间后，决定把场地中原有廊架拆除，对鱼池进行局部改造，拆除假山叠水，结合花境打造新景观；同时，考虑场地土方平衡，重新定义并丰富场地竖向关系；此外，原有防腐木品质较好，与地面石材均可二次利用。设计师保留现有大树，强化原有主景植物的造景效果（图 5-1-3）。

庭院北部空间地势较高，视野开阔，冬季日照时间长，适合作为家庭活动空间，故北部空间以大面积的草坪为主，同时在西侧设计木平台休息区，可放置秋千或休闲桌椅供家人朋友聚会休闲使用（图 5-1-4）。

庭院自南往北，由入口小巷视线的"收"到中心庭院的豁然开朗，空间层层递进，往北地势渐高。北院围墙设计月洞跌水景墙，围墙外有高大毛竹作为背景，景墙一侧植罗汉松，有松、竹、圆月、墙垣，故有"明月共松风为伴，墙垣与竹影相依"的意境（图 5-1-5、图 5-1-6）。

图 5-1-3 庭院鱼池景观

图 5-1-4 庭院大草坪

图 5-1-5 庭院围墙小品

图 5-1-6 庭院水景小品

5.1.2 "一带一路"暨金砖国家技能发展与技术创新大赛"园林景观设计虚拟仿真"赛项

金砖国家技能发展与技术创新大赛由金砖国家工商理事会技能发展工作组（中方）提出并发起，"一带一路"暨金砖国家技能发展国际联盟为主要组织单位，其目标是为金砖国家建立人才选拔通道，提升人才培养能力，服务先进制造领域，促进金砖国家技能发展。

为响应"一带一路"和平合作、开放包容、互学互鉴、互利共赢的丝路精神，"园林景观设计虚拟仿真"赛项聚焦于园林景观领域，旨在促进各国在园林景观设计虚拟仿真方面的技术交流与合作。对于参赛者来说，该赛项是展示才华和技能的平台。选手能够通过参与比赛，展示自己在方案构思、平面表现、效果图表现、节点施工图、视频效果以及 VR 展现等方面的专业能力，体现园林景观数字可视化设计技能。比赛过程中，选手们需要应对各种问题的挑战，充分考虑地域文化、生态环境、功能需求等多方面因素，制定出创新且可行的方案。同时，大赛也有助于推动园林景观行业的发展和进步，促进新技术、新理念的传播与应用，提高行业整体的设计水平。

该赛项由 2 名选手合作完成，在规定时间内，运用虚拟仿真软件完成相应景观设计。图 5-1-7～图 5-1-10 所示为第一届参赛作品《花田山澜》的部分方案展示。

项目 5　园林庭院景观设计

图 5-1-7　《花田山澜》设计导语

图 5-1-8　鸟瞰图

图 5-1-9　片岩层叠

图 5-1-10　聆竹栈道

5.1.3　全国职业院校技能大赛"园林景观设计与施工"赛项

全国职业院校技能大赛是由教育部发起，联合多家部委和事业组织举办的一项公益性、全国性职业院校师生综合技能竞赛活动。

全国职业院校技能大赛"园林景观设计与施工"赛项，包含园林景观设计与园林景观施工两个工作任务，由 2 位设计选手和 2 位施工选手，根据任务分工完成一件园林景观作品。本书将竞赛内容与课程教学深度融合，按照竞赛的任务和评价标准进行课程作业的评分，激发学生学习积极性和竞争意识，同时贴近行业的现行标准和实际需求。

庭院景观设计案例赏析

近些年，"园林景观设计与施工"赛项的规则每年都在调整，以 2019 年国赛为例，要考察 30 m^2 小庭院的设计方案和施工效果（图 5-1-11、图 5-1-12）。

该赛项的庭院方案设计为铺装、砌筑、木作、水景、植物等多模块设计组合。选手需要在有限的材料内，进行合理的设计，并富有一定的立意。该赛项除进行方案设计外，还需要完成花园的施工图设计。

图 5-1-11 "方圆动静"设计方案

图 5-1-12 "方圆动静"施工效果

该赛项设计部分评分标准见表 5-1-1。

项目 5　园林庭院景观设计

表 5-1-1　赛项设计部分评分标准

序号	考核内容	考核要点	分值	得分
1	图纸输出（14分）	2 名选手分工合理，能协作完成任务	3	
		在 AutoCAD 软件中用布局统一 A3 纸排版（2分），图框自行设计（2分）	4	
		CAD 文件和所有 PDF 格式图纸按照顺序从前到后排列在一个文件夹内提交（1分）；封面、目录的图名、图号、图幅等与详图对应，编写符合制图规范（2分）	3	
		按照提供的图纸，正确绘制施工设计说明（1分）、总平面图（1分）、尺寸定位平面图（1分）、竖向设计平面图（1分）	4	
2	种植设计平面图（7分）	植物数量、冠幅与提供材料相符（1分）；乔灌草搭配合理（1分）；图例选用符合制图规范（1分）；苗木统计表规格、数量、图例等正确（1分）；植物定点坐标正确（2分）；树种标注正确（1分）	7	
3	水电平面图（5分）	与总平面图、其他详图等相符（1分）；给水、排水、溢水等设施表达正确，符合制图规范（2分）；电路布置正确，符合制图规范（2分）	5	
4	水池详图（8分）	包括平面大样图、剖面图，与总平面图相符（1.5分）；绘制比例、线型、剖切符号等正确，符合制图规范（2分）；平面大样图材料、尺寸标注正确（2分）；剖面图材料、尺寸标注正确（2.5分）	8	
5	砌筑详图（18分）	包括平面大样图、结构图，与总平面图相符（1分）；比例、线型、剖切符号符合制图规范（1.5分）；平面大样图材料、尺寸标注正确（1.5分）；结构图构造层符合规范，材料、尺寸和文字标注正确（2分）	6	
		景墙同上	6	
		钢板种植池同上	6	
6	铺装详图（18分）	包括平面大样图与结构图（1分）；平面大样图、结构图的材料、尺寸标注正确（2.5分）；比例、线型正确（2.5分）	6	
		花岗岩铺装同上	6	
		透水砖铺装同上	6	
7	木作详图（14分）	包括平面大样图、结构图，与总平面图相符（1分）；比例、线型符合制图规范（2.5分）；材料、结构符合制图规范（3.5分）	7	
		创意绿墙同上	7	
8	鸟瞰效果图（8分）	设计主题突出，构图创新，尺度适宜（2分）；材质选择得当，颜色搭配合理（2分）	4	
		鸟瞰效果图选择角度合适，能展现庭院主要方向的场景，视觉效果好（2分）；各要素比例协调，景观要素搭配得体，与各平面图内容保持一致（2分）	4	
9	彩色平面图（8分）	展板排版布局协调，主次关系鲜明（2分）；方案设计合理，色彩搭配符合美感（2分）；内容完整，材质选择合理（2分）；至少包括总平面图、设计说明、用地指标等内容（2分）	8	
		合计		100	

5.2 相关知识

5.2.1 庭院的概念和分类

1. 庭院的概念

"庭院"可以理解为一种空间。"庭者,堂阶前也""院者,周坦也"。《玉海》中有"堂下至门,谓之庭。"李咸用诗曰"不独春光堪醉客,庭除长见好花开。"晏殊诗曰"梨花院落溶溶月,柳絮池塘淡淡风。"《南史》中有"特爱松风,庭院皆植松,每闻其响,欣然为乐"的记载。从这些诗句中,我们可以理解庭院为用墙垣围合的堂前的空间,这是由外界进入厅堂前的过渡空间。现代庭院通常是指以住宅建筑为主的外部空间,包括被建筑群包围的外部观赏空间。它是建筑内部空间的自然延伸与补充,与泛指的"园林"既有区别又有内在的联系,其更接近民居庭院和私家园林的布局特点。

花园,侧重指的是建筑(尤其是私人住宅)周边的,由人为修建或改造的景观环境。

院落,是中国传统民居的空间类型概念,侧重建筑围合空间的概念,更为强调人的使用活动。

庭院设计的历史几乎与建筑的历史一样悠久。早期的庭院为人们饲养家畜和种植蔬菜草药的场所,数千年来,其逐渐发展为文人雅士品味玩赏的场所,中国庭院不断受文人的雕琢和浸染,它早已不是单纯用于居住的庭院,而是中国人安放心灵的空间,书写人生精彩的诗意家园。中国的庭院文化强调人与自然的和谐统一,庭院作为人与自然交流的空间,追求顺应自然规律,将自然元素如山水、植物等巧妙地融入其中。而这种文化一直延续至今,提醒我们敬畏自然,顺应自然,保护自然。

2. 庭院的分类

按庭院的使用群体及功能属性,庭院可以分为以下几类。

1)私家庭院

私家花园是私家庭院中最常见的设计类型。私家庭院在功能布局上需考虑业主意图和需求;在形态设计上受到建筑的影响和控制,设计方案要重视艺术创意和审美体验,要求兼有休息、活动、娱乐、饲养或种植等功能(图 5-2-1)。

2)居住、办公空间公共庭院

居住、办公空间公共庭院(图 5-2-2)属于城市绿地系统的附属绿地部分,主要提供给单位或居住社区以相对集中的休闲活动场地,为附近居民或职员提供休息、游戏、聚会、锻炼、表演或展览等文化活动场所,是相对固定使用群体的公共活动庭院。该类庭院设计应当重视空间功能划分、人的行为活动以及空间的交通流线组织。

庭院的功能和形式

项目 5 　园林庭院景观设计

图 5-2-1　私家庭院

图 5-2-2　居住、办公空间公共庭院

3）商业空间庭院

一些商业场所也非常重视庭院空间的设计，如会所、餐饮、娱乐等商业体，希望给消费者提供美妙的户外体验，近年来一些商业街区、办公楼的屋顶花园、商业会所及 SOHO 办公区等纷纷开辟了开放的庭院空间，用以展示、举办活动或者经营餐饮、俱乐部等，成为城市景观中一道独特而绚丽的风景。这样的庭院设计项目往往具有强烈的主题性，追求趣味性、视觉冲击力或者文化感染力，以达到吸引消费者的目的。商业空间庭院（图 5-2-3）设计介于居住、办公空间公共庭院和私家庭院之间，功能相对单一但形式丰富。

图 5-2-3　商业空间庭院

5.2.2　庭院的风格

1. 中式庭院

中式庭院是深受中华文化浸润的建筑艺术形式，千百年来在华夏大地上绽放着璀璨的光芒。它蕴含着丰富的文化内涵，彰显着中华民族的精神风貌，不仅令国人引以为傲，更吸引了无数海外人士的瞩目与赞誉。

中式庭院风格的形成，源于悠久的中华文明。自古以来，庭院便是人们生活的重要组成部分，是家庭、宗族、社会的缩影。庭院的发展历程寄托着人们的亲情、友情与爱情，承载着历史文化、民俗传统的延续与发扬。

095

中式庭院风格的特点，首先体现在独特的建筑布局上。中式庭院强调"天人合一"的哲学思想，注重建筑与自然的和谐共生。庭院中的建筑往往错落有致，与周围的山水、花木相映成趣，形成一幅美丽的画卷。此外，中式庭院还注重空间的变化与渗透，通过漏窗、门洞、回廊等手法，使空间既具有层次感，又不失通透感。中式庭院的魅力在于其丰富的文化内涵。中式庭院是文人墨客的精神寄托，是他们品茗、弈棋、抚琴、书画的雅集之地。在庭院中，人们可以领略到古代文人的生活情趣，感受到他们的审美追求和精神境界。同时，中式庭院还是儒家、道家、佛家等诸子百家思想的载体，通过一石一木、一砖一瓦，传递着中华民族的传统美德和价值观。而中国传统的庭院规划深受传统哲学和绘画的影响，甚至有"绘画乃造园之母"的理论，最具参考性的是明清两代的江南私家园林。园景的主体是自然风光，亭台参差、廊庑婉转作为陪衬，寄托园主人寄情山水、超脱凡俗的思想，在物质环境中寓藏着丰富的精神世界，空灵淡远、古朴清旷是其美的特征（图5-2-4、图5-2-5）。

图5-2-4　苏州留园

图5-2-5　苏州拙政园

在现代社会，中式庭院风格的传承与发展面临着诸多挑战。一方面，随着城市化进程的加快，许多传统庭院被拆毁，取而代之的是高楼大厦。这使得中式庭院风格的传承与发展面临严重威胁。另一方面，一些新建的中式庭院在设计上过于追求形式，忽略了中式庭院风格的内涵，导致其失去了原有的韵味和魅力。因此，在传承和发展中式庭院风格的过程中，我们既要保护好传统庭院建筑，又要不断创新，将庭院文化融入现代生活。我们要在中式庭院中汲取智慧，学习其与自然和谐共生的理念，将人与自然、人与社会的关系处理得更加融洽。同时，我们还要传承中式庭院的文化内涵，弘扬中华民族的传统美德。

2. 日式庭院

日式庭院强调人与自然的和谐共生，追求内心的平静。这一风格的发展历程可追溯到日本的飞鸟、奈良、平安、室町、江户等时期，其风格演变与日本的社会变迁、文化发展和审美观念密切相关。日式庭院深受中国文化影响，尤其在唐宋时期吸收了中国园林造园理念，但在长期发展中结合日本本土文化、自然环境与审美观念，形成了独具特色的风格体系。日式庭院的风格类型有枯山水、池泉庭、筑山庭、平庭、茶庭等。

日式庭院（图 5-2-6）风格的特点如下。首先是对自然的敬畏与尊重。日式庭院强调对自然景观的再现与提炼，通过对山水、植物、岩石等元素的精细处理，营造出一种自然、和谐的氛围。这种对自然的敬畏与尊重，使得日式庭院在设计中力求弱化人工痕迹，追求自然的真实与质朴。其次日式庭院喜欢营造简洁与留白的艺术。日式庭院风格强调"空"的概念，通过对空间的留白与减法处理，创造出一种简洁、大气的景观效果。这种简洁与留白的艺术，使得日式庭院在视觉上给人以宽广、深远的感受，同时为观者提供了无限的想象空间。最后，日式庭院通过对景观的巧妙构思与布局，使人在观景过程中产生一种愉悦的情感体验。这种诗情画意的意境，使得日式庭院在艺术表现上达到了一种高雅、脱俗的境界。

图 5-2-6　日式庭院

3. 法式庭院

法式庭院以优雅、浪漫的特点著称，具有典型的宫廷式园林特征，其特点主要体现在以下几方面。

（1）对称和秩序：法式庭院风格强调对称和秩序（图 5-2-7），体现在庭院的布局、建筑的造型以及装饰元素的排列上，重视透视原理在庭院景观视觉效果中的体现，追求整体性。这种对称和秩序给人以稳定与和谐的感觉。

（2）精致的人工修饰：法式庭院（图 5-2-8）崇尚人工美，通常建造园林时先平整场地土方，使庭院场地平坦开阔。法式庭院注重细节的雕琢，植物基本需要修剪，还有精致的雕塑、华丽的喷泉、精美的花坛等。这些装饰元素为庭院增添了浓厚的艺术气息。

图 5-2-7　凡尔赛宫

图 5-2-8　法式庭院

（3）色彩搭配：法式庭院风格通常采用鲜艳的色彩搭配，如蓝色、黄色、红色等。这种色彩搭配使得庭院更加生动活泼。

（4）布局：法式庭院风格强调主次分明的布局，通常以一座大型建筑为中心，四周分布着各种功能的附属建筑。庭院内部多用大面积静水面，动态水则多用喷泉表现。这种布局使得庭院的功能性和美观性得以完美结合。

4. 意式庭院

意式庭院的风格起源于罗马的建筑和园林艺术，在 16 世纪末达到了高峰。意式庭院多坐落在风景优美的度假区，体现了人们对休闲乐趣与审美体验的追求。意式庭院的风格介于法式庭院和英式庭院之间，体现着人工美与自然美的和谐统一，也是托斯卡纳风格或地中海风格的早期借鉴样式。意大利半岛多山地，建筑多依势而建。意式庭院改造山地的手法是修筑整齐的层叠台地（一般而言，最少有 3 级），所以意式庭院也称作台地园（图 5-2-9）。

意式庭院的特点：其一，意式庭院的设计包含了大部分的居住和社交功能，注重庭院功能的使用；其二，庭院重视设计动态的水景，奔流的水如同花园的血脉，再现了水在自然界的各种形态，如位于罗马以东 40 km 的埃斯特庄园，庄园用地呈方形，面积约 45000m^2。其中的百泉台（图 5-2-10），将众多的喷泉形成了变化多姿、清流跌宕的景观，展示了意式庭院在水景营造方面的高超技艺；其三，庭院的设计讲究构图的完整、图案化，轴线关系明确；其四，庭院在种植上较少使用花卉，大量应用修剪成各种形状的松、柏等常绿乔木和灌木造景。

图 5-2-9 兰特庄园

图 5-2-10 埃斯特庄园百泉台

5. 伊斯兰庭院

伊斯兰庭院具有浓郁的阿拉伯特色，其特点是采用拱形结构，以几何图案装饰墙面和地面，并运用色彩对比的手法来增加建筑的立体感和层次感。

伊斯兰庭院具有很强的识别性。庭院中央有一个喷泉，泉水由地下引来，流向四个方向。水渠分割的四块花圃采用下沉式植床，种植精心修剪的树木和地毯式的花带，以此减少蒸发，节省十分珍贵的水源。从装饰特征来看，彩色陶瓷马赛克得到广泛应用，衍生出千变万化的优美形式。在伊斯兰庭院中，通常还会种植大量的树木和花卉，营造出一种清新自然的感觉。此外，伊斯兰庭院还注重通风和采光，通过设计窗户和门廊来改善室内空气质量和光照条件（图 5-2-11、图 5-2-12）。

图 5-2-11　赫内拉里菲宫

图 5-2-12　阿尔罕布拉宫

6. 现代庭院

现代庭院设计风格的特点是具有简洁的设计、清晰的线条和完备的功能性。它强调简约、现代化的外观，注重空间的利用和功能的实现。现代庭院的特点通常体现在以下几个方面。

（1）极简主义：现代庭院通常采用干净的线条和几何形状，追求简约的外观，使用简单的材料和颜色，如混凝土、玻璃、金属和白色，以创造出明快、整洁的空间感。

（2）室外生活空间：现代庭院设计强调户外生活的舒适性和实用性，它常常包括用于休憩娱乐的空间。

（3）植物选择：现代庭院通常使用少量的植物，并将其精心布置在设计中，以创造出简洁而清爽的效果。常见的植物选择包括观叶植物、多肉植物、竹子等，也可以选择具有现代感的造型和特殊纹理的植物。

（4）硬景观材料：现代庭院设计中常使用的硬景观材料包括混凝土、石材、木材、瓷砖和金属等。这些材料常常呈现出简洁、光滑的表面，与庭院的整体风格相呼应。

（5）照明设计：现代庭院设计注重照明效果，以创造出夜晚令人愉悦的环境。常见的照明手法包括使用嵌入式灯具、投光灯、路灯和装饰性灯具，以突出庭院的特点和轮廓。

（6）可持续性：现代庭院设计越来越注重可持续性和环保性。例如，利用雨水收集系统进行灌溉、使用节水灌溉系统、选择适应当地气候的植物等。

（7）游泳池和水景：现代庭院设计常常包括游泳池或水景，以增添空间的宁静感和营造自然和谐的视觉效果。

现代庭院注重简洁、实用和美观，通过几何形状、清晰的线条和现代材料的运用，创造出一个舒适、现代化的户外空间。

5.2.3　庭院景观设计的要求

1. 满足功能的需求

庭院的设计应根据庭院的类型，具备一定的功能属性，满足人们对空间的需求和使用目的。庭院可包括休闲区域、娱乐区域、烧烤区域等功能区，以及游泳池、花园、种植园等区域。

康养花园

1）使用功能

庭院的主要功能是供居住及其他生活使用。私家庭院是重要的生活场所，具有晾晒、休憩、储物等生活功能。此外，庭院还具有休闲娱乐功能，如健身、游戏、聚会、休息、喝茶、游泳等。这些功能往往在一个场地内，相互交叉包容，好的空间设计能巧妙地兼具几个功能，满足使用者的多元化需求。在绿意盎然的庭院中，人们可以尽情享受自然的美好，放松身心。

2）环境功能

庭院（图 5-2-13）中的植物可以吸收空气中的有害气体，释放氧气，净化空气。同时，庭院还可以为鸟类、昆虫等提供栖息地，增加城市的生物多样性。此外，庭院中的绿色植物可以调节局部气候，降低夏季室内外温差，节约能源，实现可持续发展。

对花园的设计也是对环境的再营造。好的设计不仅有好的创意和美观效果，也是对使用环境的巧妙改善。在设计时，我们应遵循因地制宜、巧于因借的原则。例如，建筑西墙夏季温度较高，可种植攀爬植物或高大乔木来缓解西晒导致的局部高温问题；亭廊的方位可以根据夏季风的风向进行调整，形成凉爽的"穿堂风"；也可以运用地形加植物，形成空间软围合，降低噪声，遮挡阳光直射，营造私密空间等；还能通过不同的空间、植物组合，营造良好的微气候环境。

3）生产功能

庭院起源于人类的定居生活，为满足栽种瓜果蔬菜、圈养牲畜动物的需求，可将生产性景观融入景观营造之中（图 5-2-14）。适合庭院种植的植物有很多，其中一些可以食用或入药，如樱桃、柿子、葡萄、核桃、石榴、海棠、连翘、金银木等。这些植物在种植时应当选择合适的容器或藤架等。

图 5-2-13　庭院造景　　　　　　　　　　图 5-2-14　庭院种植菜园

4）精神寄托

在快节奏的生活中，人们往往渴望拥有一片属于自己的心灵净土。庭院正扮演着这样一个角色，它是人类精神世界的外化。在庭院中，人们可以读书品茶、静思默想，寻找内心的宁静与和谐。庭院的存在，使人们在喧嚣的世界中找到一处诗意的栖居地，寄托自己的情感与梦想。

2. 兼具生态和美观

庭院景观设计应营造优美的环境，给人提供舒适的活动空间，设计的材料应选用生态环保的，通过合理搭配植物、色彩、纹理和材料来创造视觉吸引力。注重平衡、比例和对称性，这是美观性设计的重要考虑因素。

3. 注重成本控制

设计师应根据项目的预算情况，在既定的造价成本下设计庭院景观，因地制宜，就地取材。

项目 5　园林庭院景观设计

4. 注重安全性

庭院景观设计需要考虑到人们的安全。这包括合理规划路径、照明、防滑措施等，以确保庭院在夜间或恶劣天气条件下的安全性。

5. 满足甲方的使用需求

结合甲方（业主）需求，秉持以人为本的理念，使景观设计服务于使用群体。同时，融入自然元素，对庭院进行合理的设计布局。

5.2.4　庭院景观设计的原则

1. 统一原则

保持统一是贯穿庭院布置的线索或主题，将没有联系的部分组成一个整体，如建筑、景观和植物等组合在一起，形成独立的连贯实体。

在庭院景观设计中，统一原则体现在诸多方面，比如形式与风格、造园材料、色彩线条等，从整体到局部都要讲究统一，若疏于讲究统一原则则显杂乱，而过分讲究统一原则则显呆板。

庭院设计的原则和要求

2. 均衡原则

均衡是指人对于视觉中心两侧及前方的景物，在趣味感受和视觉分量感知上呈现出相等的状态。

如在一边种植大的、松散的树木，而在另一边设置有重量感的建筑物，可达到视觉上的平衡。当然，要遵循设计直觉而不是固定规则来设计，这样才能获得令人满意的设计，并实现庭院独特的艺术审美价值。

3. 对比原则

在庭院设计中为了突出院内的某局部景观，可以利用与其体形、色彩、质地等相对立的景物进行搭配，以营造出强烈的戏剧效果，同时也给人带来独特的审美体验。

可采用对比手法突出庭院入口的形象，以给人留下较深刻的印象。可以将庭院中的喷泉、雕塑、大型花坛、孤赏石等形象突出，形成庭院中一景。

4. 以人为本原则

以人为本是庭院景观设计的核心原则，需充分考虑使用者的行为需求。一个好的设计应当能对人的需求做出最敏感的反应，符合大众审美，让人能够尽情游玩，精神焕发，兴趣盎然，流连忘返。

5.2.5　庭院的设计要素

庭院设计要素可以分两种类型：一是建筑、绿化、水体、道路、设施等物质要素；二是历史文脉等精神文化要素。因此在设计布局时，设计师往往将几种要素组合布局，形成不同的空间形式，以此来表达设计意图。

庭院设计的主要物质要素有：铺地、山石、水景、植物、园林建筑、园林小品。

1. 铺地

地面进行硬质铺装是为了提供庭院交通及活动区域，方便行走，避免在雨天泥泞难走，使地面在较大荷载下不易损坏。地面铺装不仅满足路面的使用功能，还可以通过色彩、质感和线型的对比来引导空间，体现空间秩序。

铺地设计需要考虑的因素很多，既要与周围环境协调，突出庭院设计的立意和构思，也要考虑材料的选择，包括材料的强度、形式、耐久度、质感和环保性能，以及材料的构成运用，如表面色彩搭配、纹样、图案设计等，同时还要考虑施工结构的设计（图5-2-15）。常用的庭院铺地材料有天然大理石、天然花岗岩、板岩、木材、砾石、卵石、混凝土、沥青、青砖、塑胶等。

图5-2-15　庭院铺地

2. 山石

庭院景观设计通常会用到山石来带给人不同的感受，它不同于水体的流动性和草木的易变性，山石的稳定性让它在庭院中颇受人们喜爱。例如，运用山石假山在庭院中起到障景、对景、背景、框景的作用；也可用山石制作水边的山石驳岸；亦可将几块形态较好的山石特置、散置或群置，与其他元素组成园林小景（图5-2-16）。

3. 水景

依山靠水历来是人们心目中最佳的房屋布局，除了山石，庭院景观设计同样离不开水的设计，所谓有水则灵，庭院中有了水就增加了庭院的灵动和趣味性。

庭院内水景的类型包括：泉、流水、跌水、水池。其中流水、跌水都需要土方处理，修整地形，制造高处水源，形

图5-2-16　庭院特置山石

成水的动势，一般而言庭院水景的动态水都需要水泵工作提供动力，并对水体结构做防水处理。

而水池这样的静态水，则可以搭配一些石头和水生植物组景，如搭配一些荷花、睡莲、荇菜、菖蒲、马蹄草、芦苇、灯芯草等。图 5-2-17 所示为一处庭院水景。

图 5-2-17　一处庭院水景/朗道国际设计/河狸摄影

4. 植物

植物是庭院景观重要的组成部分，可以和铺地、山石、园林小品形成密切的联系，而植物本身也可以作为主景。

1）植物的视觉要素

庭院可通过植物的线条、形态、肌理、色彩来美化环境、塑造空间、改善生态。植物的枝干构成了一棵植株的整体线条，而树冠的形状往往表现植物的形态特征（图 5-2-18），把不同形态的植物进行组团，往往可以表现出群落美感。

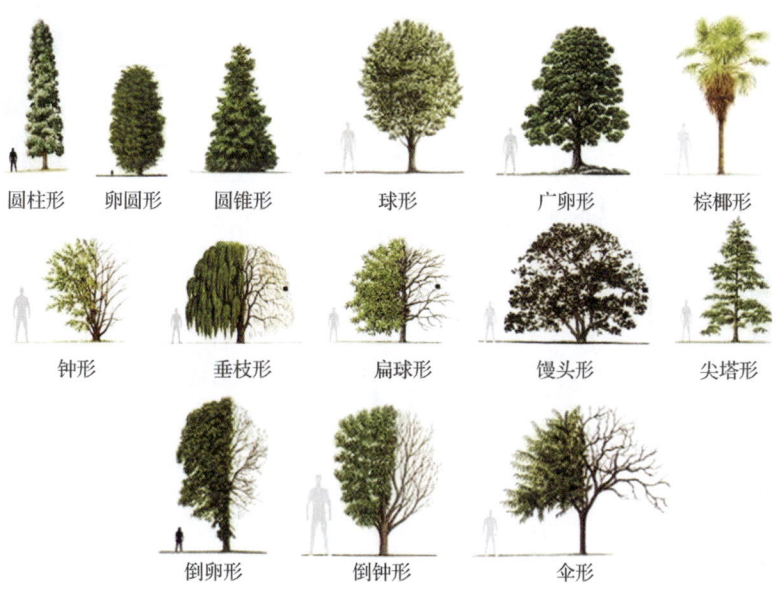

图 5-2-18　庭院植物形态

庭院中植物的色彩变化万千，同一品种的花、茎、叶都有不同的色彩，不同的品种、不同的季相也都有不同的变化。设计植物时，要考虑一年四季的色彩变化，哪些地方需要设计常绿植物稳定呈现，哪些地方需要凸显季相变化形成变化的色彩，两者搭配，相得益彰。

在做庭院设计时，我们应注意植物的搭配，因地制宜，注重绿化功能（图5-2-19）。

图 5-2-19　庭院植物群落

2）庭院植物的类型

（1）乔木。

乔木有直立主干，且高达 6m。其树身高大，有根部独立的主干，树干和树冠有明显区分。其根据高度可分为伟乔（31m 以上）、大乔（21～30m）、中乔（11～20m）、小乔（6～10m）四级。乔木在庭院中适合孤植、列植，也可以与灌木、草本配植。

① 落叶乔木：在一年中有一段时间叶片将完全脱落的乔木。当气候较冷或干旱缺水时，植物生长停止，叶全部脱落，于翌年再长出嫩叶。

落叶针叶乔木：华北落叶松、水杉、池杉、落羽杉、金钱松等。

落叶阔叶乔木：银杏、合欢、乌桕、玉兰、鹅掌楸、悬铃木、杜仲、榆树、桑、构树、胡桃、枫杨、栎树、白桦、椴树、梧桐、毛白杨、加杨、旱柳、桃、梅、杏、李、海棠、柿树、刺槐、白蜡、泡桐等。

② 常绿乔木：全年保持有叶片的乔木，叶子可以在枝干上存在 12 个月或更多时间，松柏门多是常绿植物。

常绿针叶乔木：辽东冷杉、红皮云杉、雪松、油松、樟子松、白皮松、乔松、侧柏、圆柏、苏铁、罗汉松等。

常绿阔叶乔木：白兰、樟树、榕树、桂花等。

（2）灌木。

灌木指没有明显主干的木本植物，常由基部分枝，呈丛生状，高度在 5m 以下。灌木和景墙等构筑物起到分割空间、遮挡视线等作用，可作为五彩缤纷的草本花卉的背景植物；可修剪造型做绿篱或屏障；可孤植、丛植，也可用于布置花坛、花境、花台，或作为地被植物。

常绿针叶灌木主要有：铺地柏、沙地柏、翠蓝柏、粗榧、矮紫杉等。

常绿阔叶灌木主要有：南天竹、叶子花、山茶、含笑、杜鹃、冬青卫矛、黄杨、洒金珊瑚、变叶木、紫叶小檗等。

落叶灌木主要有：木槿、柽柳、黄栌、石榴、紫薇、火炬树、丁香、金银木、接骨木、蜡梅、绣线菊、珍珠梅、黄刺玫、棣棠、贴梗海棠、紫荆、连翘等。

（3）藤本植物。

藤本植物是指植物体细而长，不能直立，只能依附其他物体，缠绕或攀缘向上的生长物。其根据茎的结构可以分为木质藤本和草质藤本。前者如葡萄、猕猴桃等，后者如绿萝等。其根据生长特点还可以分为攀缘性、缠绕性、匍匐性等类型。

藤本植物在庭院中还可用于垂直绿化，如花廊、格架、篱墙绿化，覆盖挡土墙护坡，屋顶绿化，模拟自然群落结构作为地被植物。庭院中常见的藤本植物有常春藤、金银花、藤本月季、紫藤、葡萄、爬山虎、五叶地锦、凌霄等。

（4）草本植物。

草本植物生长速度快，繁殖能力强，能够在短时间内覆盖大片地区。此外，草本植物形态多样，既有低矮的贴地生长型，也有高大的直立型。庭院中常用的草本植物有以下几类。

① 宿根花卉。

宿根花卉是指植株地下部分宿存越冬而不形成肥大的球状或块状根，次年春仍可开花并延续多年的花卉，如大花飞燕草、芍药、紫花地丁、落新妇、菊花、玉簪、大花萱草、鸢尾、马蔺等。

② 球根花卉。

球根花卉指植株地下根、茎或叶的一部分发生变态，呈现膨大状态并贮藏大量养分的多年生草本植物。球根花卉抗性较其他灌木、地被植物要弱，需水量大，养护较困难，多年栽培后易退化，大多花型艳丽，观赏性强，如大丽花、马蹄莲、石蒜、水仙、郁金香、百合、唐菖蒲等。

③ 水生植物。

水生植物在其生命全部或大部分的时间里，生活在水中，并能够顺利繁殖下一代。水生植物大多喜光怕风，不仅可以装饰水景，还可以净化水质，保持良好的生态平衡，其根据习性可以分成挺水型、浮叶型、漂浮型、沉水型四类。

挺水型植物植株高大，花色艳丽，绝大多数根茎、叶分化，茎叶直立挺出水面，如荷花、黄菖蒲、芦苇等。

浮叶型植物根状茎发达，无明显地上茎或茎细弱不能直立，根部生于泥中，叶片或花浮于水面，如睡莲、荇菜等。

漂浮型植物根不固定于泥中，植株完全漂浮于水面，随水流移动，如浮萍、凤眼莲等。

沉水型植物整个植株沉于水中，全株细胞可进行光合作用，如金鱼藻。

④ 岩生植物。

岩生植物指生长在岩石缝隙间及岩石上的植物。其特点是耐旱、耐贫瘠、抗性强，可以在瘠薄的土壤中生长，株体低矮，生长缓慢，生长周期长，如八宝景天、垂盆草、虎耳草、宿根亚麻等。

5. 园林建筑

庭院中的建筑主要指亭子、廊架、水榭、舫或其他功能性建筑。

园林建筑（图 5-2-20）在庭院中具有造景和使用的双重功能，往往成为视线焦点或全园主景，同时园林建筑也是人停留聚集的场所，人们往往赋予园林建筑活动、休闲及休息的功能。因此园林建筑往往被布置在视线较好的地方，人们在园林建筑中停留的同时还可以欣赏美景。

图 5-2-20　园林建筑/朗庭景观/河狸摄影

6. 园林小品

园林小品主要指小型的服务性和装饰性设施，如园桌、园椅、园凳、景墙、雕塑、花钵、照明等设施。园林小品一般体量小巧，结构简单，装饰性好，且布局灵活，能够烘托环境，是构成庭院空间的要素，起到丰富空间和点缀、强化景观的作用。某些园林小品还兼具景观、游憩、文化教育等功能，是具有独立性、完整性、艺术性等特点的景观元素。

5.2.6　庭院的布局形式和设计要点

1. 庭院的布局形式

计成的《园冶》中记载："园林巧于因借，精在体宜……因者，随基势高下，体形之端正，碍木删桠，泉流石注，互相借资，宜亭斯亭，宜榭斯榭，不妨偏迳，顿置婉转，斯谓精而合宜者也。"

庭院的总体布局形式分为自然式、规则式、混合式。无论平面方案采取哪种布局形式，都可以采用相关的设计造园手法。

1）自然式

自然式布局形式是指模仿大自然的天然景观，使用没有明显人工痕迹的结构和材料，主张就地取材，与周围景观相协调，融为一体。

中国传统园林的布局形式都是自然式，构图上以曲线为主，讲究曲径通幽，忌讳一览无余。

2）规则式

规则式又称几何式、整形式和图案式，构图多为几何图形，在水平方向上，平面布局经常具有明显的轴线，轴线在庭院布局中起着绝对的统帅作用，其他建筑和景观沿轴线对称布置，以此来体现规整、均衡的造型美。

3）混合式

现代庭院景观设计一般采用自然式和规则式相结合的混合式布局形式。混合式主要指自然式、规则式相互融合、交错组合，大致有三种表现方式：全庭院整体呈自然式布局，没有主中轴线和副轴线，但局部采用轴线呈规则式布局；或全庭院有明显的中轴线，但局部采用自然式布局；或硬质景观呈规则式布局、软质景观呈自然式布局。

2. 庭院的设计要点

1）要有明确的主题

庭院的设计要有一个明确的主题或风格，例如水景园、赏石园、观花园等。明确的主题或风格能给人带来趣味和享受，满足使用者的需求。

2）突出庭院焦点

庭院的形状很多，如正方形、L形、不规则形等，庭院的空间有限，切忌追求小而全，否则会显得杂乱无章。因此，我们可设计一个主景，强化主题，形成视觉焦点，并与周围环境相呼应。

3）小中见大

在狭小的空间内，成功营造微景观是庭院设计出彩的关键。例如，最大化地利用墙面装饰，增强立面的展示效果；巧用藤类植物增加垂直高度；设置静水面，延展空间的视觉效果；通过布置一些山石落水的小景，模拟山涧溪流。

4）注重功能与形式的结合

在设计平面布局的同时，应仔细推敲空间流线，庭院应兼具优美的布局形式和实用的功能分区，既具有独特性，又构思合理。

 讨论思考

在庭院景观设计过程中，如何遵循庭院景观的设计原则，使各个区域协调统一，形成一个有机的整体？

5.3 项目设计实训

某民宿庭院景观设计实训

1. 项目概述

项目名称：某民宿庭院景观设计。

项目位置：河南地区某度假村内。

设计范围：民宿附属庭院，设计红线占地约1440m²。庭院平面图如图5-3-1所示。

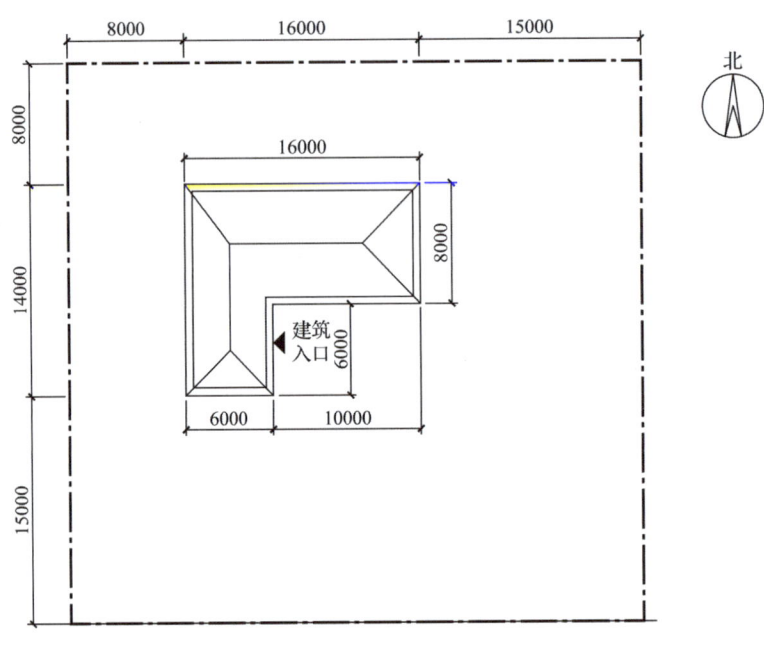

图 5-3-1 庭院平面图

2. 设计要求

景观设计：根据地形、建筑和周围环境，设计出和谐的景观布局。运用现代简约的设计手法，突出简洁、流畅、明快的视觉效果，庭院入口自定。

照明设计：合理布置庭院照明，营造舒适的夜间氛围。同时，确保照明设施与整体景观的协调。

水景设计：在庭院中设计一处小型水景，如水池、喷泉等，增强庭院的活力。

植被设计：选用适合当地气候和土壤的植物，合理搭配乔木、灌木、花卉等。

户外休息区设计：设计方案满足庭院休闲、娱乐的功能需求。

环保与节能：在设计过程中充分考虑环保与节能，选用低能耗的照明设备及耐用的材料。

安全与实用性：确保庭院设计的安全性，避免使用有安全隐患的材料和设施。

3. 设计内容

设计图纸：提供方案平面图、立面图、效果图、分析图等。图纸应清晰、准确，标注详细。

设计方案汇报：设计完成后，为客户提供详细的设计方案汇报，包括设计理念、主要材料、用地指标等。

项目 6

城市道路景观设计

教学目标

本项目介绍了城市道路景观设计的相关基本知识。通过本项目的学习，学生应了解道路景观的发展历史和未来的发展趋势，熟悉城市道路景观设计的功能和原则，掌握城市道路景观设计的基本概念和要点，从而具备对城市道路景观进行规划设计、对原有城市道路进行更新设计的基本能力。

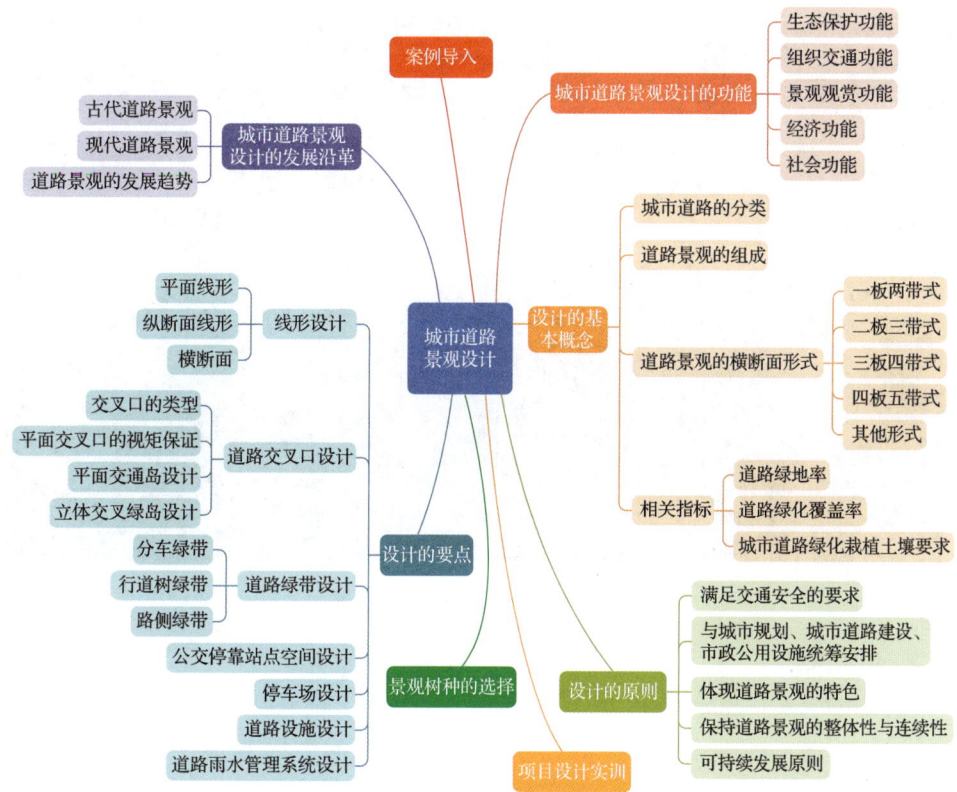

6.1 案例导入

本案例选取上海汇浦规划建筑设计有限公司的一个项目：乐活·拾光里——郑州市管城回族区历史街区景观提升设计。

6.1.1 项目概况

本项目的设计范围为郑州市法院西街和营门街沿线，其中法院西街长度约为 670m，营门街长度约为 190m。

1. 区位与周边

项目位于郑州市中心城区代书胡同片区内，紧邻平等街文化街区，在 1.5km 服务半径内，有二七广场、郑州商城国家考古遗址公园、郑州北大清真寺、郑州人民公园等人文景观，德化街、丹尼斯商圈等商业区，市体育馆、火车站、医院等大型公共服务设施，是绝佳的城市中心地带。图 6-1-1 所示为场地区位分析图。

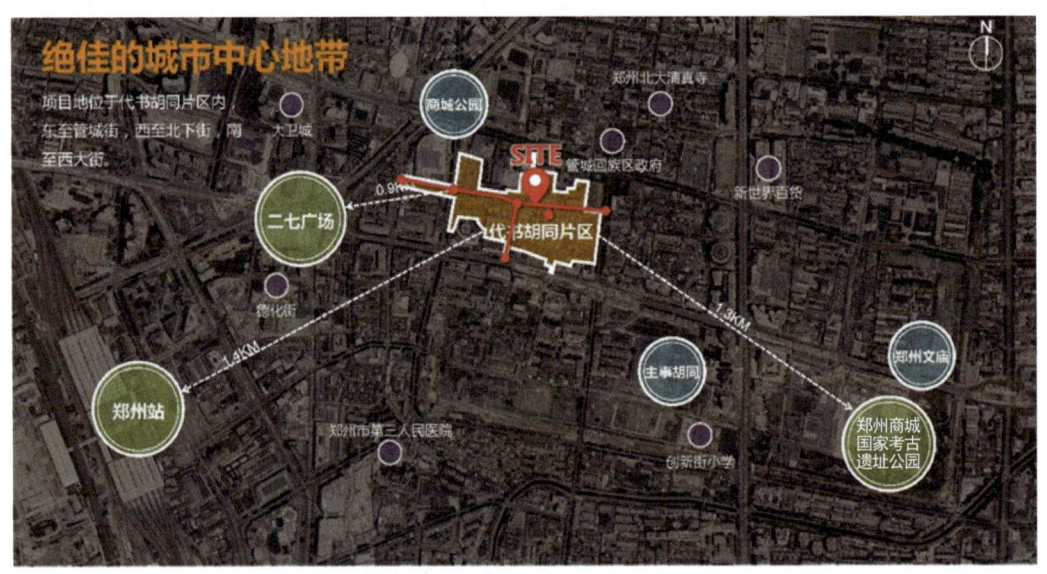

图 6-1-1　场地区位分析图

2. 历史文脉

代书胡同的来历和"代书"有关。从明清时期开始，代书胡同所在区域是州、郡、县官署所在地，久而久之，该街区成为讼师等代人书写呈文、状子的文人们的聚居地，故称为"代书胡同"，并一直沿用至今。民国时期的地方法院就设立在如今的法院西街。

项目 6 城市道路景观设计

3. 使用需求分析

不同的使用者在环境中扮演的角色不同，对场地的使用需求也是多样的。该设计场地位于城市中心，每日人流量较大，在进行使用需求分析时应列出主要的使用人群，并分析他们将怎样使用场地，结果如图 6-1-2 所示。

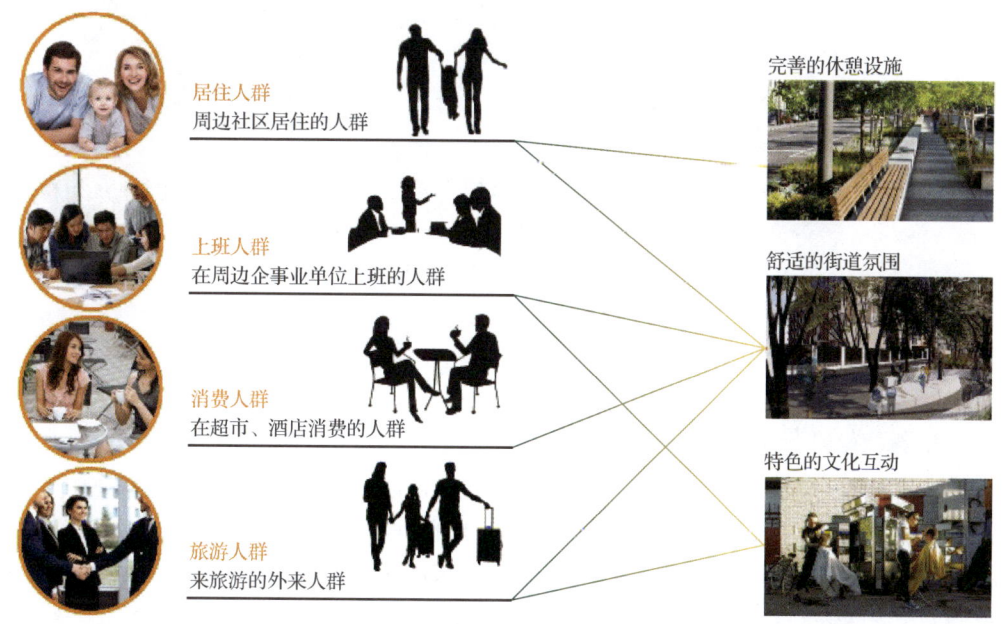

图 6-1-2 使用需求分析图

4. 现状问题

法院西街和营门街狭窄，两侧分布着密集的老居住区，底层店铺林立，存在机动车、非机动车和行人争抢通行空间的现象。临街建筑外立面色彩、材质变化不一，住改商破坏了统一的外立面形式，杂乱无章。道路与建筑底层存在较大高差，商铺的台阶侵占了通行空间。街道沿线只有少量的灌木点缀，缺少必要的街道设施和能够彰显区域文化形象的景观空间。

6.1.2 总体设计

设计策略围绕下列四大维度展开。
（1）传承古城文化，提炼地域特色符号。
（2）优化街区形象，改善建筑立面与空间秩序。
（3）提升生活品质，完善基础设施与宜居环境。
（4）增强互动体验，唤起社区集体记忆。
通过提取街道原有色彩、提炼文化符号并融入使用需求，打造集古城文化展示、集体记忆延续、宜居生活与活力体验于一体的乐活街区（总平面图如图 6-1-3 所示）。

图 6-1-3　总平面图

6.1.3　重要节点设计

1. 律政拾光

法院西街因临近民国郑县地方法院而得名，并沿用至今。基于这样的历史背景，本项目所采用的文化元素提取自象征公平、公正的天平、利剑、法槌，以表达法治公正的主题。建筑借鉴民国老建筑形式，提取立面常用的拱券结构，以及采用外墙常用的砖壁结构，结合青砖、石材等材质凸显民国风格（图 6-1-4～图 6-1-6）。

图 6-1-4　律政拾光节点设计元素提取

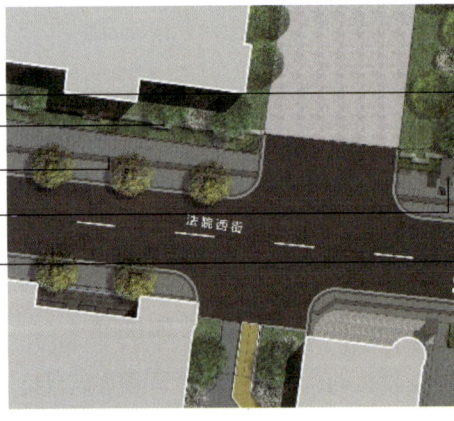

图 6-1-5　律政拾光节点平面图　　　　图 6-1-6　律政拾光节点效果图

2. 文墨留香

代书胡同片区曾是文人聚集、文墨留香的地方。地雕在古代常作为书香门第的象征，具有较高的艺术观赏价值，因此该项目选择以地雕的方式书写场地的文化历史。地雕设计将历史点位索引、街道名称等元素融入其中，形成具有引导功能的地面导视系统，并融入寓意吉祥美满的传统纹样。图 6-1-7～图 6-1-9 所示分别为文墨留香节点平面图、实景和地雕效果图。

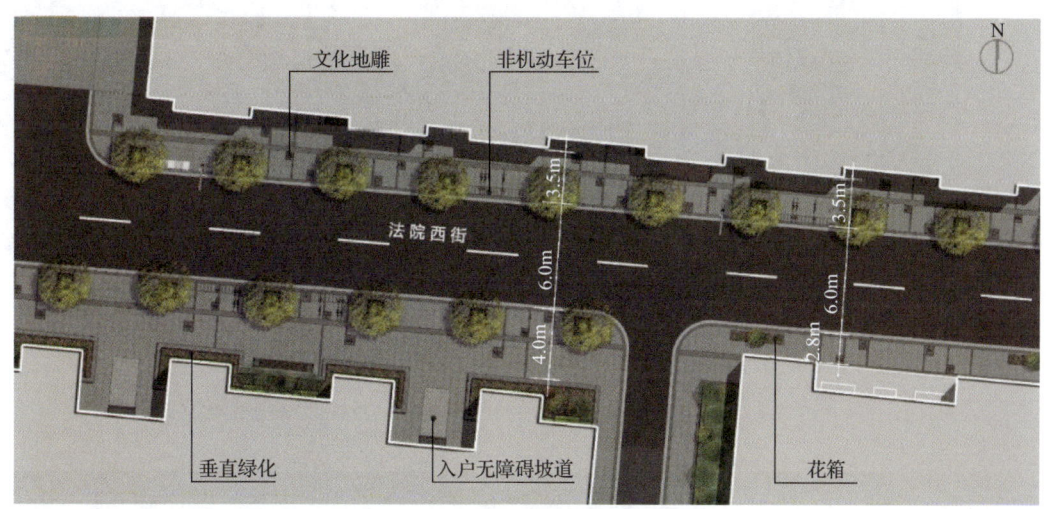

图 6-1-7　文墨留香节点平面图

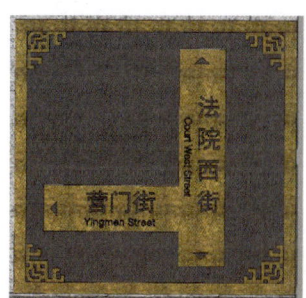

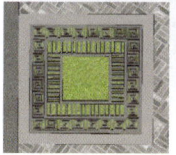

图 6-1-8　文墨留香节点实景　　　　　　图 6-1-9　地雕效果图

3. 济民拾光

济民拾光节点（图 6-1-10）南侧为裴昌庙旧址。传闻裴昌庙为祭奠神医裴昌而建，百姓慕名而来烧香求药。该节点以"妙手回春"为主题，展示中医药文化。同时，基于此文化主题，设计提取药柜元素，作为微景观的容器，通过排列组合，寓意中医药种类繁多，药到病除。

图 6-1-10 济民拾光节点效果图

6.2 相关知识

6.2.1 城市道路景观设计的发展沿革

1. 古代道路景观

城市道路景观概述

在人类文明的早期，道路多由人或马自然踩踏形成，交通整体处于不发达状态。人工道路的修筑主要是为了统治和防御。秦始皇下令修筑了从咸阳到包头的国防要道，其路线如图 6-2-1 所示，这条道后被称为"秦直道"。同时，秦始皇还颁布了路边植树令，约每隔 7m 栽植一棵树，据《汉书》记载："道广五十步，三丈而树，厚筑其外，隐以金椎，树以青松。"如今，"秦直道"已列入全国重点文物保护单位，在遗迹的两侧，我们依然能够看到松、槐、杜梨、榆等古树的身影。

而几乎同一历史阶段的欧洲，古罗马人修建了第一条军事要道——阿皮亚古道，全长约 660km，彰显了古罗马强大的军事实力，促进了欧洲商品和文化的交流，使古罗马成为当时欧洲的中心。现在，阿皮亚古道依然在使用，是罗马人周末散步、骑行的好去处（图 6-2-2）。

在城市的内部，我国古代的道路功能较为单一，多为满足交通需求以及划分里坊。东周时期，人们在都城洛阳的街道两旁，用种树来标记道路范围。到了唐宋时期，官道两侧广植树木，沿河岸栽植柳树和榆树，形成林荫道（图 6-2-3）。人们也在街侧栽植各种果树，御沟内种植荷花，街道中开始有了生活的气息。

项目 6　城市道路景观设计

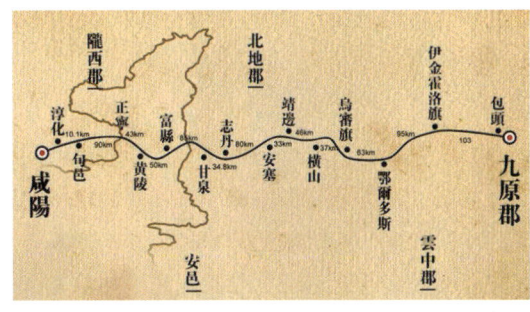

图 6-2-1　秦直道路线

图 6-2-2　阿皮亚古道现状

图 6-2-3　清明上河图局部

欧洲在文艺复兴时期，街道景观有了很大的发展。法国、英国、德国相继颁布了行道树法令。1625 年英国沿城墙种植 4~6 行悬铃木形成林荫大道。林荫大道两侧，通常分布着许多重要的公共建筑、商铺，林荫大道成为集交通、休闲、文化、商业等于一体的、多元化的景观长廊。例如，柏林的菩提树下大街、巴塞罗那的兰布拉大道（图 6-2-4）、巴黎的香榭丽舍大道，都成为城市景观的名片。

图 6-2-4　兰布拉大道现状

受限于当时的技术水平，不论是中国还是世界上其他地区，人们的出行方式多为徒步，辅以轿子、马车等代步工具，速度都不快，而沿街的许多商业和公共空间，就成为人们社交活动的重要场所。

2. 现代道路景观

19世纪，沥青工艺的应用逐渐成熟，汽车也在第二次工业革命中诞生。随着城市中汽车数量的增加，旧的道路系统已不能适应现代交通工具（如汽车、有轨电车等）和交通量的需要。街道狭窄、拥挤、交叉路口过多，路面平整度差，使得现代交通工具既不能发挥它们的效能，又给出行安全带来新的挑战。

20世纪初，现代主义设计运动蔓延至城市设计领域，1933年，勒·柯布西耶在《雅典宪章》中提出"功能分区"的思想。他将城市中机动车交通与地面脱离，构建人车分离的交通系统；道路两侧和高架下方借助自然景观与建筑物隔离，提高城市绿地率（图6-2-5）。在随后的几十年中，该理念影响了许多城市的建设，印度的昌迪加尔和巴西首都巴西利亚（图6-2-6）是践行此理念的代表。我国的城市化建设也同样受到了该理论的影响。大多数城市道路建设以"车本位思维"为主导，注重通行效率，呈现出大街区、宽道路的肌理。现在道路绿带设计更加丰富多样，以期达到美化城市环境的目标，如净化空气、降低噪声等。

图6-2-5 明日之城的构想草图

图6-2-6 巴西利亚城市道路

但是，以车行为主导的道路景观设计也存在不可避免的弊端。它忽视了人行走在道路中的感受，忽视了道路景观的社会效益，不同使用需求的人行走在各自独立的空间内，缺少互动与交流，街道中的生活气息逐渐减弱。

进入21世纪，快速城市化的负面影响不断显现，以人为本的设计理念重新回归公众的视野。

新的城市规划和街道设计理念，旨在控制车行空间，为步行、绿化、运动、娱乐和社交留出更多的功能空间。2013年，联合国人居署发布报告《街道作为公共空间和城市繁荣的驱动力》，着重提倡面向步行和自行车交通的街道环境营造。

3. 道路景观的发展趋势

我国城市化建设发展迅速，人民的生活水平大幅提升，机动车保有量呈指数级增长，机动车道不断扩宽（图6-2-7），逐渐压缩了非机动车道和人行道空间，造成机动车与非机动车混行、人车争夺空间的现象频现，慢行交通的路权无法得到有效保障（图6-2-8）。

图 6-2-7　深南大道　　　　　　　　　图 6-2-8　混用人行道空间

随着绿色、开放、共享、可持续发展理念的深入践行,以及推动绿色交通网络发展,满足人们多样化的出行需求已十分迫切,道路景观的发展方向亟待调整。国务院分别于 2013 年、2016 年颁布《国务院关于加强城市基础设施建设的意见》和《关于进一步加强城市规划建设管理工作的若干意见》,强调了道路作为城市公共空间应具有宜居性,倡导绿色出行,加强自行车道和步行道系统建设,树立行人优先的理念。

2023 年 11 月,中华人民共和国住房和城乡建设部发布《住房城乡建设部关于全面推进城市综合交通体系建设的指导意见》(建城〔2023〕74 号),进一步要求城市街道应发挥道路承载交往、休闲等多元功能作用,提升慢行交通设施的连续性、安全性和舒适性。

城市道路建设理念从"强调交通效率"向"以人为本、绿色发展"的转变,势必影响着道路景观设计的主题。慢行友好、智能绿色、安全韧性,将成为未来道路景观设计的发展趋势。

6.2.2　城市道路景观设计的功能

1. 生态保护功能

道路景观具有吸收有害气体、吸滞尘埃的特征,能有效地减少空气污染、调节风速、降温增湿。植物的枝叶能够阻碍风和声音的传播,削弱波传递的能量,从而降低风速和噪声。道路景观与雨洪管理的一体化设计,有助于路面雨水的收集与消纳,提高城市韧性。此外,道路景观以线性或网状的形式分布于城市之中,联系和沟通不同类型的绿地,是构成城市绿地系统网络的纽带,是城市人工生态系统与其外围自然生态系统进行物质和能量流动的主要环节。

2. 组织交通功能

道路分车绿带、交通岛等能够有效地组织交通,进行人与车辆分流,或快慢车分道,减少相向车辆行驶的干扰,提高行驶安全性。

3. 景观观赏功能

道路景观是城市形象的窗口,是一个城市给人的最初印象。道路景观是道路到建筑的过渡,能够柔化边界,遮盖路两旁较差的环境,统一建筑临街界面,从而使城市面貌更加丰富、生动、统一。具有地域特点和人文风俗的绿化还可以使城市具有独特的景观风貌。

4. 经济功能

良好的道路景观能够激发城市活力，吸引人流，带动周边商业和服务业的发展，促进经济增长。同时，道路植物本身也具有较大经济价值，部分植物果实、种子、枝干、树皮可用于加工生产。例如，樟树叶片含芳香油，种子含油，可提取樟脑和樟油，而且樟树也是重要的木材植物。

5. 社会功能

道路是城市最重要的、与市民关系紧密的公共活动空间，是为市民带来社区归属感、提升人民幸福感的重要场所。理想的道路应成为市民平等使用、活力互动的场所。

6.2.3 城市道路景观设计的基本概念

1. 城市道路的分类

城市道路按照它在城市路网中的地位、交通功能及对沿线的服务能力等，被分为快速路、主干路、次干路和支路四个等级。这种分类的依据主要是机动车交通特征的差异。

1）快速路

快速路，完全为交通功能服务，是承担城市大容量、长距离、快速交通的主要道路，如城市中的环城高架、城际间的快速路。它的特点是行车速度快，流量大，具有强烈的通行属性。快速路不设置非机动车道，严格控制行人、非机动车的进入。对向行车道之间须设置中间分车绿带，道路两侧不应设置吸引大量车流、人流的公共建筑物的进出口。

2）主干路

主干路以交通功能为主，是连接城市各分区的干路。纵横交错的主干道是城市道路网的主要骨架，如郑州市的中原路，途经二七区、中原区、荥阳市、上街区、巩义市，连接了市中心和城市的西部地区。主干路宜采用机动车与非机动车分隔的形式，道路两侧同样也不应设置吸引大量车流、人流的公共建筑物的进出口。

3）次干路

次干路与主干路结合构成了城市的路网。它是城市区域性的干道，为区域交通集散服务，兼有服务功能。

4）支路

支路将居住区、工业区、商业区等的内部道路与次干路连接，解决局部地区的交通问题，为短距离地方性活动提供交通服务，以服务功能为主。

道路景观的设计应与城市道路的等级相适应。快速路景观设计要保障畅通安全，以防护功能为主，兼顾美化的作用，宜与两侧景观相融合。主干路景观设计要突出城市特色，增加识别性，兼顾防护和生态要求，关注慢行交通的遮荫需求。次干路景观设计要注重和周边功能的协调，绿化配置突出多层次和多样性。支路景观设计的重点在于慢行交通的畅通和舒适，设计应与周边街道生活相融合，凸显街道中的生活气息。

2. 道路景观的组成

城市道路两侧，在道路红线内的，应纳入"附属绿地"类别。在道路红线以外，具有防护功能、游人不宜进入的绿地纳入"防护绿地"。具有一定游憩功能、游人可进的绿地纳入"公园绿地"。

狭义的道路景观，指的是道路与交通设施用地范围内的绿地，即道路附属绿地。而对于广义的道路景观而言，道路是一种基本的城市线性开放空间，是由道路两旁建筑围合而形成的公共空间，既包括道路红线范围内的人行道、非机动车道、机动车道、隔离带、绿化带等空间，也包括道路向两侧延伸到建筑的扩展空间。道路空间要素如图6-2-9所示，道路绿地布置如6-2-10所示。

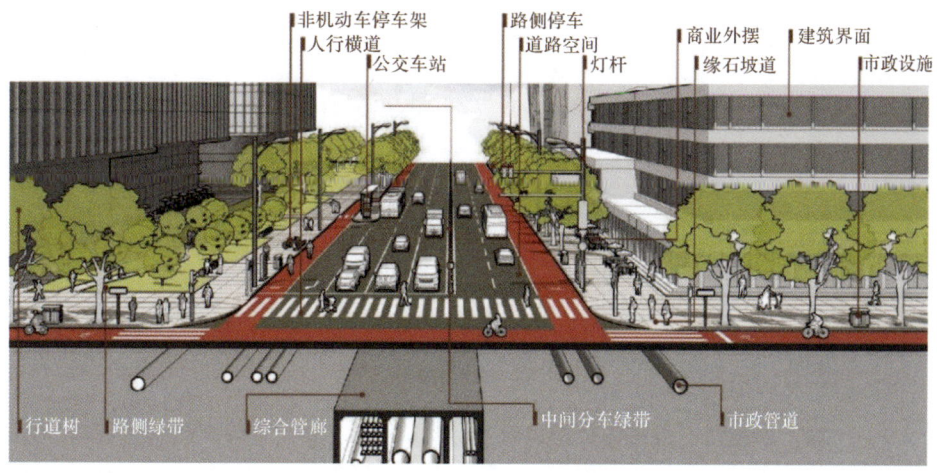

图6-2-9 道路空间要素

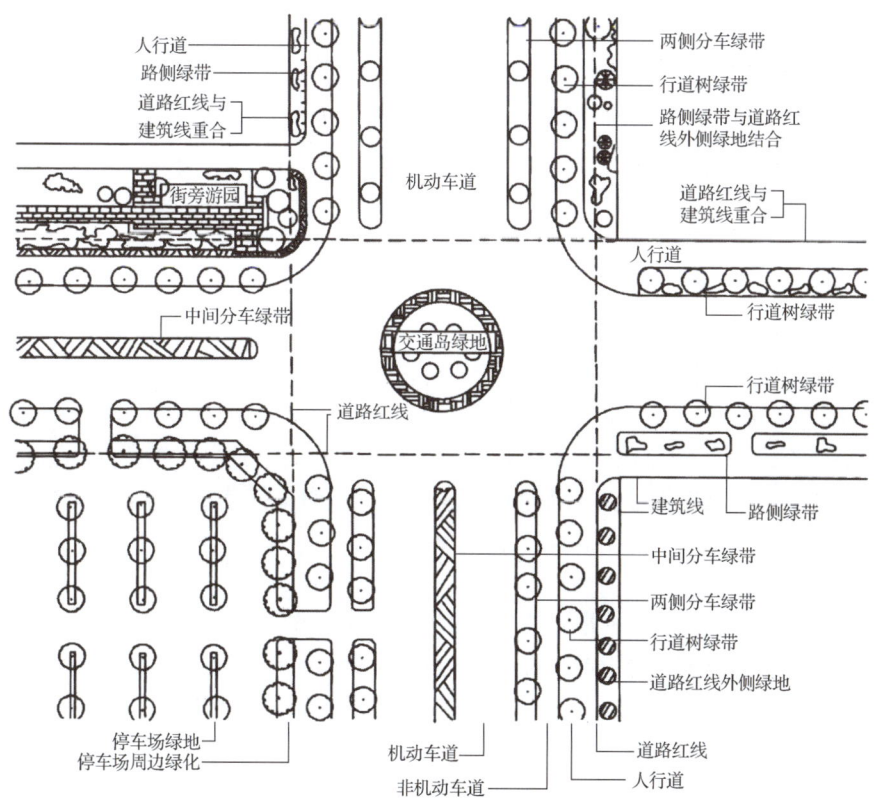

图6-2-10 道路绿地布置

（1）道路红线，是城市道路用地分界控制线。红线之间的宽度为道路用地范围，也称道路总宽度或路幅宽度。道路红线内的绿地属于道路附属绿地。

（2）建筑退界。建筑的边界应后退于道路红线，后退红线与道路红线之间的空间是建筑退界。

（3）车行道。供各种车辆安全行驶的路面部分为车行道，一般由机动车道和非机动车道组成。

（4）城市道路绿带，是城市道路红线范围内的带状绿地，包括分车绿带、行道树绿带和路侧绿带。

（5）分车绿带，是布设在车行道之间可以绿化的分隔带。其中划分机动车上下行的绿带称为中间分车绿带；位于机动车道与非机动车道之间，或同方向机动车道之间的分车绿带称为两侧分车绿带。

（6）行道树绿带，是布设在人行道与非机动车道，或人行道与车行道之间，以行道树为主的绿化带，主要是为行人及非机动车庇荫。

（7）路侧带，是车行道外侧立缘石与道路红线间的范围，由人行道、路侧绿带和设施带组成。

（8）路侧绿带，是指人行道边缘与道路红线之间的绿化带，是道路绿化的重要组成部分。它常与道路红线外侧的绿地整体考虑。

（9）设施带，是路侧带中为护栏、灯柱、标识牌、座椅、自行车停车设施、公交站台、变电箱等公共服务设施提供服务的条形场所，是城市步行道的重要组成部分，常与路侧绿带结合设置。

（10）交通岛绿地，是布置在道路交叉口或立体交通围合区域，能够绿化的部分。

（11）停车场绿地，是停车场内用于绿化的用地。

（12）道路延伸空间，是紧邻道路红线外侧的景观空间，如雨棚、橱窗、标志牌、入口广场、商业的外摆区、街头小游园等。其与人行道、路侧绿带和设施带共同组成建筑前区空间，景观空间类型受到沿路用地性质的影响，是城市步行道的重要组成部分。

我们可以看到，现代道路景观设计的范围不仅包括传统的交通功能设施及附属绿地的设计，还包含更为广义的沿路的步行与活动空间，以及沿街界面的设计。

3. 道路景观的横断面形式

道路绿化的断面形式取决于道路的断面形式。我们习惯把一个完整的机动车道称为一幅或一板。不同幅之间，车行道与人行道之间可用分车绿带进行隔离，这就形成了不同的断面形式。

1）一板两带式

一板两带式（图6-2-11）是最常用的一种道路横断面形式，即用两侧行道树绿带分隔人行道与车行道。此法操作简单、用地经济、管理方便。但当车行道过宽时，行道树的遮阴效果较差，机动车辆与非机动车辆混行，不利于交通组织。

2）二板三带式

二板三带式（图6-2-12）是在车行道中央设置一定宽度的中间分车绿带，用来分隔上下行车辆，同时在车行道两侧布置行道树绿带。这种形式能够避免对向行驶车辆的干扰，有利于绿化、照明、管线铺设，其缺点是依旧没有解决人车混行的矛盾，常应用于城市快速路、环城道路等比较宽阔的路段。

3）三板四带式

三板四带式（图6-2-13）是用两条分车绿带将车行道分为机动车道和非机动车道，再利用行道树绿带划分出车行道与人行道。这种断面形式虽然用地面积较大，但增大了绿化面积，丰富了景观层次，生态效益较好，同时解决了人车混行的矛盾，组织交通方便、安全，保障了慢行交通的路权。

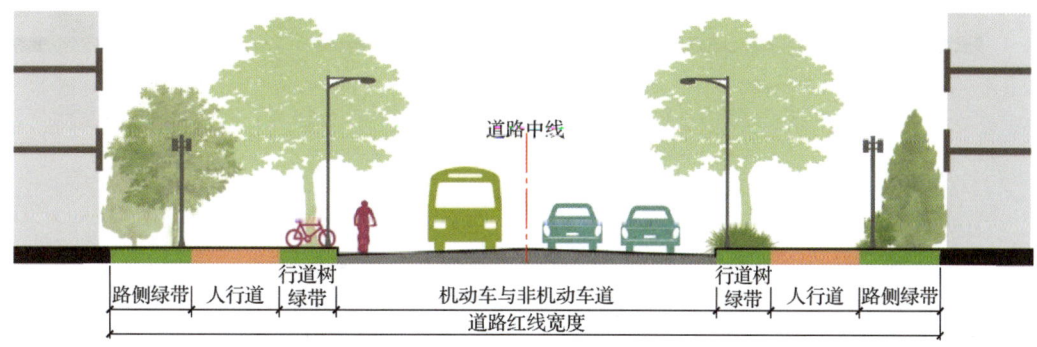

图 6-2-11 一板两带式

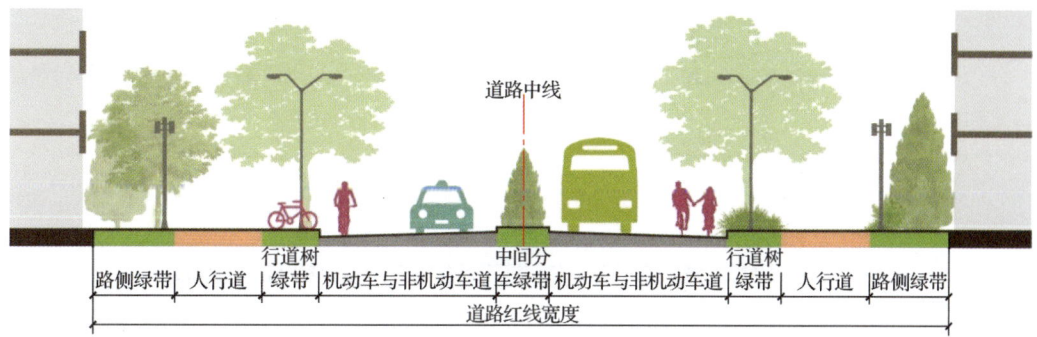

图 6-2-12 二板三带式

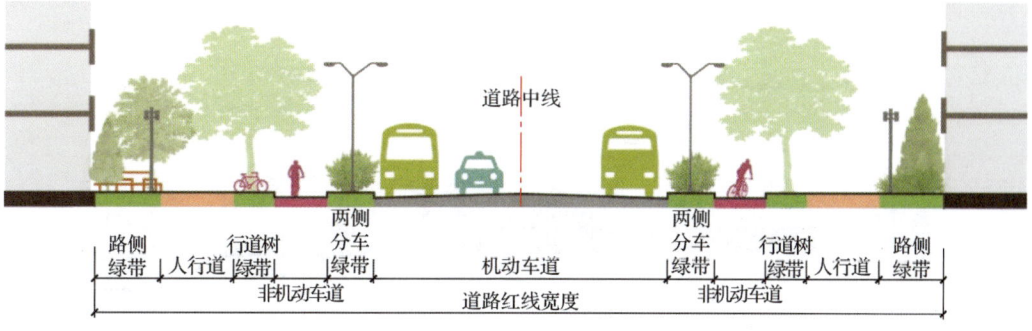

图 6-2-13 三板四带式

4）四板五带式

四板五带式（图 6-2-14）是在三板四带式的基础上，增设一条中间分车绿带，将机动车道分成上下行两部分。这种断面形式既保证了行车安全，又提供了较好的景观效果。但其缺点是用地面积大，经济性差。为节约成本，中间分车绿带可用护栏代替。该类型适用于车速较高的城市主干道。

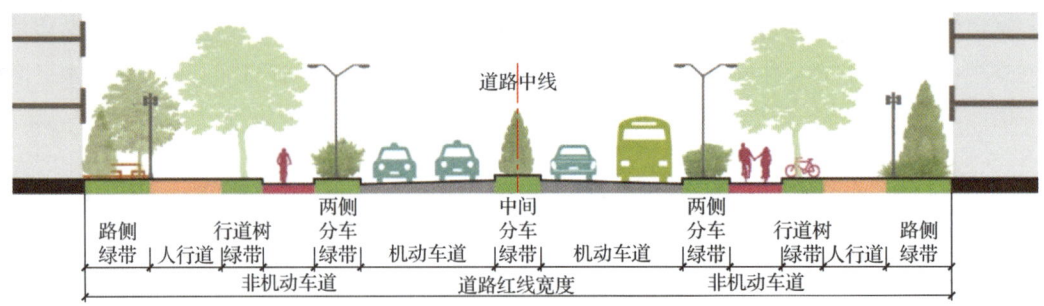

图 6-2-14　四板五带式

5）其他形式

由于道路所处的地理位置、环境条件、性质要求不同，道路景观的断面还会有其他一些特殊形式，如步行街（图 6-2-15）、滨水步道（图 6-2-16）、城市绿道等，要根据道路的等级、性质、位置、周围环境条件等情况设计出切实可行的方案。

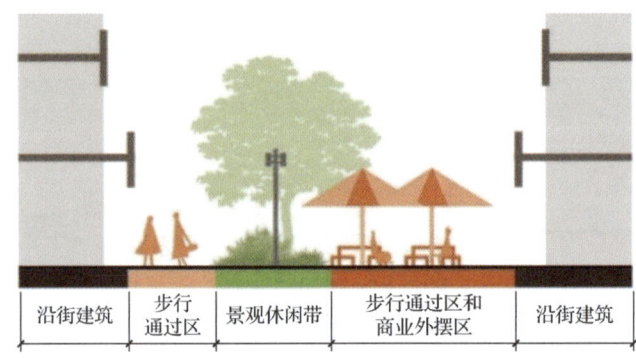

图 6-2-15　步行街断面示意图

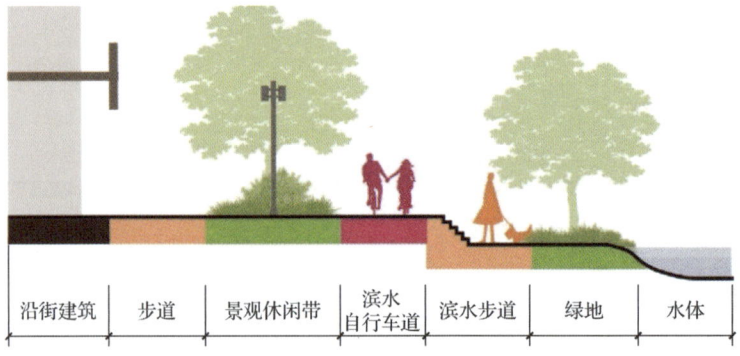

图 6-2-16　滨水步道断面示意图

4. 道路景观设计相关指标

1）道路绿地率

道路绿地率是指城市道路红线范围内，各种绿带面积之和占道路用地面积的比例。城市道路的绿地率应符合《城市道路绿化设计标准》（CJJ/T 75—2023）中一般值的规定。

（1）城市道路红线宽度大于45m时，城市道路绿地率不宜小于25%。
（2）城市道路红线宽度为30～45m时，城市道路绿地率不宜小于20%。
（3）城市道路红线宽度为15～30m时，城市道路绿地率不宜小于15%。

在旧城更新、山地城市等特殊情况下，可采用表6-2-1中的最小值。在设计标准中规定的是绿地率指标的下限，对其上限不做限制。在一定的经济范围内，鼓励城市道路绿地向高标准发展。

表6-2-1 城市道路绿地率

城市道路红线宽度 W/m		$W>45$	$45 \geqslant W>30$	$30 \geqslant W>15$	$W \leqslant 15$
绿地率/%	一般值	≥25	≥20	≥15	—
	最小值	15		10	

2）道路绿化覆盖率

道路绿化覆盖率是指道路红线范围内乔木、灌木、草本等植物垂直投影面积占道路用地面积的比例。人行道与非机动车道的道路绿化覆盖率不应小于80%。

3）城市道路绿化栽植土壤要求

道路绿地的土壤应与周围原土相连，行道树下方不得有不透水层。栽植土壤的质量应满足相关规范规定，不符合要求时应先进行改良。城市道路绿化栽植土壤有效土层厚度应满足表6-2-2的要求。

表6-2-2 城市道路绿化栽植土壤有效土层厚度 单位：cm

植被类型		土层厚度
乔木		≥150
灌木	高度≥50cm	≥90
	高度<50cm	≥60
棕榈类		≥90
竹类	大径	≥80
	中、小径	≥50
多年生花卉		≥40
一、二年生花卉、草坪		≥30

6.2.4 城市道路景观设计的原则

1. 满足交通安全的要求

道路景观设计应符合行车视线和行车净空的要求，在道路交叉口视距三角形范围内，弯道处的景观设置不能影响驾驶员视线通透，在此基础上应保证行人的安全性与舒适性。

2. 道路景观设计应与城市规划、城市道路建设、市政公用设施统筹安排

道路景观设计应明确所设计的路段在城市中的定位，遵循城市规划的总体要求，与城市规划、区域设计、周边环境相协调。景观、道路、市政公用设施的布局和功能应统筹安排，为慢行交通、绿地景观留有足够的用地。同时，统筹安排施工顺序，能够缩短施工工期，减少反复施工造成的资源浪费。

3. 体现道路景观的特色

道路景观是人们建立城市综合感知和印象的要素之一，是展现城市形象的重要意象，因此在设计时，要发掘地域特色、城市文化底蕴、自然元素，营造出具有地方特色的景观。同时，要敢于尝试和创新，引入新技术、新材料、新理念等，为道路景观设计注入新的活力，从而增强道路的辨识度和吸引力。

4. 保持道路景观的整体性与连续性

道路景观设计时，应将一条道路作为一个整体考虑，包括道路两侧的建筑物、绿化、设施、色彩、历史文化等，以确保道路景观在视觉上和时空上的连续性。视觉连续可以通过道路两侧景观的形式、风格、色彩的设计来实现。时空连续需将空间中各景观要素，置于一个特定的连续的地域文化体中加以组合和表达，反映出人们的共同记忆。图 6-2-17 所示为重庆万州吉祥街城市更新，从中可见道路景观的整体性和连续性。

图 6-2-17　重庆万州吉祥街城市更新/纬图设计

5. 可持续发展原则

在道路景观设计中使用垂直绿化、生态护坡、雨水花园等生态设计手段，可以尽量减少对自然环境的干扰，并对环境和生态起到强化和改善的作用。同时，道路绿地从栽植到形成景观效果，一般需要十几年的时间，栽植的树木不应经常更换，所以设计时要具备发展观念，对各种植物的形态、大小、色彩等的现状和可能发生的变化，要有充分的了解，全面考虑景观的近期效果与远期效果。

6.2.5　城市道路景观设计的要点

1. 道路线形设计

道路作为三维的人工构造物，具有空间的属性。道路中心线在水平面上的投影就是路线，它的形状称为平面线形。沿道路中心线竖向剖切是道路的纵断面，中心线上任意一点的法向切面是道路在该点的横断面。因此，道路线形设计可以分解为平面线形设计、纵断面线形设计（图 6-2-18），还要考虑横断面设计，这三者是相互关联的，既要分别考虑，又要协调设计。

1）平面线形设计

平面线形设计应符合汽车的行驶轨迹，以保证行车的安全性。当汽车转角为零时，其轨迹为直线；当汽车以固定的角度转弯时，则其轨迹为圆曲线；当转弯过程中角度不断变化时，则其轨迹为缓和曲线。直线、圆曲线和缓和曲线能较好地描述汽车的行驶状态，它们是道路平面线形的三要素。

城市道路绿地的设计方法 1

城市道路绿地设计的方法 2

项目 6　城市道路景观设计

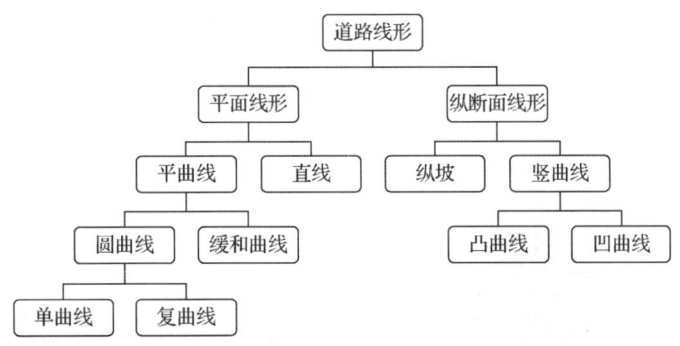

图 6-2-18　道路线形的构成

（1）直线。

直线线形一般用在路幅较宽的快速路和主干路中，具有短捷直达、视野开阔、方向明确的美学效果（图 6-2-19）。

但在汽车高速行驶的情况下，过长的直线会使驾驶员感到单调，导致驾驶员产生视觉疲劳，需要采取额外的措施，如合理设置直线路段的长度，改变道路绿带的景观形式，利用建筑物和自然景观，改善视觉感受。

（2）平曲线。

为了使车辆能够从一个直线道路平缓地过渡到另一路段，需在转弯处设置曲线，我们将这个曲线称作平曲线，平曲线包括圆曲线和缓和曲线。

图 6-2-19　直线道路

圆曲线上各点的半径相等，而缓和曲线是一条曲率连续变化的曲线。在直线与圆曲线之间，或大半径圆曲线与小半径圆曲线之间应设缓和曲线，从而减少行车振荡，使行车更加平稳。直线、圆曲线和缓和曲线是道路平面中的基本线形，它们配合得当，线形将连续光滑，构成美观与视觉协调的最佳线形（图 6-2-20）。

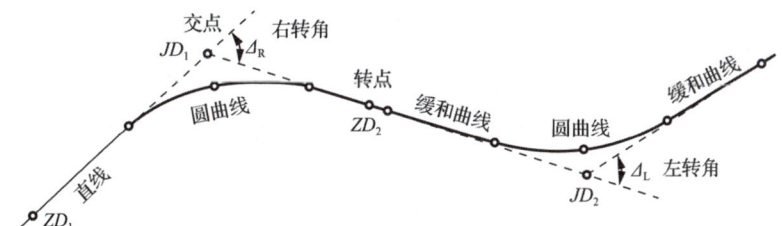

图 6-2-20　由直线、圆曲线、缓和曲线组成的道路线形

曲线道路因其曲率半径不同会有不同的视觉感受，曲率半径在 100～150m 的缓和曲线道路容易形成视觉上的连续性景观。若曲率半径太小，则可能误导行车方向。曲率半径在 10～40m 的道路，在急转弯的地方由于视野通透性不佳，视线容易停留在转弯处的定点上。而且当通过曲折点

125

时，景观容易产生急剧的变化，因此转弯处可设置具有代表性的地景设施。图 6-2-21 所示为曲线道路。

2）纵断面线形设计

纵断面主要反映了道路的起伏、纵向坡度的情况，其设计主要包括纵坡设计和竖曲线设计。

图 6-2-21　曲线道路

道路纵坡应满足最小纵坡、最大纵坡、最小坡长和最大坡长的限制，具体要求可查阅《城市道路工程设计规范（2016 年版）》（CJJ 37—2012）。竖曲线是为了保证行车视距、缓和坡度变化带来的冲击，在变坡点处设置的曲线（图 6-2-22）。变坡点（A 点）在竖曲线上方成为凸形竖曲线，变坡点（B 点）在竖曲线下方成为凹形竖曲线。各级道路纵坡变化处应设置竖曲线，竖曲线最小半径与最小长度应满足设计规范中的要求。

平原微丘地区因自然地形一般起伏较小、高差不大，故纵坡应均匀平缓。丘陵地区的纵坡则应根据实际情况，采用恰当的纵坡，因其自然地形多呈起伏状态，纵坡过于迁就地形势必形成波浪形的纵断面线形，影响线形美观，所以既不要过分迁就地形，也不要大填大挖。

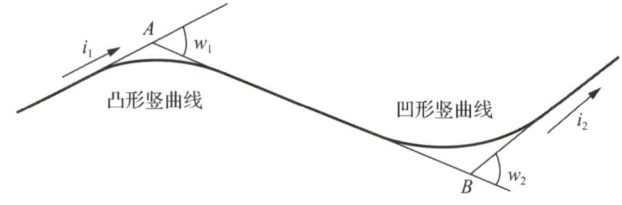

图 6-2-22　道路竖曲线

3）横断面设计

城市道路的交通性质复杂，各种交通工具及行人的交通问题都需要在横断面设计中综合考虑，所以在城市道路设计中，横断面设计是重点。

道路横断面应根据交通量合理设置机动车道、非机动车道及路侧带的宽度。一条机动车道的宽度主要取决于车辆的宽度、横向安全距离，以及车辆行驶的摆动宽度。非机动车道与机动车道合并设置时，非机动车道数不应小于两条，宽度不小于 2.5m；非机动车道单向宽度不宜小于 3.5m，双向宽度不宜小于 4m。人行道宽度必须满足行人安全顺畅通过的要求，并设置无障碍设施。一条机动车道、一条非机动车道、人行道最小宽度应分别符合表 6-2-3、表 6-2-4、表 6-2-5 的规定。

表 6-2-3　一条机动车道最小宽度

车型及车道类型	设计速度/（km/h）	
	＞60	≤60
大型车或混行车道/m	3.75	3.50
小客车专用车道/m	3.50	3.25

表 6-2-4　一条非机动车道最小宽度

车辆种类	自行车	三轮车
非机动车道宽度/m	1.0	2.0

表 6-2-5　人行道最小宽度

项目	人行道最小宽度/m	
	一般值	最小值
各级道路	3.0	2.0
商业或公共场所集中路段	5.0	4.0
火车站、码头附近路段	5.0	4.0
长途汽车站	4.0	3.0

同时，道路的横断面应设置一定的坡度，便于路面的排水。将路面做成由中间向两侧倾斜的拱形，由该拱形所形成的坡度称为道路横坡，用百分率表示，一般在 1%~4% 内变化。

2. 道路交叉口设计

城市道路交叉口是车辆、行人汇集的地方，车流量和人流量极大，干扰严重，容易发生交通事故。合理布置交通岛绿地在一定条件下可提高道路的通行能力，减少交通事故，同时对一些非常规交叉口，可使其常规化，解决畸形交叉口的问题。

1）交叉口的类型

道路交叉口可分为平面交叉口和立体交叉口，平面交叉口是道路在同一个平面上相交形成的交叉口，通常有 T 形、Y 形、十字形、X 形、错位、环形、多路等形式（图 6-2-23）。

在无交通管制的平面交叉口，车辆通过时因行驶方向不同而容易相互交叉形成冲突点（图 6-2-24），每一个冲突点都是一个潜在的交通事故点。平面交叉口的交通安全和通行能力，在很大程度上取决于交叉口的交通组织。

2）平面交叉口的视距保证（视距三角形）

为保证交叉口行车安全，驾驶员在进入交叉口前的一定距离内，应能看到相交道路上的行车情况，以便能及时采取措施顺利驶过或安全停车，这一段距离必须大于或等于停车视距。

停车视距是指汽车行驶时，驾驶员自看到前方有障碍物时起，至到达障碍物前安全停止所需的最短距离。停车视距（图6-2-25）由三部分组成：①驾驶者在反应时间内行驶的距离 $l_{反}$；②开始制动到刹车停止所行驶的距离，即制动距离 $S_{制}$；③应增加的安全距离 S_0（5~10m）。停车视距通常按下式计算。

$$S_{停} = l_{反} + S_{制} + S_0 = \frac{v}{3.6}t + \frac{(v/3.6)^2}{2gf_1} + S_0$$

式中：f_1——纵向摩阻系数，依车速及路面状况而定；

t——驾驶者反应时间，取 2.5s（判断时间 1.5s，制动时间 1.0s）；

v——行驶速度（km/h）；

g——重力加速度，取 9.8m/s²。

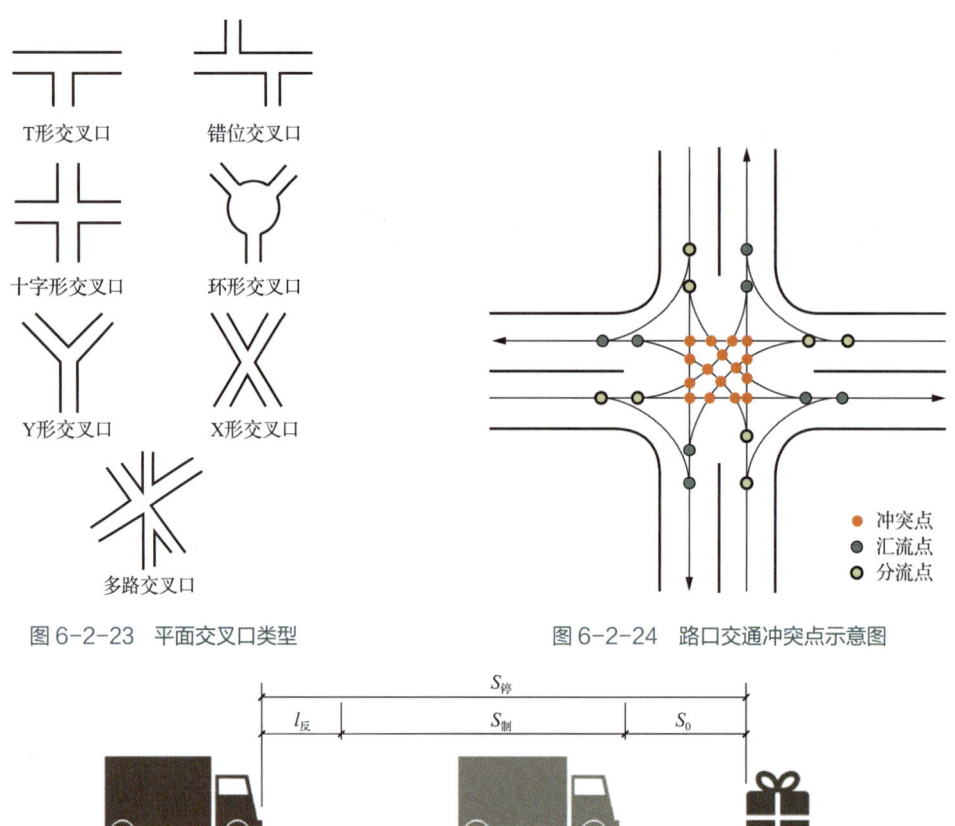

图6-2-23 平面交叉口类型　　图6-2-24 路口交通冲突点示意图

图6-2-25 停车视距

如图6-2-26所示，在平面交叉口，以视距为边长围合成的三角形，称为视距三角形。道路景观的设计要符合停车视距的要求，在交叉口视距三角形范围内和弯道内侧不得种植高大树木，以免影响驾驶员的视线通透。

3）平面交通岛设计

道路平面交叉口常利用交通岛分隔车流、改变车流轨迹，将直角或锐角相交的路口转换成钝角相交，达到组织交通的目的。根据功能，可将交通岛分为中心岛、导向岛、安全岛等。

（1）中心岛。

中心岛主要用来组织环形交通，多用在4条以上岔路的路口中，使驶入交叉口的车辆，一律绕岛作逆时针单向行驶。中心岛的平面通常布置成圆形、椭圆形或圆角多边形（图6-2-27）。

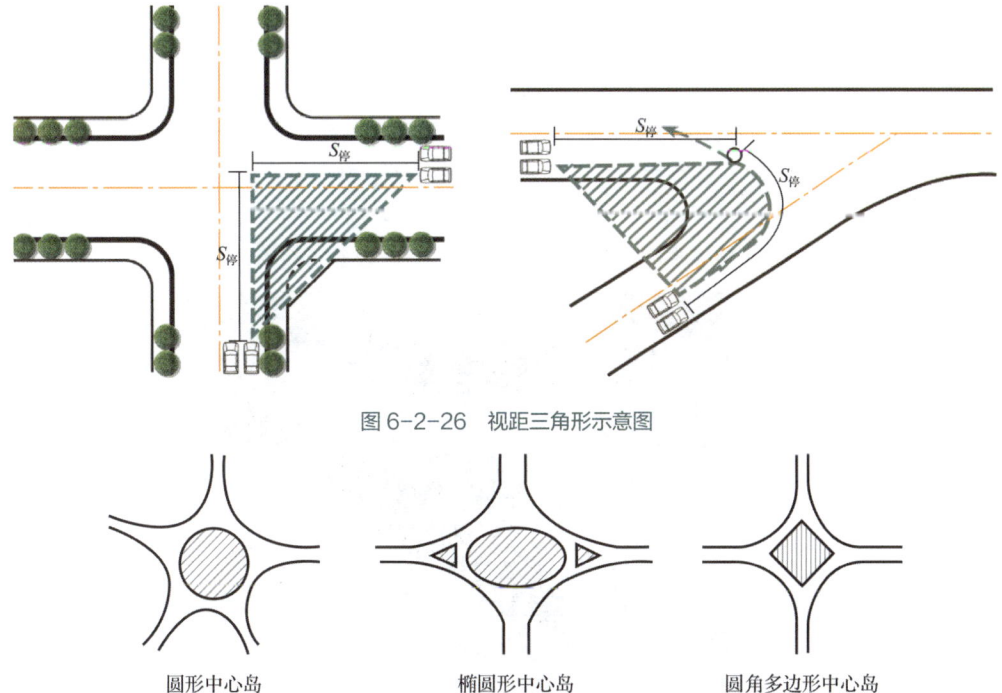

图6-2-26　视距三角形示意图

图6-2-27　中心岛平面类型

中心岛多设在车流量较大的主干道，其直径通常为40~60m，最小不能小于20m。中心岛不能布置成供行人休息用的小游园，景观也不能遮挡司机视线，所以常采用花坛的形式（图6-2-28）。在中心岛的中心位置可设置雕塑或种植优美的观赏树，也可在一些具有特殊情况的路段设置中心岛，如洛阳的九龙鼎中心岛（图6-2-29）、福州道路中的古榕树中心岛，通过中心岛的设置，可为历史构筑物、古树名木等提供更多的保护空间。

图6-2-28　上海浦东中心岛

图6-2-29　洛阳的九龙鼎中心岛

（2）导向岛。

导向岛，又称渠化岛，主要功能是引导车行的方向，约束车道，使车辆按规定方向转弯，保证安全。

（3）安全岛。

在较长的路段中，为满足人们的过街需要，在路段车行道上用斑马线等方法标示出横穿车道的范围，这个范围就称为过街安全岛。当穿越机动车道数大于4或过街横道长度大于16m（不包括自行车道）时，应在道路中央设置二次过街安全岛，其宽度不应小于2m。在高等级城市道路的平面交叉口，通常设有右转导向岛，当其兼做过街安全岛时（图6-2-30），面积不宜小于20m²。过街安全岛可分为直开式和错开式（图6-2-31），开口应向右偏移，迫使行人朝向来车方向，使其注意车辆。有中间分车绿带时，可利用中间分车绿带设置安全岛。

图6-2-30　导向岛兼作过街安全岛

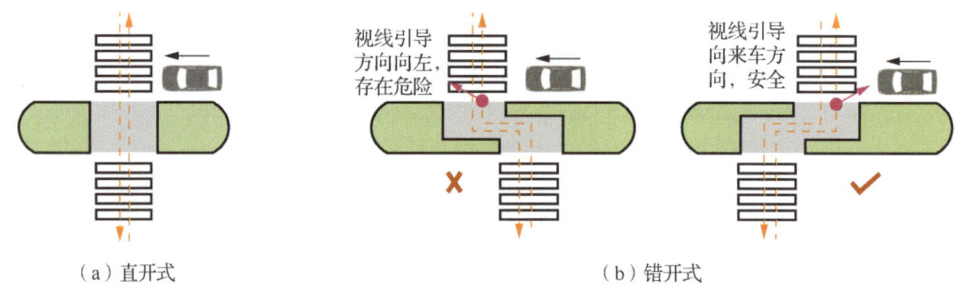

（a）直开式　　　　　　　　　　（b）错开式

图6-2-31　过街安全岛

小型中心岛、安全岛和导向岛不宜布置成开放式绿地。景观设计宜增强导向作用，在行车安全视距范围内应采用通透式布置，景观高度不得超过小轿车司机的视高，即小于0.7m。植物配置应以低矮灌木和地被植物为主，平面构图宜简洁。

4）立体交叉绿岛设计

立体交叉绿岛设计不得影响道桥设施及相关构筑物的强度、行车视线的通畅及其他功能需求。立体交叉绿岛设计（图6-2-32）的内容主要包括高架桥柱、快速路声屏障、道路护栏、挡土墙等的垂直绿化，高架道路、天桥等的沿口景观，立交匝道景观，等等。

立体交叉绿岛景观宜采用具有当地特色的植物或形象作为标志。立交桥出入口处及匝道转弯处所构成的视距三角形范围内,必须采用通透式布置;匝道平曲线内侧不宜种植乔木和高灌木。在弯道外侧,植物应连续种植,预示道路方向和曲率,有利于行车安全。高架桥柱、高架道路沿口、道路护栏等应考虑垂直绿化建设的需要,预留种植槽。

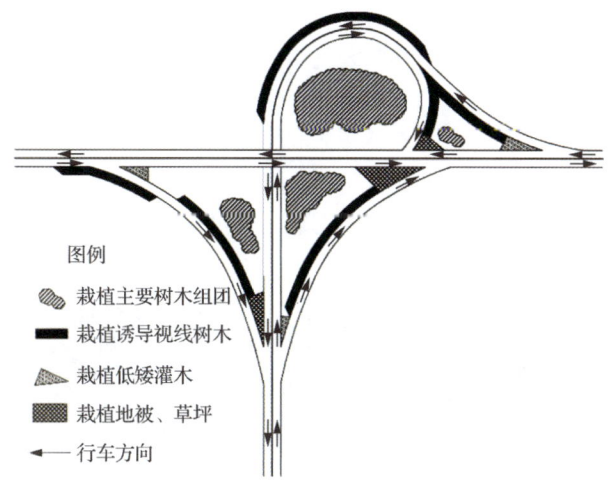

图 6-2-32　立体交叉绿岛设计示意图

立体交通桥下是大型的城市灰空间,存在光照不足、空间封闭、噪声大等问题,生态效益低、空间品质较差,成为被遗忘的"城市边角"。为进一步挖掘空间价值,设计师开始将桥下空间和桥下绿地进行整合利用,分析光照条件,在保证交通功能不受影响的前提下,置入运动、儿童活动、集会、演出、服务等活动空间,调整绿地植物类型,因地制宜打造出共享绿色空间(图 6-2-33、图 6-2-34)。

图 6-2-33　铁道下的线性公园/ASPECT

图 6-2-34　绿里乐园/MVRDV

3. 道路绿带设计

1)分车绿带设计

分车绿带的宽度依据道路的性质和道路的宽度而决定,一般城市主干路分车绿带的宽度不宜小于 2.5m,在高速路或景观大道中,分车绿带的宽度最宽可达 20m。当分车绿带净宽度小于 1.5m 时,宜种植灌木和地被植物;当净宽度大于 1.5m,小于 4m 时,可种植乔木;当净宽度大于 4m 时,宜乔木灌木结合,可采用自然式群落配置。需要注意的是,乔木树干中心距路缘石内侧距离应不小于 0.75m。

中间分车绿带需要起到阻挡对向行驶车辆的眩光的作用，所以在距路面高度0.6~1.5m处，植物的树冠要常年枝叶茂密，种植的株距不大于其冠幅的5倍，也可采取连续的绿篱式栽植。

一般分车绿带不得布置成开放式绿地，分车绿带内植物配植应能够防止人流穿行，当无防护隔离措施时，分车绿带下部应采取紧密式种植。为方便行人的出行，分车绿带尽可能结合人行横道，以及公共建筑、居民区等的出入口设置。

2）行道树绿带设计

行道树绿带是布设在人行道与车行道之间，以种植行道树为主的绿带，是道路绿地的基本组成部分。在这条带上，除行道树外，也布置路灯、座椅、交通标志、垃圾箱等城市设施，所以我们也称它为行道树设施带。行道树绿带需为道路提供连续的遮阴，种植主要分为以下两种形式，树池式和树带式（图6-2-35、图6-2-36）。

 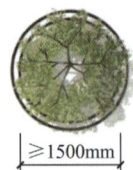 

图6-2-35 树池式

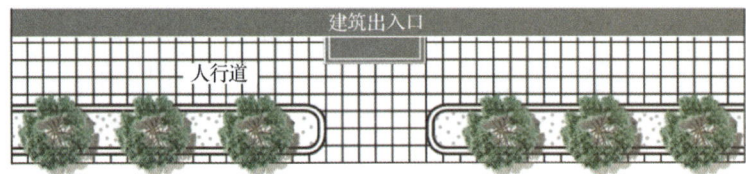

图6-2-36 树带式

（1）树池式。

在交通量大、行人较多、人行道较窄的路段，宜采用树池式。常见行道树树池的形状有正方形、长方形和圆形，其中圆形树池与铺装地面的衔接难度较大，使用较少。树池缘石高度宜与人行道路面齐平，种植乔木的树池，树木中心点距树池围牙内侧不宜小于0.75m。

（2）树带式。

树带式是指在人行道和车行道之间留出一条不加铺装的种植带，净宽度不小于1.5m。对于表面根系发达的行道树，或交通量及人流量不大的路段宜采用树带式。种植带在过街横道、人流比较集中的公共建筑前要留出铺装通道。

连续的带状绿地相对于独立树池，在水源涵养、植物生长及植物管理等方面都更具生态性、可持续性。树带式（图6-2-37）除列植乔木之外，还可以搭配灌木、地被、景观设施，形成多层次的植物群落和丰富的空间。

图6-2-37 北京西红门创业大街/奥雅设计

行道树绿带应充分考虑遮阴效果，选择树冠开展、遮阴效果良好的树种，同时保障行道树遮阴的连续性。大乔木最小种植株距宜为 6m，其胸径不应小于 8cm，主枝 3 个以上，进入非机动车道路面枝下净高不小于 2.5m，机动车道路面枝下净高不应小于 4.5m。冠幅较小的乔木最小种植株距宜为 4m，枝下净高满足行人通行要求。行道树之间宜采用透水、透气性铺装。如果需要使用植物来控制人的行动路线，可以考虑使用刺状、针状植物，防止行人穿越。

行道树树干距建筑红线至少有 2m 净宽供人行走，若人行道过窄而又有植物，则可使用树箅子，增加行走宽度（图 6-2-38）。行道树种植的位置要保证建筑出入口动线的顺畅，尽量不遮住建筑或周边商铺的入口。在交通出入口和标识系统处，要避免高大植物或景观构筑物遮挡行车视线。

图 6-2-38　树箅子

3）路侧绿带设计

路侧绿带设计应与人行道、道路红线外侧绿地统一考虑，保证路段内景观的连续性和完整性。若道路两侧环境条件差异较大时，宜将路侧绿带集中布置在条件较好的一侧。

路侧绿带与毗邻的其他绿地总宽度大于 12m 时，可设计为带状公园；当路边建筑退线较多时，可布置成有一定游憩功能的小游园（图 6-2-39），设计应符合《公园设计规范》（GB 51192—2016）的规定。

对于商业设施或公共建筑集中的路段，应开放建筑退线空间，与红线内人行道进行一体化设计（图 6-2-40），通过建筑入口、门窗、阳台、遮阳棚等构造打造有序、连续、具有文化特色的建筑立面，形成连续的室外活动空间，创造丰富的行为体验和视觉体验，激发街道活力。

图 6-2-39　上海河南中路街角花园/上海亦境　　　图 6-2-40　某路段的人行道设计/奥雅设计

当路侧绿带主要承担防护功能时，应保持路段内的树木种植的连续性，宜采用乔-灌-草复层配置方式。当路侧绿带作为城市生态廊道时，宜应用丰富的乡土植物与适生植物，营造异龄、复层、混交的植物群落，增加生物多样性和稳定性。当其承担城市绿道功能时，宜保证绿道夏季遮阴的连续性，可采用乔-草通透式配置方式，或乔-灌-草复层配置方式。

4. 公交停靠站点空间设计

公交车站是非机动车与机动车出行的转换站，需要兼顾等候、上下车、慢行通行、非机动车停放等功能。因此公交停靠站的空间应与道路空间协调设计，避免人行道、公交车站与非机动车道间的互相干扰，从而确保慢行交通路权和骑行者的人身安全。

根据公交车道在道路中的位置，可将其分为中央式公交专用道和两侧式公交专用道。中央式公交专用道有两种站台形式，站台设置于专用道中央（图6-2-41）或站台设置于专用道两侧（图6-2-42）。中央式公交专用道多用于城市快速公交或有轨电车，可结合分车绿带布设。其公交站台设于道路中央分隔带上，实行封闭式管理，通过交叉口人行横道，乘客可到达站点入口。

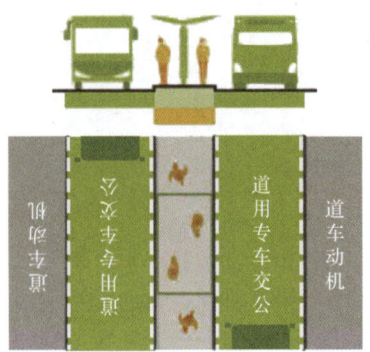 

图6-2-41　中央式公交专用道中央站台

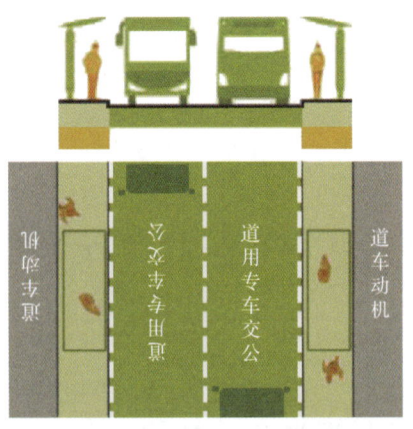 

图6-2-42　中央式公交专用道两侧站台

两侧式公交专用道的站台有四种形式（图6-2-43）。一是直线式公交站台，适用于交通强度不大的道路。二是港湾式公交站台，适用于交通强度较大，且与交叉口间的距离充足的道路，可结合人行道或较宽的分车绿带设置，减少公交车进站时对机动车交通的干扰。三是岛式公交站台，在没有分车绿带的道路中，通过压缩站点附近非机动车道实现公交车的进站。四是外拓式公交站台，适用于公交出行需求强烈的路段，可结合路内停车带设置，但以通行为主的街道不宜采用外拓式公交站台。

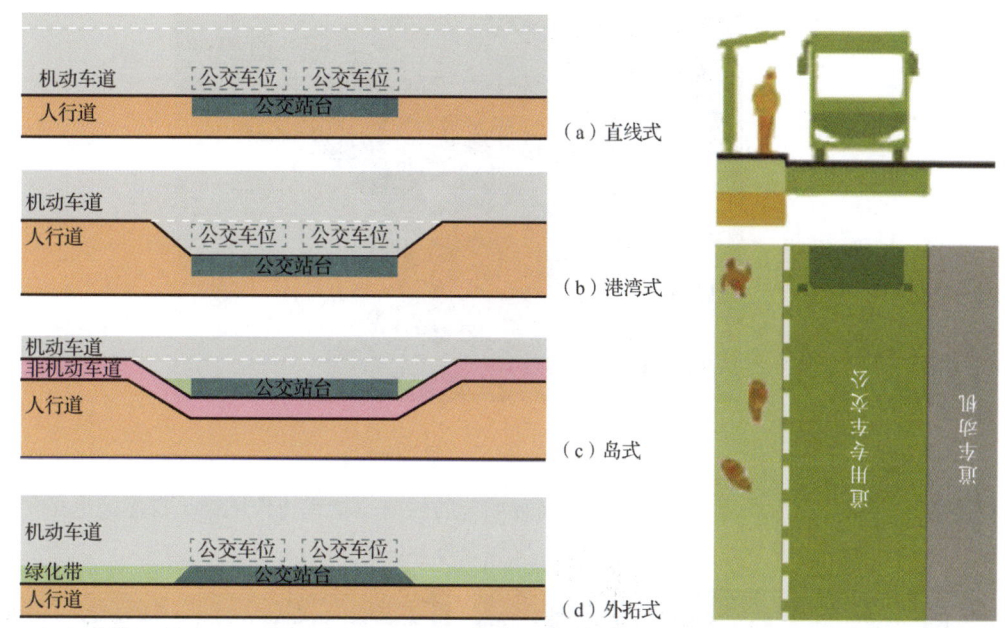

图 6-2-43　两侧式公交专用道的站台形式

公交车站需满足乘客候车及上下车的空间需求，宽度一般不小于1.5m。在空间充足时，宜设置遮阳（雨）棚，布置座椅、垃圾桶、非机动车停车设施等，营造舒适的乘车环境，配备便捷的配套设施。当无法设置独立候车亭时，应提供相应照明、遮蔽与信息设施，保障乘客的基本需求。

公交站台与非机动车道的关系应综合考虑各部分的宽度及流量等条件，常见为非机动车道内侧绕行［图6-2-44（a）］，这时鼓励站台与人行道之间使用抬升式人行横道地面标识或铺装，提示非机动车减速避让行人。在非机动车流量非常大的路段，可采用机动车道内侧绕行的方式［图6-2-44（b）］，但要使用标识明确划分出非机动车道区域。

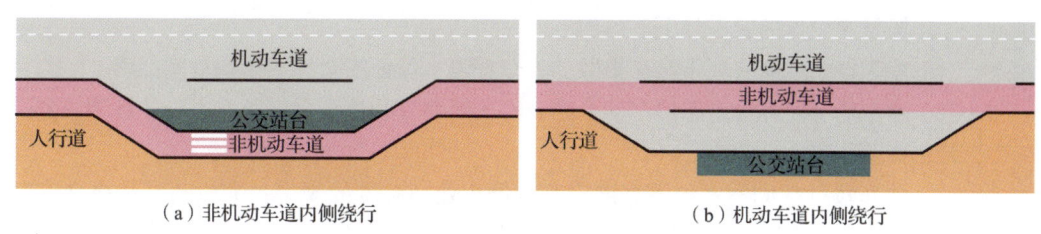

图 6-2-44　公交站台与非机动车道的关系

5. 停车场设计

停车场是集中停放车辆的地方，是城市道路系统的组成部分，按车辆性质可分为机动车辆停车场和非机动车辆停车场。停车场设计应保证出入口不影响外部交通，内部流线组织流畅，出入口、停车位的数量和布置形式合理。对于露天停车场，其占地面积大、形式单一，多采用硬质铺装，且易受到天气的影响，所以在景观设计时，应考虑采用上方有遮荫，下方能透水的生态设计方法（图6-2-45）。

图6-2-45　廊架停车场

停车场应与周边环境协调设计。将周边场地的性质、景观建筑风格、自然地形条件、使用者的需求等纳入设计推导过程，让停车场不仅仅是停车场（图6-2-46）。

图6-2-46　郑州建业艾美酒店景观及停车场设计/Shma Design 设计 /河狸摄影

停车场景观设计的要点如下。

（1）停车场景观应有利于汽车集散、人车分隔、保证安全、不影响夜间照明。

（2）停车场宜设计为生态停车场，结合停车间隔带种植高大庇荫乔木，并宜种植隔离防护绿带，绿化覆盖率宜大于30%。

（3）停车场种植的乔木枝下高度应符合停车位净高度的规定：非机动车和小型汽车不低于2.5m；中型汽车不低于3.5m；大型汽车、载货汽车为不低于4.5m。

（4）停车场地面宜选用透水、透气性铺装，宜设置低影响开发设施，满足雨水净化和雨洪管理要求。

6. 道路设施设计

道路设施是街道空间和景观组织中不可或缺的元素，是体现城市景观特色与文化内涵的重要部分。道路设施主要包括交通功能性设施、生活服务性设施和景观艺术性设施三类。交通功能性设施应简明、易懂、能够准确地向道路使用者提供道路信息；生活服务性设施应能够为使用者提供人性化的服务（图6-2-47）；景观艺术性设施在不影响通行的条件下，能够提升街道艺术品质，陶冶市民情操，凸显地方文化风貌特色（图6-2-48）。

图6-2-47　街道两侧合理布置休憩座椅

图6-2-48　街道中的艺术装置/奥雅设计

7. 道路雨水管理系统设计

传统道路铺装在土壤的表面形成不透水面层，阻碍雨水的下渗，破坏了自然的水循环，增加城市遭受洪涝灾害的风险。在道路中增设雨水管理设施，可将城市道路与雨水、生态环境联系起来，对现有空间进行有效利用，实现社会效益与生态效益的协同提升。

道路雨水管理系统首先要利用好道路的横坡与纵坡，将雨水径流引向雨水管理设施，保障路面排水通畅。通过使用透水铺装、增大绿化面积，来加强地表的自然渗透作用。沿着道路纵坡走向，可布置多个连续的生态滞留洼地（图6-2-49）或雨水花园，每个洼地单元的上游设置入水口，可加装箅子拦截垃圾，雨水径流经过植物的阻拦，流速降低、停滞，从而增加下渗时间，延缓形成径流高峰。生态滞留洼地连接的蓄水模块等调蓄设施，能够存储一定量的雨水再次利用，当蓄水达到饱和时，通过溢水口排入市政雨水管网（图6-2-50）。植被、砾石、土壤具有一定的截污净化功能，因而大部分雨水在收集的同时进行渗滤净化。

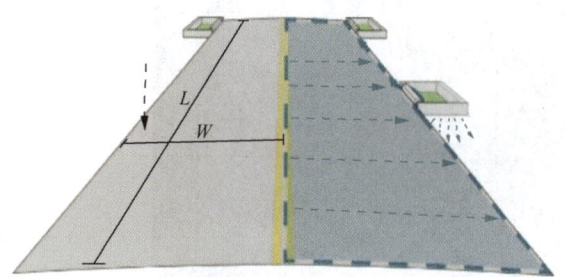

图6-2-49　生态滞留洼地沿道路布置

在制定道路雨水管理具体措施前，首先要评估流域健康状况，评估现有下水道基础设施情况，了解洪泛区位置与范围，地下水位的深度，土壤、气候和降雨特征，对消减水量或水质等的要求，从而制定合理的雨水管理目标；然后分析道路利用情况，根据交通量、绿地、周边用地的性质等重新分配街道空间，增加透水表面和雨水缓冲空间。将道路与周边用地连接起来，整体制定雨水管理策略。

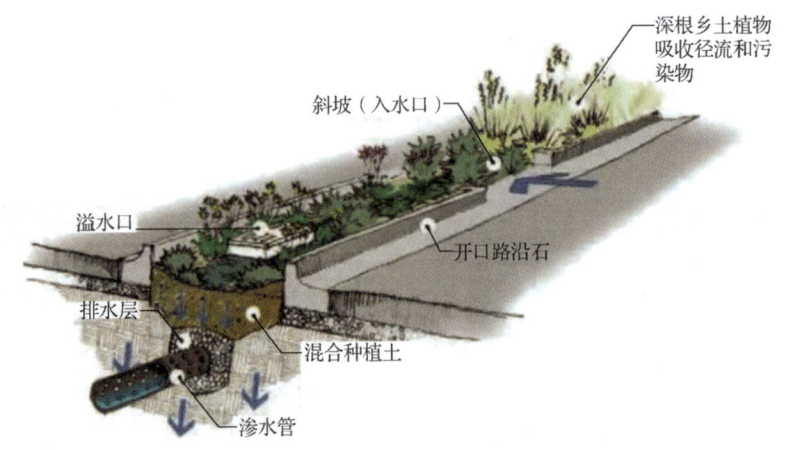

图 6-2-50　生态滞留洼地汇流过程及结构示意图

《城市道路绿化设计标准》(CJJ/T 75—2023)鼓励在分车绿带和路侧绿带中设置雨水设施，运用植草沟、生物滞留洼地、道路渗井、生态树池、下凹式绿地、雨水花园等方式建造或改造街道，对雨水径流进行控制，降低环境冲击，提升自然包容度。

6.2.6　城市道路景观树种的选择

城市道路景观树种的选择

对于城市景观而言，给人们留下第一印象的常是道路景观，道路景观代表着一个城市生态环境的特点及文化韵味。例如厦门大学的凤凰花、福州的榕树、昆明教场中路的蓝花楹（图 6-2-51）、南京美龄宫的梧桐树（图 6-2-52），都是城市气质的名片。为取得良好的景观效果、生态效益，降低绿化养护的成本，道路植物的选择需满足更高的要求。

图 6-2-51　昆明教场中路的蓝花楹

图 6-2-52　南京美龄宫的梧桐树

1. 道路景观树种的特征

1）抗逆性

城市道路景观中植物生存的条件一般较差，有许多不利于植物生长的因素，如土壤水肥条件差、碱性大、易板结，空气中颗粒物、污染物浓度高，铺装路面产生热辐射，受到地下城市管线和人为的干扰等。因此，道路绿化要求植物有较强的抗逆性。

（1）抗有害气体强的树种。

① 抗硫化物的树种：臭椿、夹竹桃、珊瑚树、紫薇、石榴、厚皮香、广玉兰、银杏、桧柏、粗榧等。

② 抗氟的树种：刺槐、女贞、泡桐、梧桐、大叶黄杨等。

③ 抗氯的树种：木槿、合欢、杨树、紫荆、紫藤、紫穗槐等。

（2）耐性较好的树种。

① 耐旱的树种：毛白杨、青杨、槐树、白蜡、泡桐、栾树、榆树、柳树、合欢、沙枣等。

② 耐寒的树种：红松、雪松、樟子松、池杉、银杏、毛白杨、青杨、榆树、旱柳、鹅掌楸等。

③ 耐湿的树种：落羽杉、水杉、桑树、榕树、香樟、枫杨、黄槿、小叶榄仁等。

（3）病虫害少的树种。

道路绿地土壤贫瘠，植被养分不足，抵抗力差，容易受到病虫害的侵扰，出现叶片焦黄、长白斑、烂根、树皮破损等情况。受病虫害影响的树木如不及时处理，病虫害就会侵害树干、腐蚀树心，严重的会变成"空心树"，最终死去。防虫、治病耗时耗力，成本很高，所以抗虫抗病能力是选择道路绿化植物的重要指标。

（4）耐修剪的树种。

植物的树冠枝叶不能阻挡行车视线，不能遮挡红绿灯、道路标牌，所以需要定期修剪。道路绿地修剪量大，为追求效率，需要植被具有萌蘖能力强、抽梢发枝快的特征，修剪后可以保持良好的形状并维持健康的生长。

（5）防火耐火的树种。

防火耐火植物的特性一般是树木所含油脂量低，树皮厚、结构紧密，不易燃，具有抗火烧的功能，常用在道路两侧的防护林带。在我国，防火耐火树种有木荷、杜英、女贞、石楠、楠木、冬青、油茶等。

（6）防风抗风的树种。

在北方风沙较大、南方沿海台风多发的地区，为了减少损失，道路两侧应选择抗风能力强的树种。防风抗风树种一般具有树枝轮生平展，枝条柔韧性强，干性强，深根性，根系发达，材质密度大等特点。常用树种有枫香、木麻黄、香樟、杜英、白兰、榄仁、海南蒲桃等。

2）安全性

为保证行人和车辆的安全，行道树要选用分支点较高的植物，保证枝下净空满足通行要求。植物的生长也不能破坏道路，如榕树冠大荫浓、生长迅速，但根的穿透能力强，经常拱出地面，造成路面开裂。同时，植物本身应对环境无危害，落叶落果无危险、无毒、无刺、无异味、少飞毛等。

3）观赏性

植物要为道路空间提供绿荫、美化街景，因此，应选择树姿优美、冠大荫浓、花叶艳丽的树种。最好能够选择叶色有季相变化、叶形别致、树冠宏大、枝干强劲的树种，通过合理的配置能够赏叶、赏花、观果、观形态，达到多方面的观赏要求。

4）乡土性

在选择树种时，应充分考虑城市的自然、地理、土壤、气候等条件，因地制宜地选择适应该环境的植物种类。乡土树种的生态习性能够充分适应栽植地的环境条件，有利于植物的生长和景观的塑造。同时，可以结合当地文化、自然特色，选择代表性的植物作为骨干树种，体现当地风情。

2. 道路景观树种选择的原则

（1）适地适树、因地制宜的原则。应选择适应道路环境、当地气候条件，且养护成本低、能够体现地域特色的植物种类，重视对乡土树种和长寿树种的选择和应用。

（2）保证道路安全的原则。行道树应保证一定的枝下高度，扎根深、生长健壮。同时应避免选择有植源性污染或潜在危险的树种，确保其落果坠叶等对行人不会造成危害。

（3）生态效益、景观效益与经济效益相结合的原则。宜选用丰富的植物种类和抗性较强的植物，构成复合型的植物群落。同时，选择树形优美、观赏价值高，便于管理、养护成本低的树种。

（4）保护古树名木的原则。严禁移植古树名木到道路绿地内，同时也要保护原地大树。分车绿带、行道树绿带内种植的树木，不宜使用胸径大于20cm的乔木。

（5）树种配置近远期结合的原则。道路景观在快速达到夹道绿荫效果的同时，也要考虑长远绿化的要求，应速生树与慢生树搭配种植，减轻速生树更新时带来的不利影响。

 讨论思考

选择道路断面形式时，需要考虑哪些因素？

6.3 项目设计实训

某城市老城区中的生活型街道改造设计项目实训

1. 场地概况

本次任务是对一条位于城市老城区中的生活型街道进行改造设计，总长度约为1.5km，完成街道的现状调研和景观更新改造设计。教师可根据本地实际情况提供基址图。

2. 设计目标

通过对街道空间的调研、历史文化的挖掘，优化道路慢行交通空间，提升街道环境的品质，激发社区活力，打造生态友好、步行友好的街道。

将理论知识转化为实践知识，理解街道的各个空间及其设计要点。了解使用者、行为活动和空间之间的联系，学习如何做一个有心的设计师。

3. 设计任务

（1）现状调研：从道路现状、街区历史沿革、街道中的行为、使用者需求等几部分出发展开调研。

（2）道路规划设计：优化交通流线和道路断面设计，保证慢行交通的路权，设置合理停车区域，提高道路安全性。

（3）景观设计：结合地方文化历史，设计具有特色的道路绿带及周边景观节点，提升街道的观赏性和趣味性。

（4）设施设计：完善街道标识、照明、座椅、垃圾桶等公共设施，提高街道的便利性和舒适度。

4. 图纸要求

根据实训要求，需完成以下图纸。

（1）场地分析图。
（2）街道平面设计图。
（3）街道竖向设计图。
（4）道路标准段景观设计图。
（5）重要节点设计图。
（6）街道家具设计。

知识拓展：道路照明设计

知识拓展：道路设施设计

知识拓展：视距三角形的绘画步骤

项目 7

城市广场景观设计

教学目标

本项目讲解了城市广场的相关知识,包括其分类及特点、设计原则及空间设计方法、设计要素等。通过本项目的学习,学生应具有创新思维,能进行广场平面功能布局、道路组织系统设计、空间设计、植物绿化配置和地形设计,同时拥有徒手绘画和运用计算机软件绘图表达广场设计方案的能力,能根据设计任务,团结协作完成城市广场景观设计项目。

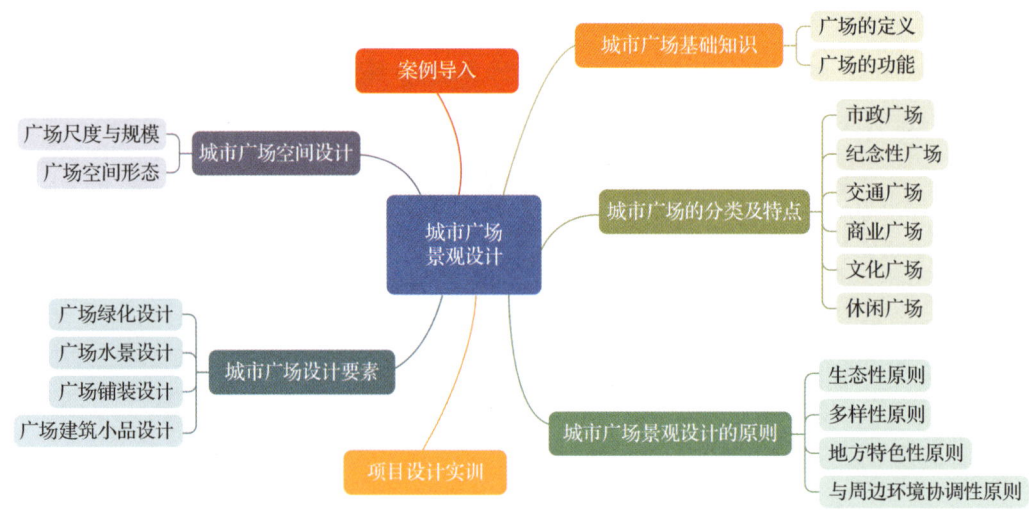

项目 7 城市广场景观设计

7.1 案例导入

本案例选取都江堰广场景观设计（本案例由北京土人景观规划设计研究所和北京大学景观规划设计中心提供）。

7.1.1 项目概况

1. 基地位置

都江堰广场位于四川省成都市都江堰市，城市因有两千多年历史的大型水利工程都江堰而得名。该堰是我国现存的最古老而且依旧在灌溉田畴的世界级文化遗产。都江堰市有柏条河、走马河、江安河三条灌渠穿流城区，同时，城市主干道横穿东西。该广场位于城市中心，场地被分为三块，占地 $1.1 \times 10^5 m^2$。

城市广场案例分析

2. 设计思路

都江堰广场这一案例着重强调人在场所中的体验，强调普通人在普通环境中的活动，强调场所的物理特征、人的活动及含义的三位一体的整体性。该案例从地域的自然和文化过程、历史情况、场所的现状问题和当地人的生活及休闲方式等方面入手，分析问题和解决问题，并将景观的艺术设计理解为解读地域和场所精神的过程。用现代景观设计语言，体现古老、悠远且独具特色的水文化，以及围绕水的治理和利用而产生的石文化、建筑（包括桥）文化和种植文化，使之成为一个既现代又充满文化内涵的，高品位、高水平的城市中心广场。都江堰广场总平面图如图 7-1-1 所示。

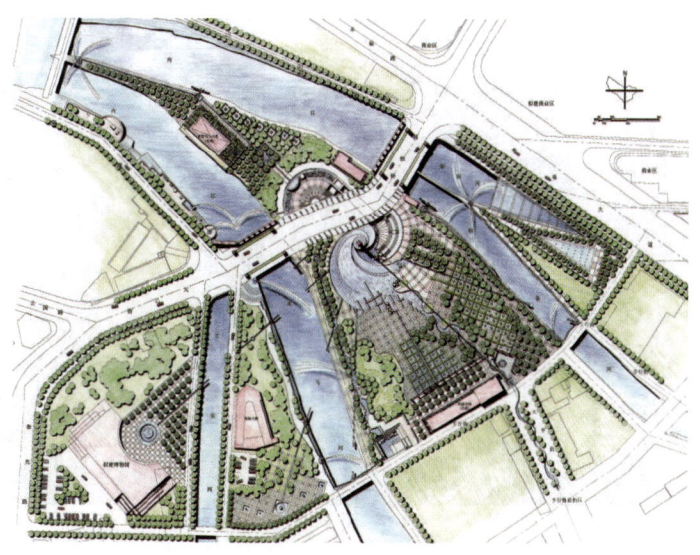

图 7-1-1 都江堰广场总平面图

都江堰广场总平面图为一个展开的竹笼，呈扇形。视觉焦点是一个以竹笼为原型的雕塑。中部为一条斜向轴线，该轴线向北指向岷山豁口中的都江堰，往南连接未来的步行街。

7.1.2 项目规划设计

1. 都江堰广场的功能特征

（1）文化功能：作为都江堰市的文化体验空间。

该广场将作为标志性的城市文化景观，充分体现都江堰市的地方文化和地方精神。

（2）休闲功能：作为市民的身心疗愈空间。

让水、石和植物相互交融，广场可成为一处绝佳的生态与休闲环境，可成为市民休憩、交往、开展公共活动和亲近自然、享受自然的理想场所。

（3）旅游功能：作为重要的旅游节点。

都江堰作为功垂万世的水利工程吸引了大批的游客，该广场与其他旅游景点一起，全面地展现了都江堰工程的气势与风采，同时让游人领略蜀地风情，体验当地的市井文化。

2. 设计构思：解决问题、营造场所

1）广场主体构思

天府之源，投玉入波；鱼嘴竹笼，编织稻香荷肥。

在广场的中心地段，设一螺旋形水景，意为"天府之源"。中央立石雕编框，内填白色卵石，取古代"投玉入波"镇水神之象，其竹笼搏波之形，同时喻古蜀之大石崇拜，金生水，土（石）克水，相生相克，体现治水之要旨。石柱上水花飞溅，其下浪泉翻滚，夜晚彩灯之下，浮光掠金。彩灯光束呈枋槎之形，尤为动人。"投玉入波"主题雕塑（图7-1-2）源于竹笼原型，高30m，基底为一波状水景，网纹与卵石镂刻相结合，是竹编结构的高度艺术化。

图7-1-2 "投玉入波"主题雕塑

水波顺扇形水道盘旋而下,扇面上折石凸起,似鱼嘴般将水一分为二、二分为四、四分为八……细薄水波纹编织成一个流动的网,波光粼粼,意味深远,令人深思;蜿蜒细水顺扇面而下,直达太平步行街,取"遇湾截角,逢正抽心"之意。

广场(图7-1-3)的铺装和草地之上是三个没有编织完的、平展开来的"竹笼"。中部"竹笼"为草带方格,罩于平静的水体之上,中心为圆台形白色卵石堆。东部"竹笼"则以稻秧(后改为花岗岩)构成方格,罩于白色卵石之上,中置梯形草堆(后改为卵石堆)。西边"竹笼"则是红砂岩方格罩于草地之上。

图7-1-3　都江堰广场中心区效果图(Ⅱ区模型)

这些没有编织完的"竹笼"的平展方格同时象征着水利灌溉背景下的种植文化(早在汉代石刻上就有种植、养殖之地块分割图)。

2)设计构思来源

因水设堰,因堰兴城,水文化是都江堰市的特色来源与根本特征。

都江堰市枕居都江古堰,坐落在群峰脚下。西北古堰雄姿,群山环峙;东南平畴万里,天府良田无垠。其水由西北向东南而行,穿行百川,泽万顷良田,奔腾呼啸,气势磅礴。放射状的水网奠定了天府之国(成都)自然和文化景观扇形格局的基础。都江堰是天府扇面的起点,而广场则为都江堰市的扇面核心或称"水口"。它泽被天府万里沃野,是政治、经济和文化发展的依赖,这里是天府之国水文化之发源地,是谓"天府之源"。

 **阅读历史**

饮水思源——以治水、用水为核心的历史文脉及含义

1)治水的渊源

都江堰水文化的始祖是大禹。大禹治水,以岷江为首功。《尚书·禹贡》明确记载"岷山导江,东别为沱"。大禹治水顺应自然,乘势利导,禹之功"披九山,通九泽,决九川,定九州",这是都江堰得以产生的远古历史背景。

都江堰的历史可远溯至神话中的"鳖灵治水","时玉山出水,若尧之洪水,望帝不能治水,使鳖灵决玉山,民得陆处。"

秦昭王后期蜀郡太守李冰总结了前人治水的经验,组织岷江两岸人民,修建都江堰。他"乘势利导,因时制宜","凿离堆,避沫水之害,穿二江成都中","此渠皆可行舟,有余则用溉浸,百姓飨其利"。李冰当之无愧是当时世界上最伟大、最杰出的水利科学家,但都江堰却是一个千秋功业,它凝聚了数千年蜀人的辛劳。继李冰之后,各朝代的人都对都江堰进行了修复与改造,技术上不断更新。

2)种植文化

昔古蜀之地,"江水初荡潏,蜀人几为鱼"。都江堰建立后"又灌溉三郡,开稻田,于是蜀沃野千里,号为'陆海',……水旱从人,不知饥馑,时无荒年,天下谓之'天府'也"。随着都江堰工程的进一步完善,成都平原处处皆为人间乐土,沟渠纵横,阡陌交错,地无旷土,已到了"天孙纵有闲针线,难绣西川百里图"的佳境。汉化后的种植文化将种植与养殖统一,稻鱼结合,自成体系。种植文化使蜀"人杰地灵",成为政治经济的重地,也为后世种植、渔业等的发展打下了基础。

3)植根古蜀的建筑技术

古蜀文化,主张人与自然的和谐统一。都江堰建设中的基本特征也是如此,"深淘滩,低作堰"等,主要工程都顺水势而行,乘势利导,因时制宜。

都江堰工程中的若干重要技术,如笼石技术(竹笼卵石及后来的羊圈-木桩石笼工程)、鱼嘴技术、火烧崖技术、石凿崖技术、都江堰渠首和有关河渠上的若干索桥的建筑技术,都具有浓郁的地方水利风格,富有民族文化特征。

4)石文化

古代蜀人有崇拜大石、崖石的原始宗教意识。外作石犀五头,以厌水精。石犀、石马是具有地方特征的神物,蜀人认为犀牛神可战胜水神。

5)水的其他衍生文化

都江堰因水而生的文化很多,如神话、祭祀仪式、景观及历代文人墨客留下的诗词歌赋等,这里只提一下都江堰的放水节,它源于远古时期对水神的祭祀,后改纪念李冰。每年"都江堰水沃西川,人到开时涌岸边;喜看杩槎频拆处,欢声雷动说耕田"。古老的庆典民俗相沿千年以上,现已成为都江堰市极具特色的传统节日。它增进了人们对水文化的认识,并铭记李冰之功。

3)问题的解决对策

(1)场地整合。

针对水渠将广场分割的现状,以向心轴线整合场地。轴线以青石导流,喻灌渠之意,隐杩槎之形,可观、可憩、可滋灌周边草树稻荷。同时在各条水渠之上将水喷射于对岸,夜光中如虹桥渡波。

(2)人车分流。

干道处为避免人车混杂,以下沉广场和地道疏导人流。广场北侧半圆形水幕垂帘,茶肆隐于其中(后取消);南端水流盘旋而下,以扇形水势融于地面形成条石水埠之景。

（3）强化鱼嘴。

四射的喷泉展现了分水时的气势，突出了鱼嘴处水流的湍急。水落而成的水幕又使鱼嘴及周围景致若隐若现，独具情趣。灯光之下，水幕如彩虹飘带，挂于灌渠之上。

（4）分散人流。

广场四处皆提供小憩、游玩之地，市民的活动范围将不会再局限于现有的小游园处。

（5）增强亲水性。

设计后整个广场处处有水，注重亲水性的处理，具体措施体现在以下几方面：内江处水车提水，引水流于地面，游人触手可及；广场南部以展开的竹笼之形、阡陌纵横之态，引水以入，市民尽可在其间游玩；蒲阳河上暗渠复现，但水薄流缓，人可涉而过之，倒影入水，人水交融（后改为旱地喷泉）。

（6）重塑水闸。

利用当地的石材——红砂岩，将闸房建筑进行改造。罩以红砂岩框，上悬垂藤植物，周围以白卵石铺装，兼悬水帘，将水闸打造成一种独具特色的建筑，使其融入广场的环境与氛围。

（7）创建生态环境、营造生活情趣。

广场上水流穿插、稻香荷肥、绿草如茵、树影婆娑，一改以往水泥铺地的呆板，营造出一片绿意与生机，成为都江堰市一处难得的生态绿地，市民放松身心的极佳空间。

广场的设计沿袭当地的市民文化和村落街坊共赏院落格局，注重意境的创造，强调精致的细节。茶肆遍布，处处隐于林中；南端小桥流水，别具情趣；阡陌中或石或水，妙趣横生；疏林草地上，座椅遍布，市民或坐或卧、或读或聊；青石渠，红砂路，水、树、人融于一体。

（8）交通体系。

将城市交通干线移出广场区域，限制穿越广场的车流。未来的停车场最好位于拟建博物馆一带，这样既便于参观博物馆和通达广场，又可减少车流对广场的干扰。

（9）河畔处理。

广场临水段预留不小于 8m 的步行道和草地用作防洪抢险通道。同时建议加强沿河两侧的整体绿化工程，并延伸至下游，重建扇形绿色通道，以充分发挥水的生态作用，将其打造成都江堰市集休闲、娱乐、生态功能为一体的绿色生态走廊。

（10）周边建筑、灯光及广告。

设计中要注重风格的统一，并强化地方特色和时代感。剔除杂乱建筑，有重点有目的地进行建设，同时要强化建筑周围环境绿化的效果。以凤凰宾馆为例，采用具有地方特色的红砂岩框对其进行改造处理，古中有新，又很有时代感。

灯光是为夜晚增添情趣和闪光点的关键。都江堰市气候较好，夜间活动可持续到很晚，因此可将广场设计为不夜之地，除一般照明外，要以艺术照明的手段点缀其间。

广场作为都江堰的核心和游客的集中地，在合适的部位设置广告牌，有助于让游客了解都江堰的发展及工商业状况。部分广告牌可和灯柱结合，多媒体广告牌可设在现电视大楼东侧裙房的屋顶。

3. 广场的艺术设计

广场的艺术设计来源于对地域自然、历史及文化的体验和理解，也来源于对当地生活的体验，综合起来是对地方精神的感悟。李冰治水的悠远故事，竹笼和杩槎的治水技术，红砂岩的道水渠和分水鱼嘴的巧妙，川西建筑的穿斗结构和红木花窗，阳春三月走进川西油菜花地中的那种色彩带来的激动感受，还有那井院中的卵石和竹编篱笆，老乡的竹编背篓，打牌或静坐的悠闲老人和青年，围坐在麻将桌边的姑娘，麻辣酸香鱼腥草的味道……一切都在为这场地的设计提供语言和词汇。

4. 广场的人性与公民性

都江堰广场在唤起广场的人性与公民性方面，主要体现在以下几个方面。

（1）多元化的空间。都江堰广场虽然也有一个作为中心的主题雕塑，高30m，起到挈领被河流和城市主干道切割的四个区块的作用，与雕塑成一条直线的是一道导水漏墙，两者构成一条轴线。但这一中心和轴线更多的是起到空间组织联系和视觉参照的作用，并没有损害广场空间的多元化，形象地说，主题雕塑和漏墙在这里是个"协调者"而非"统治者"。

利用场地被河流和城市主干道切割后形成的四个区块（图7-1-4），形成四个功能相对有别，但又互为融合交叉的区域，动中有静，静处有动，大小空间相套，既有联系又有区分。

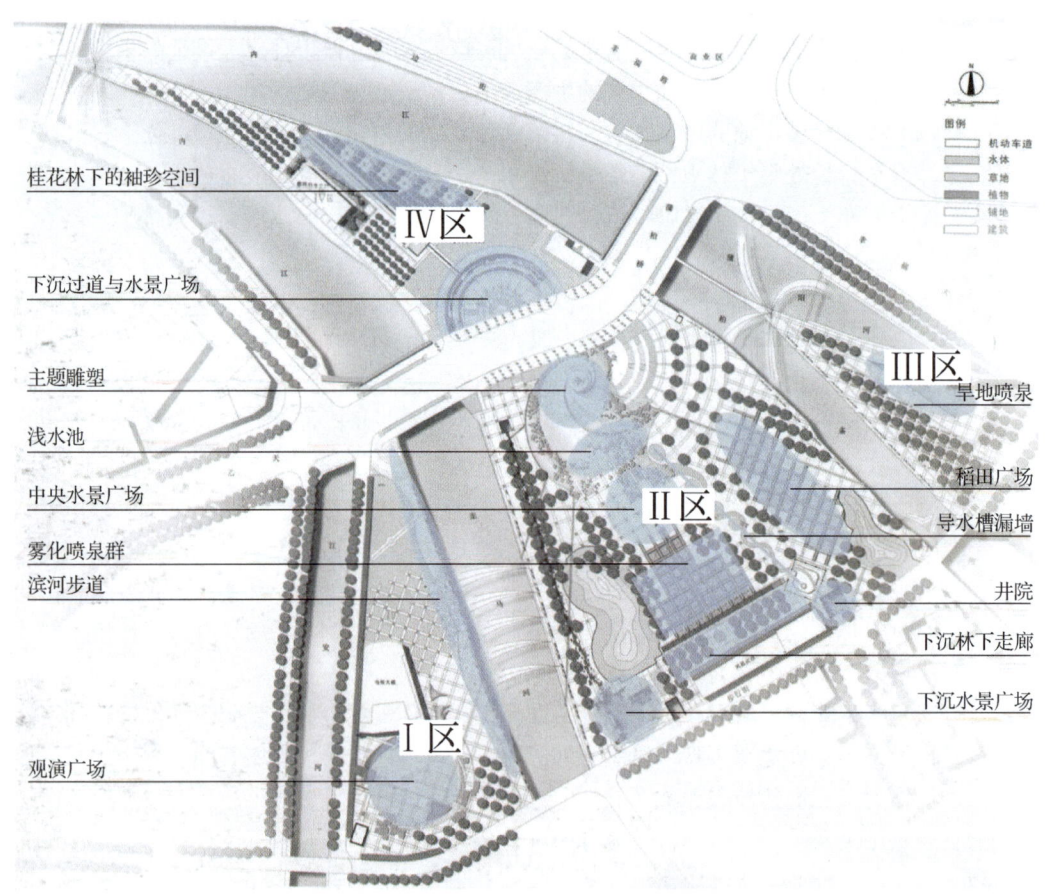

图7-1-4　都江堰广场分区图

Ⅰ区，以观演广场为主，设有舞台，常为热闹演艺场所和小群人晨练场所；同时又有滨河步道供使用者静处、散步或欣赏河流波涛，并有林下休闲区，供居民小聚聊天，遛鸟晨练（图7-1-5～图7-1-7）。

图7-1-5　圆形露天观演广场

图7-1-6　金色天幔（枥槎天幔）

（金色天幔由金属片和青铜柱构成。下垂的天幔源于阳春三月川西油菜花的体验，而斜立的青铜柱的灵感则源于古老的枥槎治水技术）

Ⅱ区，以水景和平地广场为主，早晨和傍晚常成为多数人开展群众性体育活动和跳舞的场所。平时则是儿童戏水的乐园，这里有雾化喷泉群、高塔落水、坡面流水、浅水池。在南部和西南部设安静的下沉林下走廊和下沉水景广场，一条庇荫长廊将其与热闹的北部分开，大量的树荫、座凳、安静的空间，最受邻里居民的青睐。西侧临河，与对岸Ⅰ区的滨河步道相呼应，设大量石条座凳，以供休憩、观赏河水。

Ⅲ区，以一组可参与的旱地喷泉为主，吸引大量儿童和大人观赏和游玩。南、西两侧为樟树林，为游客提供大量的林下休息空间。西侧滨河带则同样提供石条座凳，近观河水。

Ⅳ区，桂花林下的袖珍空间，5m×5m见方，最宜三五成群的麻将客和打牌者，而这正是当地民众的喜好（图7-1-8）。在Ⅱ区和Ⅳ区之间，是一处下沉广场，以隧道沟通两区，叠瀑环绕，形成另一种体验空间。

图7-1-7　金色天幔夜景

图7-1-8　袖珍空间

（2）参与交流和聚会的场所。

广场的设计从总体到局部都考虑到人的使用需要，考虑到人与人交流和聚会的需要。

① 观演式交流：在Ⅰ区观演广场的设计中，演出者、观众、伴奏和后台排练，都通过景观设计的空间处理手法，形成既有联系，又有分隔的空间（图7-1-9）。

② 集体自由交流：Ⅱ区则为不同时段和不同人群提供了更为灵活多样的交流与聚会机会。漏墙、水景、楠木林和草地，定义了多种富有情趣的空间。早晨，Ⅱ区是集体太极拳、舞剑等群众性体育活动的场所；傍晚，则可以看到在音乐的伴奏下，交谊舞爱好者的翩翩起舞和成群的围观者。这种集体自由式参与和交流还以水为媒进行，它发生在Ⅱ区的雾化喷泉群、浅水池和Ⅲ区的旱地喷泉处。

③ 小群体交流：Ⅲ区的樟树林下，Ⅳ区的桂花林下袖珍空间，最适于三五成群的牌友和聊天休闲者的驻留。

（3）人性化设计。

都江堰广场从以下多个方面体现人性化设计。

① 提供阴凉：结合地面铺装和座凳，在四个区块内都设计了树阵，在瞬时人流量较大的Ⅰ、Ⅱ、Ⅲ区种以分枝点较高的楠木和樟树，而在以小群体交流为特征的Ⅳ区，则种以分枝点较低的桂花树。

② 座凳与台阶：在广场上合适的地方，包括广场和草地边沿、水际、林下，设置大量的条石座凳，让以休闲著称的当地人有足够的休憩机会。台阶和种植池也是最好的座凳。

③ 提供"观赏"与"庇护"的场所：看和被看是广场上最生动的游戏，在林荫中和隐蔽处，在广场和草地边缘，是最佳的"观赏"场所，因而是设置桌椅的合适场所。而在明处或广场中央则设计活跃的景观元素，如喷泉和水体，吸引人的参与，使其无意间成为被看的对象和"演员"。

④ 避免光滑的地面：所有铺装地面都用火烧板或凿毛石材。

⑤ 普适性设计：广场的设计考虑各种人的使用方便，包括年轻人、儿童、老人等。

⑥ 尺度转换：一个 $1.1 \times 10^5 m^2$ 的广场尺度是超人的，如何通过空间尺度的转换使之亲人宜人，是该设计所面临的一大挑战。广场沿轴线方向设置了三个灯柱（图7-1-10），与主题雕塑一样，由花岗石镂刻而成，内有光源。

图7-1-9 竹林分隔的后台排演场地

图7-1-10 灯柱

都江堰广场主要从以下四个方面实现空间的尺度转换。

a. 通过 30m 高的主题雕塑，使一个水平二维广场转化为三维视觉感知和体验空间。

b. 通过斜贯中心的长度超过 100m、高度为 2～8m 的导水漏墙和灯柱、廊架及乔木树阵，进一步分割空间，形成分而不隔的流动性空间体验。

c. 通过下沉广场，形成尺度适宜的围合空间。

d. 用高达 3m 的灯柱、雕塑和小型乔木（如桂花林和竹子），使广场空间和人之间的关系进一步拉近。

（4）可亲可玩的水景设计。

玩水是人性中最根深蒂固的一种天性。水景的丰富多样性和可戏性是该广场设计的一个主要特色。设计之初的一个重要设想是提河渠之水入广场，从 30m 高的"竹笼"雕塑跌落，经过由微小"鱼嘴"构成的坡面，旋转流下，水流经过时编织出一张网纹水膜，滚落浅水池中。从水池溢出的水又进入蜿蜒于广场上的溪流，一直流到广场的最南端，潜入井院之中。坡面上、浅池中、溪流中和井院内，都有少年、儿童尽情嬉戏其中。图 7-1-11 所示网纹水面也是广场一大特色，在主题雕塑下为多条水道，基地微起众多鱼嘴，水流经过，泛起无数网纹，编织出一个极富动感的水纹"竹笼"。

Ⅱ区的雾化喷泉群、Ⅲ区的旱地喷泉和Ⅳ区的跌瀑，都试图实现人与水的亲切交融，充分体现都江堰的水特色。

跨越Ⅱ区的导水漏墙使本来的水利工程设施成为一种独特的景观元素，一道银色的水流似乎从天而降，跌落到南端的井院之中，成为儿童戏耍的又一天堂。

中心轴线（图 7-1-12）由主题雕塑、漏墙、三个灯柱和一条蜿蜒盘曲的溪流构成。

图 7-1-11　网纹水面

图 7-1-12　中心轴线

横穿广场Ⅱ、Ⅲ区的浅水道，把水的亲切与缠绵带给每一个流连于广场的人。

广场上的漏墙实为一条导水槽，起到分隔空间的作用，使开敞的广场变得更加丰富。同时，漏墙将湍急之水提上广场，以供人们嬉戏。

图 7-1-13～图 7-1-16 所示均为广场的亲水性和玩水性设计。

亲水体验的设计灵感是从川西乡土景观的石埠和亲水生活中获得的。

图 7-1-13 广场的亲水性和玩水性设计（一）

图 7-1-14 广场的亲水性和玩水性设计（二）

图 7-1-15 广场的亲水性和玩水性设计（三）

图 7-1-16 广场的亲水性和玩水性设计（四）

5. 项目概括

为了能更深入地分析，可以把广场的设计概括为五个区域。

1）序曲

本项目将从市内进入广场的南入口称为序曲，在这个项目中，这个序曲空间尺度不算大，但它却起到了水景区的起点和指向的作用。

2）楠木园

Ⅱ区楠木园的特性会使人想到它所在地域的农业传统。在楠木园中有丰富多样的观看河水的角度。沿着楠木园的一侧放眼望去，视觉焦点处的雕塑凸显于场地的中心。楠木园的"边界"是由导水漏墙定义的，漏墙从南边斜着向北延伸，终结于30m高的主题雕塑。漏墙是步行者在不同地块间穿行的"屏风"，也起到了不同空间之间过渡的作用。

3）水景区

都江堰广场的主要景观是坐落在中央位置的主题雕塑，雕塑镂刻的斜向网格肌理，象征都江堰水利工程中用来装卵石的竹笼，或许可以说，它在回应着从都江古堰传来的水声。图 7-1-17 所示的下沉水景广场作为Ⅱ区广场西侧溪流的汇集之处，提供了一个安静而富有情趣的休息空间。

图 7-1-17 下沉水景广场

4）袖珍空间

Ⅳ区东北部桂花林和林下的多个围合空间是整个广场的另一个兴趣点，这些区域为人们观赏水景、集会活动或即兴表演提供了场所。那些方形的围合空间，是三五成群的人们打牌和游戏，甚至野餐的理想之地。向前走是用树丛和巨石构成的小型私密空间，这似乎为人们感受那个古老的水利灌溉工程提供了一个场所。大树提供了充足的阴凉，让人体验到在大自然中的乐趣。

5）绿与蓝的对比区

广场西南部是绿与蓝的对比区，象征农业和都市生活之间的对比。大面积的绿地被视作农业的象征，它与附近的水流及露天舞台、金色天幔等城市化硬质景观形成强烈对比。

都江堰广场的设计被地域场所的文化气息和乡土气息所强化。贯穿整个场地的水的设计，是该作品中最突出的元素，也是广场最与众不同之处。该作品与邻近河渠的水流、浪涛声及其他设计元素有机地融为一体。雾化喷泉群、主题雕塑、小溪、下沉水景广场等水元素的引入，构成一部交响乐，讴歌着都江古堰的水利盛事。都江堰广场为都市风貌提供了独特的景观背景，并大大增强了城市本身的特色。

7.2 相关知识

7.2.1 城市广场基础知识

在人类的历史上，人们最初过着巢居、穴居的生活，随着生产方式的进步慢慢开始聚居生活，产生了固定居住的村落。这些村落通常布局呈环形，中间空地作为公共活动的空间，人们在这里举行宗教仪式、召开氏族会议、举行节日庆祝、祭祀等活动。图 7-2-1 所示陕西临潼姜寨遗址，图中中间空地被看作最原始的广场形式。由此可见，广场从开始就是为人们的公共活动而产生的，它在一定程度上反映了人类生存方式的特征，是人们生活环境不可缺少的一部分。

"广场"一词最初表示两种"集中"的意思:一种表示人群的集中,另一种表示人群集中的地方。

随着时代的发展,人们对广场的认识越来越全面、深刻。本书从内容、构成方式和内涵等方面对城市广场进行定义。

图 7-2-1　陕西临潼姜寨遗址

(1)满足多种城市社会生活需求,为人们提供特定活动的开放空间。
(2)由建筑、道路、山水等围合而成的公共活动场地,具有公共性、开放性、永久性。
(3)由多种软、硬质景观构成,采用步行交通手段。
(4)具有一定的主题思想和文化内涵,如图 7-2-2 所示的南昌八一广场。

图 7-2-2　南昌八一广场

7.2.2　城市广场的分类及特点

按照广场的主要功能、用途及在城市交通系统中所处的位置,可将广场分为:市政广场、纪念性广场、交通广场、商业广场、文化广场、休闲广场等。

但这种分类是相对的，现实中每一类广场都或多或少具备其他类型广场的某些功能。因此，城市广场的这种分类方式在一定程度上反映了广场的功能特点。

1. 市政广场

市政广场一般修建在市政府和城市行政中心区域，是政治集会、各类庆典、传统节日演出等活动的场所。广场周边一般由城市主干道连通，具有良好的可达性及流通性，以满足大量人流的集散。

城市广场的分类及特点

广场周边的主体建筑多为政府办公楼等公共建筑，为室内集会提供空间。建筑群一般呈对称布局，加强整体庄严稳重的效果，标志性建筑亦位于轴线上，广场不宜布置过多的娱乐设施。

广场地面铺装以硬地铺装为主，广场四周布置行道树，广场内部适当地种植绿化，以装饰花坛为主。

如图 7-2-3 所示为天安门广场，天安门广场位于北京中轴线上，作为中国传统文化思想在城市空间规划中的典型代表，展现了中国文化对秩序的追求，以及理想都城严整、宏阔、壮丽的景观特征。这种规划理念源自中华文明传统的中正和合的哲学理念，展现了中华文明独特的文化特征和审美追求。

图 7-2-3 天安门广场

2. 纪念性广场

纪念性广场题材十分广泛，可以是纪念人物，也可以是纪念事件。它主要是为铭记历史事件和缅怀历史人物修建的。如图 7-2-4 所示，郑州二七纪念塔广场主体标志物（纪念雕塑、纪念碑、纪念物或纪念性建筑）位于广场中心或视觉中心。

图 7-2-4 郑州二七纪念塔广场

纪念性广场（图 7-2-5、图 7-2-6）要突出主题，让人在相应环境中得到感染，加强对所纪念的对象的认识，产生更大的社会效益。因此，主题纪念物尤为重要，可以根据纪念主题和场地的大小来选择纪念物的大小尺度、设计手法、表现形式、材料、质感等。形象鲜明、刻画生动的主题纪念物将大大加强整个广场的纪念效果。

图 7-2-5　陕甘宁边区高等法院旧址广场　　　　　　图 7-2-6　延安星火广场

3. 交通广场

交通广场是城市交通系统的重要组成部分，交通广场主要起交通、集散、联系、过渡及停车作用，并合理进行交通组织。交通广场有两类：一类是城市多种交通会合转换处的广场，如火车站站前广场（图 7-2-7）、汽车站站前广场，另一类是城市多条干道交会处形成的交通广场（图 7-2-8）。

图 7-2-7　郑州高铁东站站前广场

图 7-2-8　大连中山环岛广场

设计交通广场（图7-2-9）时既要考虑美观又要考虑实用，使其能够高效、快速地分散车流、人流，保证广场上的车辆和行人互不干扰，顺利、安全地通行。广场的尺寸取决于交通流量、交通组织方式和车辆行驶规律等，必要时设置天桥和地下通道。

图7-2-9 交通广场

4. 商业广场

商业广场是用于集市贸易和购物活动的广场。商业广场中以步行环境为主，内外建筑空间应相互渗透，商业活动区应相对集中。

随着城市商业街、商业区的大型化、综合化的发展，越来越多的城市趋向于把商业活动、绿化、游览、餐饮、休闲娱乐活动集中布置于广场上，满足人们的多种活动需求。在具体设计时，可以把商业广场布置在商业区一端，利用广场把商业区与文化中心联结起来，赋予广场更多的文化魅力。图7-2-10、图7-2-11所示重庆西站旁边的某广场集办公、商业、公寓、酒店、公园等多重业态于一体，广场入口处绵延起伏的"速影屏风"引导场地外的车流和人流快速辨识场地身份，进入场地内部。该广场作为重庆先行区的交通枢纽，以整圆的形体结合细腻精致的铺装清晰分割人行与车行动线，身姿挺拔的榉树廊道为人流快速进入景观核心区提供了明晰的方向引导，也为驻留闲坐的人们提供了舒适的林下空间。场地中央的"时光水景"不仅是交通导流岛，也是重要的艺术空间。由阴刻工艺呈现八条路线经过的重要城市剪影，展示了先行区与重庆西站铁路文化的连接。水盘之上的弧形石雕水带则是时间齿轮的象征，随着时控喷泉的启动，游客亦放慢脚步，轻轻触碰城市剪影，细细品味时间齿轮，慢慢感受场地带来的艺术气息。

图7-2-10 重庆某广场/河狸摄影

图7-2-11 重庆某广场入口/河狸摄影

5. 文化广场

文化广场要具有明确的主题，它是城市的室外会客厅，是文化展览馆，也是人们了解一座城市历史的切入口。一个好的文化广场要让人们在休闲之余了解这座城市的文化渊源，从而能够热爱这座城市，激发人们积极进取的奋进精神。如图 7-2-12 所示，上海人民广场既有良好的生态环境，又因位于博物馆周边而具有良好文化内涵；如图 7-2-13 所示，济南泉城广场，是我国第一个获得联合国"国际艺术广场"称号的广场，整个广场由十余部分组成：趵突泉广场、泉标广场、齐鲁文化长廊、四季花园等，体现了"山、泉、湖、城、河"的泉城特色，又与现代科技文明相结合，把泉文化和齐鲁文化较好地在广场的设计中体现出来，是一座跨世纪的现代化文化广场。

图 7-2-12　上海人民广场

图 7-2-13　济南泉城广场

6. 休闲广场

休闲广场（图 7-2-14）以休闲娱乐为主，供人们休憩、游玩、演出及举行各种娱乐活动，是现代社会中，广大市民喜爱的户外活动空间。它常常位于人口密集的地方，如居住区周边、道路两旁、市中心等人流密集区，以方便市民使用为目的。广场中布置台阶、座椅等供人们休息，设置喷泉、雕塑、花坛及其他小品设施供人们观赏和使用。

休闲广场平面布局形式灵活多样，可以是无中心的、片断式的，即每一个小空间围绕一个主题，而整体无明确主题，只是向人们提供了一个休憩、游玩的场所。因此，广场无论是面积大小，还是空间形态、小品设施、绿化布置都要符合人的环境行为规律及人体尺度，才能让人们乐于置身其中。同时，我们在设计休闲广场时，还需注意满足不同文化、不同层次、不同习惯、不同年龄的人们对休闲空间的要求。

海南东方市解放路广场（图 7-2-15）以"感恩"为主题，是一个突出东方市包容、开放城市特色，集生态性、活力性、荫凉性于一体的城市休闲广场。该广场充分利用有利条件，改造不利因素，通过空间营造、场地肌理划分、绿化种植等手段，在提升场地的形象展示功能的同时营造良好的市民休闲娱乐环境。

图 7-2-14　重庆江北区观音桥休闲广场

图 7-2-15　海南东方市解放路广场/土人景观

7.2.3　城市广场景观设计的原则

1. 生态性原则

党的二十大报告指出，中国式现代化是人与自然和谐共生的现代化。这明确了我国新时代生态文明建设的战略任务。党的二十大报告强调推动绿色发展，促进人与自然和谐共生。这一论述体现了国家对生态文明建设的高度重视和坚定决心，为推动我国生态环境保护和高质量发展提供了重要指导和方向。

现在，我们都在提倡生态、环保，建立可持续发展的生态体系，具体来说就是要遵循生态规律——生态进化规律、生态经济规律、生态平衡规律，因地制宜，合理布局。那么在广场设计中，我们应该摒弃只注重硬质景观效果的大而空的设计，更多关注软质景观在设计中的作用，从城市生态环境整体出发，创造优美、舒适的可持续发展的环境体系。如图 7-2-16 所示，沈阳建筑大学稻田景观具有深刻的教育和文化意义，成为独特的校园文化景观。这种做法将传统的城市景观空间赋予生产功能，意味着双倍的生态效用，既省去了高额的维护费用，同时又有产出，进一步满足人类的生存与生活需求。这是一种基于现实的景观实践，它重新定义了景观建筑的功能。

图 7-2-16　沈阳建筑大学稻田景观/土人景观

城市广场景观设计生态性原则可通过以下两方面实现。

（1）运用中国传统造园手法。景观设计要源于自然，高于自然，尽可能在特定的环境条件下，使自然生态环境和后期景观特点相适应，也就是一切以顺应自然的态势来造景，使人们在有限的空间中体会到自然带来的无限自由、清新和愉悦。

（2）强调广场环境生态的合理性。设计时，既要考虑阳光充分，绿化面积充足，为市民的活动提供宜人场所，又要做好微气候调节，减少环境压力。城市小气候设计是城市生态问题的重要方面，通过改变环境物理条件，提高公共空间舒适度。

实现上述内容的具体措施有：在寒冷地区，为达到节能的目的，广场植物选择上尽量做到落叶和常绿搭配，保证冬季阳光充足，夏季遮阳遮阴；积极利用地上和地下空间，使这些广场能够全天候服务；最后可增大植被面积，扩大水面，利用自然因素创造有利的微气候条件。

2. 多样性原则

现代城市广场正在向综合性发展，功能上更强调多样化，满足使用人群在公共空间中的活动要求。

城市广场景观设计的多样性原则表现在广场使用的多样性和广场形态的多样化。

广场使用的多样性体现在社会生活多种多样，即可以在广场中进行集会、观演等大众参与的活动，还可以进行休息、交谈等较私密的活动，这类活动中人的行为包括：人和人的交流，人和环境之间的交流。在人们需要独处或观赏广场景观时，需要相对私密的空间，这时就要求我们在设计中对空间的把握更加细腻。

广场使用的多样性还体现在人参与其中的随意性。衡量城市公共空间好坏的标准之一就是人的参与程度，而人对开放空间的参与是随机的和随意的，这就要求广场能提供更多使人参与其中的物质线索，路径上的可达性是方法之一，但其本质还在于人与环境的融洽程度。

多样性原则还表现在广场形态的多样化。传统广场大多数是平面型广场，如郑州绿城广场。这类广场空间在垂直方向无变化或甚少变化，处于相近的水平层面，与城市道路交通平面连接，具有交通组织便捷、施工技术要求低、经济代价相对较小的特点。为了增强层次感和戏剧性的景观特色，现代平面型广场大多利用局部小尺度高差变化和构成要素变异使平铺直叙变为错落有致，开敞广阔变为曲折张弛。事实上城市广场已经在向立体化发展，这类广场利用空间形态的变化，通过垂直交通系统将不同水平层面的活动场所串联为整体，打破了以往只在一个平面上做文章的概念，上升、下沉和地面层相互穿插组合，构成一幅既有仰视又有俯瞰的垂直景观，具有点、线、面相结合，以及层次性和戏剧性的特点。这种立体空间广场可以提供相对安静舒适的环境，又可充分利用空间变化，获得丰富活泼的城市景观，通常可分为下沉式广场、上升式广场及上升、下沉结合的立体广场（图7-2-17）。

3. 地方特色性原则

广场地方特色性原则是指要突出城市广场的个性，广场的空间划分、植物种植、铺装形式、小品布置等都要结合该地区风俗文化及地理特征，体现地方特色。城市广场应突出其地方社会特色，即人文特性和历史特性。城市广场建设应继承城市当地的历史文脉，体现地方风情、民俗文化，突出地方建筑艺术特色，使其有利于开展地方特色的民间活动，避免千篇一律、千城一面之感，增强广场的凝聚力和城市的吸引力。

图 7-2-17　天津智慧山山丘广场

广场文化在城市广场中具有重要作用。广场文化是在广场这个特定的空间里呈现出的文化现象及其本身蕴含的文化特质，文化气息浓厚的广场建筑、雕塑和配套设施等体现出广场文化更为深远的意义。这些广场文化元素都是城市广场个性的具体体现。同时，各城市区域风俗文化是广场文化最突出的一种表现形式。如图 7-2-18 所示，西安大雁塔北广场规模宏大，主题景观为水景喷泉，整个广场以大雁塔为中心轴三等分，中央为主景水道，左右两侧分置唐诗园林区、法相花坛区、禅修林树区等景观，南端设置有观景平台，周围有旅游商贸设施。音乐喷泉位于广场中轴线上，分为百米瀑布水池、八级叠水池及前端音乐水池三个区域，表演时喷泉样式多变，夜晚在灯光的映照下更显多姿。围绕喷泉还有不少细致的小景观，如北广场入口处的大唐盛世书卷铜雕，其后的万佛灯塔和大唐文化柱，旁边的大唐精英人物雕塑群，还有地面铺装的地景浮雕，具有中国美术特色的"诗书画印"雕塑等，以及题有著名诗篇的灯箱、石栏等。

图 7-2-18　西安大雁塔北广场

城市广场设计应该突出地方自然特色，设计时要考虑各个要素适应该地区地形地貌和温度等因素；强化地理特征，尽可能采用本地特色的建筑艺术手法和建筑材料，体现地方山水园林特色，以适应当地气候条件。位于上海市浦东新区南汇新城的港城广场（图 7-2-19、图 7-2-20），紧邻滴水湖，视线开阔，风光秀丽，气候特征明显。广场以"风""水"为线索，以"风柳连廊""风动广场"等不同的景观形式为媒介，用风带动的自然景观打动人们，物理性的律动转换成了心理活动，设计更有趣味、更亲近自然；通过水景设计、多维空间、环抱式布局与架空结构等，建立人与湖面在视觉和气候上的联系，强调体验感和参与性，唤醒记忆深处的共鸣。

图 7-2-19　上海港城广场风动力装置

图 7-2-20　上海港城广场平面图

4. 与周边环境协调性原则

城市广场应按照城市总体规划确定的性质、功能和用地范围，结合交通特征、地形、自然环境等进行广场设计，同时处理好紧邻道路及主要建筑物出入口衔接问题，以及和周围建筑物协调的问题，注意广场的艺术风貌。

图 7-2-21 所示为北京五道口某广场改造项目，该广场所处位置有"宇宙中心"的别号，设计者听到这个别号后，产生灵感，将宇宙和时间联想到一起，设计了一个转盘喷泉。广场由一排旱喷、一排树、几排座凳组成。尽头的一组喷泉和树在圆盘里，可以转动，这个转动过程持续 50min，当转盘里的这组喷泉和树回到原来的位置时，泉水开始涌动，喷水持续 10min，然后继续下一个

50min 的转动，再等待下一个 10min。时间的度量结合空间设计，产生仪式感。很多人来到这个不起眼的广场，或者说途经这里，突然发现地面在转动，于是驻足观察。地面灰色、白色的砖一点一点地错开、移动。有的人好奇心大起，开始慢慢等待将会发生什么；有的人童心大起，把一只脚放在转盘上，看着自己的两只脚渐渐分开；有的人等不及看结果，匆匆拍一张照片留个纪念。

（a）停转喷水时　　　　　　　　　　　　（b）转动时

图 7-2-21　北京五道口某广场/张唐景观

7.2.4　城市广场空间设计

1. 广场尺度与规模

广场空间尺度的处理恰当与否，是空间设计成败的关键之一，而要做好恰当处理，难度较大，如果孤立地在图纸上或模型上琢磨尺度并不容易取得成功。所谓城市广场空间尺度，主要指空间与实体的尺度关系。

尺度影响人的感觉。俗话说"远亲不如近邻"，说明距离对人的感情、行为的影响。感觉与距离有直接的关系。根据人的生理、心理反应，如果两个人处于 1~2m 的距离，可以产生亲切的感觉，我们总不会愿意与亲密的朋友相距 5~6m 聊天；两人相距约 12m 就能看清对方的面部表情；相距约 25m，能认清对方是谁；相距约 120m 仍能辨认对方身体的姿态；相距约 1200m 只能看得见对方。所以说距离愈短亲切感愈强，距离愈长愈疏远，以致相互在视野中消失。

城市广场的空间环境分析

设计师在大量实践中总结出，外部空间设计中，采用 20~25m 的模数。设计师认为，关于外部空间，每 20~25m，或是有节奏感，或是材质有变化，或是地面高差有变化，则即使在大空间里也可以打破其单调，会一下子生动起来。

在现代广场规模尺度探索中，功能和作用这两要素已被社会广泛认可，从已经建成和正在修建的城市广场来看，城市广场的规模似乎越做越大。广场的规模即广场的大小，应从两个方面来考虑：①广场的最小规模，即广场至少达到多大规模才能具备城市广场应该具备的内容和意义；②广场的最大规模，即广场在达到多大规模后，如果再增大，其综合效益会降低。

在城市广场建设时应从当前的社会需要和可能出发，结合旧城改造、公共建筑及商业文化建筑分布，依据具体情况建一些小广场和小广场群，这样资金投入少，利用率高，而且有利于提升城市空间品质。

园林景观设计

泾馨绿地（图7-2-22、图7-2-23）位于上海浦东新区洋泾街道辖区内浦东大道苗圃路路口东南角，占地面积约1200m²，改造前该处绿地长期闲置，是一块由绿篱围合的封闭绿地，植被杂乱、垃圾丛生，与城市空间孤立且功能单一。通过对场地植被、沿街立面、空间、功能划分等多层面的设计研究与梳理，有效实现了绿地空间与街角、沿街面及城市空间的融合——街角在得到空间释放的同时，具有了明确的景观标识性；曾经封闭的沿街界面，在实现景观视线通透的同时，沿街立面也如画面般沿浦东大道徐徐展开。

图7-2-22　上海泾馨绿地改造（一）/U+Design Lab 设计

图7-2-23　上海泾馨绿地改造（二）/U+Design Lab 设计

2. 广场空间形态

广场有限定的空间，限定空间形态的要素具体分为以下几种：广场的功能、周围建筑的体形组合与绿地环境、街道与广场的关系、广场的围合程度与方式、广场的几何形式与尺度、主体建筑物与广场的关系及主体标志物与广场的关系等。

1）空间界面

广场的功能所限定的空间形态主要是从广场的基本定位来说，也就是平时所说的市政广场、纪念广场与休闲娱乐性质的广场在设计时，空间形态存在很大差别。

空间界面既是围合广场空间的要素，又是广场的边界，可划分为硬质边界（建筑物）和软质边界（非建筑物）。建筑物及绿化对广场的作用表现在三方面：①通过围合限定广场的空间形式；②建筑物、绿化边界成为广场环境的主要观赏内容，并通过其界面的虚化形成"灰空间"参与到广场空间中；③形成标志丰富的空间层次。

广场空间界面处理时，底面设计也是我们常用的手段。底面不仅为人们提供活动的场所，而且通过底面设计可以划分出多样化的空间，底面可以限定空间、标识空间、增强识别性，也可以通过底面处理改变尺度感，或通过底面的处理来使室外空间与实体相互渗透。

广场底面的升高与降低是设计的手段之一，如著名的罗马西班牙大台阶，不只是城市不同标高地面之间联系的通道，更是城市生活的一座大舞台。现代城市广场中台阶、平台和斜坡的采用已不完全是出于地形的需要，而是作为创造广场空间的重要手段。随着城市地上及地下空间的开发利用，城市广场底面升或降的处理方式也应用得越来越多（图7-2-24）。

2）空间围合

对于广场这种没有屋顶的室外"房间"来说，围合可以说是从三维空间六面围合变为二维层面上的围合。广场的围合类型具体包括：一面围合、两面围合、三面围合、四面围合。

对于这四种围合类型，一面围合的广场封闭性最差，在设计时，如果场地规模较大可以考虑二次空间，如局部抬升或下沉（图7-2-25）。

图7-2-24　某城市下沉广场

图7-2-25　重庆光环购物广场

两面围合的广场空间限定较弱，一般位于大型建筑与道路转角处，其空间具有延伸和枢纽作用，有一定的流动性。

三面围合的广场围合感较强，也是平时较常用的一种围合类型，具有一定的方向性和向心性，以小品、绿化等作为限定元素。在这类空间中，人们既可以欣赏围合空间内部的景观，又可以欣赏围合界面以外的开敞景色。

四面围合的广场围合感极强，具有强烈的内聚力。古代很多广场都采用这种空间形态，具有良好的封闭性。这类围合广场空间周围的围合界面要有连续感和协调感，在广场空间中应易于组织主体建筑。

根据人们的年龄、兴趣爱好、文化层次来划分广场空间，形成不同领域，最大限度满足人们生活需要，这是现代广场设计的目标，在划分时，一般采用以一个集中的大空间为主，若干小空间为辅，并且相互联系的空间体系。另外，还要注意广场边界效应，广场四周的边界，是公共活动的密集区域，人们在广场四周的边界处滞留期间，这里又作为环境依托点，形成一定场所，人们的视线通常也是由边界向广场中心扩散，造成内外的渗透，形成开阔的视域。

7.2.5 城市广场设计要素

1. 广场绿化设计

广场绿地既可以美化城市景观，改善城市环境，又可以供居民进行休憩、游戏、集会等活动，在发生灾害时还可以起紧急疏散和庇护等作用。

1）广场景观绿地设计原则

城市广场景观规划设计的要素

（1）因地制宜、以人为本原则。广场植物设计时必须依据具体的环境条件进行设计，选择适应当地栽培的植物类型，同时体现地方特色，不盲目引种稀有或昂贵外来物种；同时，充分考虑人们在广场活动时的需要，如对于面积较大、场地开阔的广场，在设计绿化时应考虑夏季日晒强烈的情况，为公众提供一个庇荫的场所，这样的设计才是科学、人性化的。

（2）艺术性原则。广场绿化设计是以自然美为基本特征的空间环境设计，遵循绘画艺术和造景艺术基本原理，即统一、调和、均衡、韵律，同时又把植物、建筑、小品等综合在一起。自然式绿化多采用不对称的种植方式，充分表现植物本身的自然姿态；规则式绿化以对植、列植为主。

（3）组织空间原则。广场绿化可以组织空间，分割空间，起到抑制视线、丰富视觉景观的作用，如用绿篱或攀缘植物分割。当分割体高度在 30～60cm 时，空间还是连续的，人坐着也能向外观赏，没有封闭感，只是空间被隔开了。当分割体高度在 90cm 以上时，人坐着视线受阻，出现封闭感。随着分割体高度的增加，封闭感增强。同时，通过不同材质的对比（硬质铺地砖同草皮形成质感的对比）和绿地底界面高差的变化，增加了空间的深度感，下沉式或上升式广场给人一种独特的领域感。广场沿街边界可用灌木、绿篱分割内外空间。

2）广场绿地种植设计形式

城市广场上绿化植物的配植一般采取点、线、面、垂直式或自由式等布局方式，在保持统一性和连续性的同时，显露其多样性和个性。广场植物的种植形式有排列式种植（可采用对植、列植等种植方式）、组团式种植（可采用林植、篱植等种植方式）、自然式种植（可采用孤植、丛植、群植等种植方式）、广场草坪与地被植物种植、广场花卉种植及藤本植物种植等。

（1）排列式种植（图 7-2-26），属于规整形式种植，特点是整齐庄重，富有序列感，主要用于广场周围或长条形地带，用于隔离、遮挡或做背景。

排列式种植主要有对植和列植两种种植方法。对植主要用于强调建筑、道路、广场的出入口，在构图上形成配景和夹景，对植很少做主景；列植景观比较整齐、统一，有气势，多用在广场道路两边和公共设施前，配合建筑形成统一的景观，并形成很好的遮阴效果。

（2）组团式种植。组团式种植主要有林植和篱植两种种植方法。

林植（图 7-2-27）是指规模成片成带的树林状的种植方式。林植常用在铺装广场周边等区域，能形成丰富、浑厚的空间效果。林植不仅带来很好的生态效益和环境效益，也常提供受人欢迎的活动集会场所。一般来说，广场应挑选枝干挺拔、形态优美、落叶整齐、少病虫害且无飞絮、无毒、无臭味的树种。

图 7-2-26　广场植物排列式种植　　　　　图 7-2-27　广州沙面岛榕树林

篱植是由灌木和小乔木以近距离的株行距密植，栽成单行或双行的、结构紧密的规则种植形式。篱植有组成边界、围合空间、分隔和遮挡场地的作用，也可作为雕塑小品的背景。

篱植的类型可以根据高度不同划分（高绿篱、中绿篱、矮绿篱），也可以根据功能要求与观赏要求不同划分（常绿篱、花篱、果篱、刺篱）。

（3）自然式种植。自然式种植是采用人工模拟自然的植物配植方法，它的种植特点是植物不受统一的株行距限制，而是错落有序地布置，形成不同的景致，生动而活泼。这种布置形式因不受地块大小和形状的限制，所以可以解决植物与地下管线的矛盾，是在人造空间中维持生态平衡的有效途径，但要注意密切结合环境。

（4）广场草坪与地被植物种植。草坪及地被植物是城市广场绿化设计中常用的要素。它们可供居民观赏、游戏，具有视野开阔、增加景观层次、充分衬托广场形态美感的特点，尤其是地被植物在广场绿化中应用极为广泛，配合乔、灌木形成不同的生态景观效果（图 7-2-28）。

（5）广场花卉种植。广场是人群停留、集散相对较多的地方，多需要较开敞的视野。低矮的花卉及草坪地被植物是广场绿化不可缺少的材料，尤其是花卉，其种类繁多，色彩鲜艳，易繁殖，是广场绿地中经常用作重点装饰和色彩构图的植物材料，它在丰富绿地景观方面有独特的效果。在广场上常用各种草本花卉制作花坛、花钵等（图 7-2-29）。

图 7-2-28　重庆融创文旅城御雅　　　　　图 7-2-29　厦门音乐广场

（6）藤本植物种植。广场中藤本植物的运用主要结合景墙或廊架，能创造出不同层面的立体景观，使空间层次更加丰富。

2. 广场水景设计

水是生命的源泉，是一切有机体赖以生存之本。中国传统园林历来崇尚自然山水，并受传统哲学思想影响，认为水是园林之血脉，是园林空间艺术创作的重要元素。水不仅构成多种格局的园林景观，更是让园林因水而充满生机和灵性。同样，水景在广场空间中也是游人观赏的重点，不管是静止的、流动的、喷涌的，还是跌落的，都成为引人注目的景观。因此，水景能够营造出灵动、欢乐的氛围，成为广场的欢乐之源。

水池、湖泊、溪流、瀑布、跌水、喷泉等都是园林中常见的水景设计形式，它们静中有动，寂中有声，巧妙地渲染着园林气氛。广场中水景可以是静态的也可以是动态的（图7-2-30、图7-2-31），静止的水面，物体产生倒影，可使空间显得格外深远；动态水景有跌水、喷泉等，动态水景可在视觉上保持空间的联系，同时又能划定空间的界限，丰富广场空间的层次，同时动态水景还可以制造响声，形成独特的响声效果，活跃广场的气氛。

图 7-2-30　静态水景/大小景观/河狸摄影

图 7-2-31　动态水景

水景在广场空间的设计主要有以下三种。

（1）作为广场主题（图7-2-32），水景占广场的相当部分，其他一切景观围绕水景展开。

（2）作为广场某个局部主题（图7-2-33），水景成为广场局部空间内的主体。

图 7-2-32　主题水景

图 7-2-33　局部主题水景

(3)水景只具有辅助、点缀作用。

在做广场景观设计时，合理运用水景可使广场空间更加生动，具有韵律。

3. 广场铺装设计

铺装设计（图7-2-34）也是城市广场设计中的一个重要部分，广场铺装具有功能性和装饰性两重作用。一个好的广场铺装能够指引方向，同时又能使广场具有艺术美感。

1）功能作用

广场铺装要具备安全性能，同时具有舒适、耐用的作用，要为人们提供舒适耐用的广场路面，充分考虑人在步行过程中脚底的舒适度和耐受度。比如，在北方广场铺设大理石是不合适的选择，因为冬季雨雪期，道路湿滑，会带来人们摔跤等安全隐患。还要利用不同铺装材质进行图案和色彩组合（图7-2-35），通过不同的铺设方式，界定空间的范围，为人们提供休息、观赏、活动等多种空间环境，并起到方向暗示与引导作用。

图7-2-34 广场铺装设计

图7-2-35 不同材质广场地面铺装

广场边缘的铺装处理同样重要，在设计中，广场与其他地界应有较明显的区分（图7-2-36），这样可使广场空间更为完整，使人对广场空间产生认同感；反之，如果广场边缘不清，尤其是广场与道路相邻时，将会让人产生到底是道路还是广场的混乱与模糊感。

图7-2-36 广场与周边地界区分明确/元有景观/河狸摄影

2）装饰作用

利用不同色彩、纹理、质地的材料巧妙组合，创造出丰富的广场视觉效果，增加广场空间的整体感和节奏感。广场铺装的布局要具有统一性（图 7-2-37），即风格统一、样式统一。在统一中，我们还要注意变化。铺装图案多样化的处理，给人们以更多的美感，然而，追求过多的图案变化也是不可取的，会使人眼花缭乱而产生视觉疲劳，从而降低观赏的注意力与兴趣。

4. 广场建筑小品设计

广场中的建筑小品在设计上，首先要考虑与整体空间环境相协调（图 7-2-38），在选题、造型、位置、尺度、色彩上均要纳入广场环境中综合考虑，既要以广场为依托，又要有鲜明的形象，能从背景中突出；其次，建筑小品应体现生活性、趣味性、观赏性，不必追求庄重、严谨、对称的格调，可以寓乐于形，使人感到轻松、自然、愉快；最后，小品设计宜精益求精，不宜求多，体量要适度。

图 7-2-37　广场铺装　　　　　　　图 7-2-38　重庆万科·星光森林 廊架与乌桕组合景观

广场建筑小品还能够起到组织空间的作用，将空间划分成不同区域，调节空间尺度；同时，建筑小品还能赋予广场特殊的象征意义，如广场中的雕塑，代表着地域文化和人文精神（图 7-2-39、图 7-2-40）。

图 7-2-39　青岛五四广场主题雕塑　　　　图 7-2-40　厦门书法广场雕塑（一）

广场建筑小品大体可以分为两大类：一类是以功能为主的小品，比如座椅、凉亭、时钟、公厕、售货亭、垃圾箱、路灯等；另一类是以观赏为主的小品，比如雕塑、花坛、花架等。可以利用广场建筑小品色彩、质感、肌理、尺度、造型的特点，合理的布局，创作出空间层次分明，色彩丰富且具有吸引力的广场空间（图 7-2-41～图 7-2-44）。

图 7-2-41　天津海河东路世纪钟广场的世纪钟

图 7-2-42　西安爆米花雕塑

图 7-2-43　叶形雕塑

图 7-2-44　厦门书法广场雕塑（二）

 讨论思考

　　如何通过广场景观设计展示当地的民俗文化和传统技艺？广场景观设计可以采用哪些设计手法和元素？

7.3 项目设计实训

某城市商业广场景观设计项目实训

1. 项目任务条件

该城市广场位于某城市的商业区内,一面紧邻商业步行街,两面紧邻城市干道(图 7-3-1)。

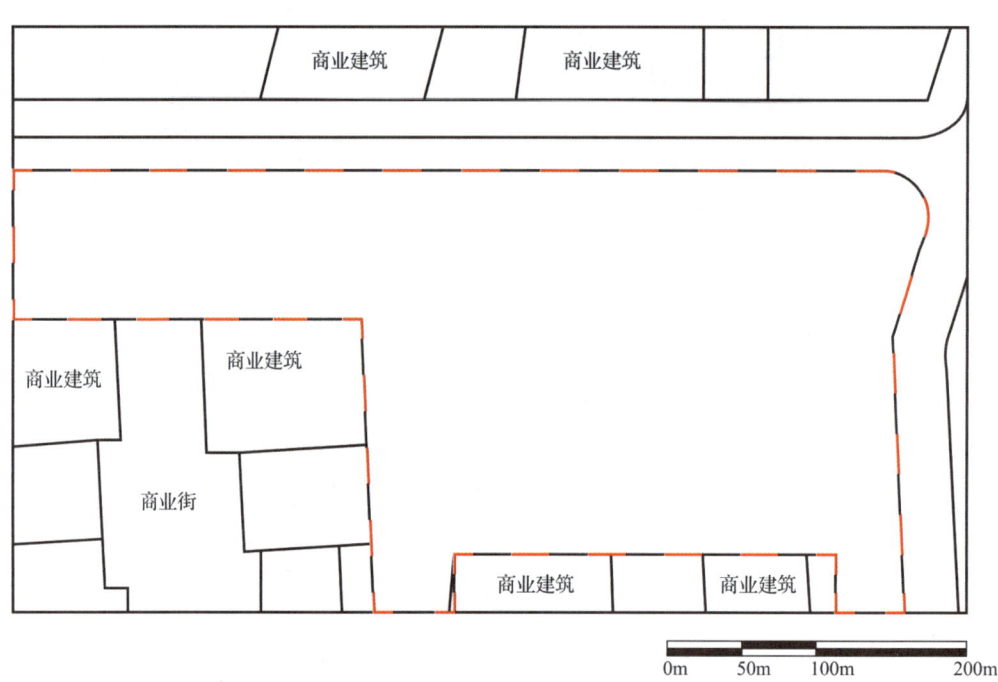

图 7-3-1　某城市商业广场平面图

2. 项目任务要求

融合项目地脉、文脉资源,打造契合城市广场的建筑环境意象与文化氛围,建成该商圈内高品质、高价值且具备差异化市场竞争力的新型商业中心。

(1)以现代商业建筑文化为原点,创造出一种现代生活方式的文化主题情景商业建筑,既扎根于本地企业文化与城市文脉,又展现出市场竞争的差异化,还契合现代人对高品质生活的追求和对新城市文化理念的认同。

（2）本项目的总体设计理念是以商业为核心，融合购物中心、餐饮、娱乐休闲、酒店、写字楼、公寓、停车场七大功能于一体的综合中心。

（3）项目要建设成为该城市板块的划时代的标志性的，以"体验式消费"为主题的时尚商业中心。

（4）设计要求尽量满足设计给予的容积率指标，同时化解本项目商业功能组合、商业环境营造与道路、地块对接方面的难点，这是设计的重点任务。

3. 项目任务分析

综合分析包括基地地形、地质、地貌、场地周边建筑功能、现存植被、自然景观、周边交通情况与景观特色等方面。

4. 项目任务实施

（1）定位准确。通过产品、景观设计，充分体现新一代商业形态广场的内涵。

（2）规划合理。提出化解地块不利因素的方案。

（3）景观设计新颖。化解地块用地紧张带来的园林景观用地不足与项目商业定位之间的矛盾，有效利用商业广场景观营造商业文化氛围。

（4）理念特色鲜明。基于建筑设计与景观设计，具体落实策划定位中的商业理念，既要表现其浓厚的历史情结与文化背景，又要考虑全新商业理念的文化氛围，从而形成项目的建筑文化和商业文化。

（5）合理配套。明确公共休闲空间和交通组织配套的合理比例、位置与方式，以实现项目商业价值的最大化，地下车库的设计不仅要符合商业要求，还要符合人防工程要求。

（6）有效控制成本。注重成本控制，使项目在最优的成本控制基础上达到高品质的产品档次。

5. 项目任务评价

（1）切合商业广场的功能：商业、文化娱乐及节假日休闲。

（2）景观视觉形态要求有鲜明的形象，在商业广场中主要体现在雕塑、园林小品、硬地铺装等造型和色彩上，要注意商业广场与周边商业建筑的协调。

（3）结合当地传统文化特色，体现地域特色。

（4）商业广场中要有一定的绿地及绿化量。

（5）设计中以人的尺度、人的需求和人的活动为根本出发点，提供充足的公共服务设施，做到休闲购物，娱乐购物。

知识拓展：
南昌八一广场

知识拓展：
城市广场景观设计的方法

项目 8

居住区景观设计

教学目标

本项目介绍了居住区的相关概念及其景观设计的原则、内容、要求等。通过学习，学生应了解居住区的用地组成、类型和特点，熟悉居住区景观的环境营造和构成元素设计，掌握居住区景观的场地分类及相应设计要求，能综合以上知识初步完成居住区景观设计项目。

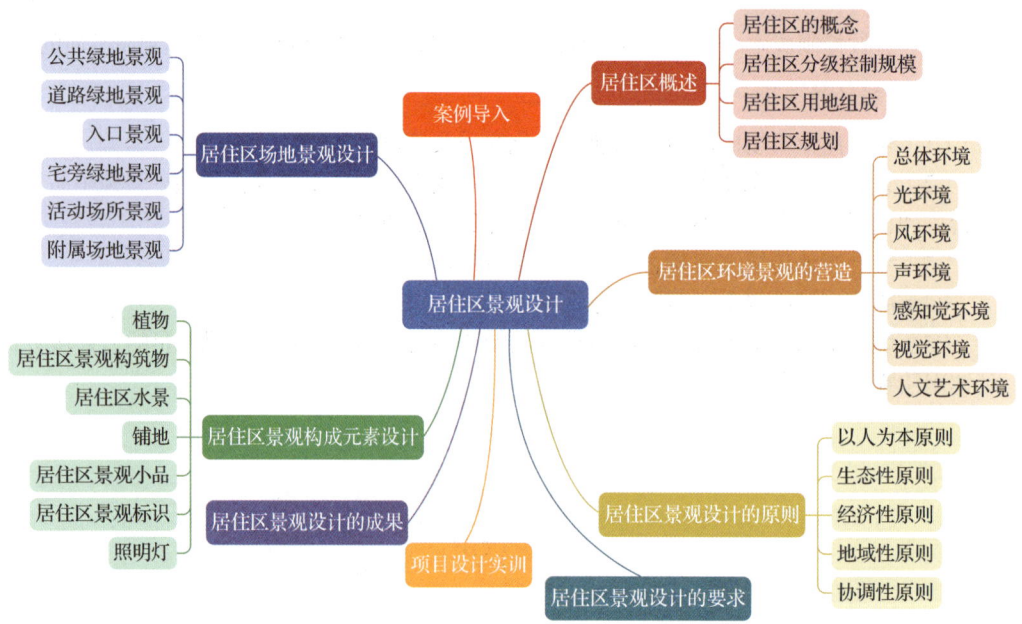

项目 8　居住区景观设计

8.1　案例导入

本项目案例为南京金基璟樾府景观设计（设计单位：顺景园林）。

居住区景观
案例分析

8.1.1　项目概况

1. 区位分析

本项目位于南京市城东板块，秦淮河北岸，石杨路与承天大道交汇处，距地铁 5 号线石门坎站 250m（图 8-1-1）。

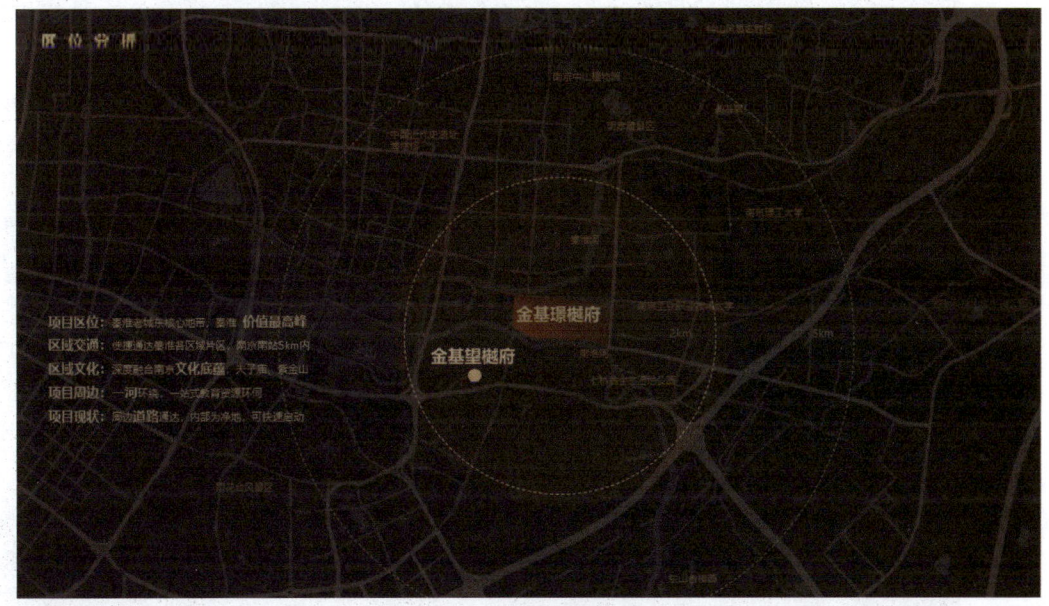

图 8-1-1　金基璟樾府区位分析

2. 场地现状

场地周边有多所高校、医院、公园和风景名胜区，文化底蕴深厚；拥有一站式高端商业配套，绿化分布均匀，道路通达便捷（图 8-1-2）。

3. 建筑分析

建筑立面为线性的结构轮廓，高耸硬朗；建筑材料以铝板和其他金属板为主，调性现代轻盈，精致宜居（图 8-1-3）。

175

图 8-1-2 金基璟樾府场地情况

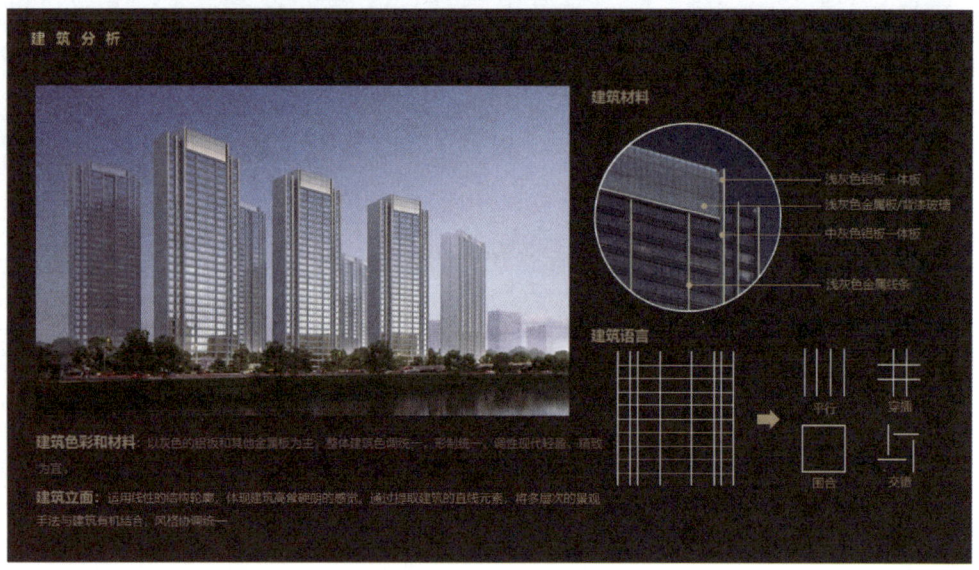

图 8-1-3 金基璟樾府建筑分析

4. 规划经济技术指标

用地性质：R21 住宅用地。

用地面积：52168.11m^2。

容积率：1.0≤FAR≤2.7。

建筑高度：60m≤H≤100m。

建筑密度：≤20%。

绿地率：≥30%。

8.1.2 前期分析

1. 项目客户群

他们（项目客户）注重生活品质和艺术品位，需要的景观环境要有礼序仪式和全龄关怀的生活配套、有私享主题花园和特色场景体验、能够体现文化创新传承和当代设计美学。

2. 项目风格

项目试图将城市山林格局、人文艺术脉络和全龄景观体系融合在一起。

8.1.3 设计理念

项目景观设计以"山、水、风、林、谷、台"为概念打造六大景观组团，形成了"静隐·城市山林梦"的原生森系景观；以飞瀑、石材、古树、艺术雕塑等元素为点缀，将自然融入城市，开启新与旧、时间与空间的对话；以院落空间秩序，建构城市立体山林景观，虚实转换，营造自然、艺术、人文相融合的美学意境，将归家礼序的外显光辉与内部静谧的度假式居住氛围巧妙融合（图8-1-4～图8-1-7）。

图 8-1-4　金基璟樾府景观总平面图

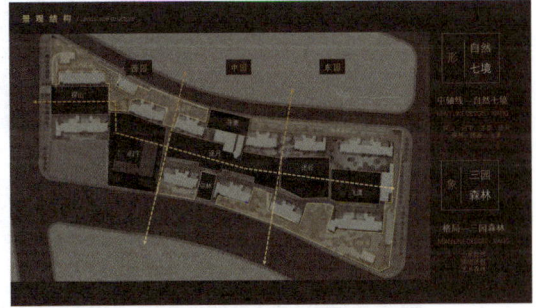

图 8-1-5　金基璟樾府景观结构

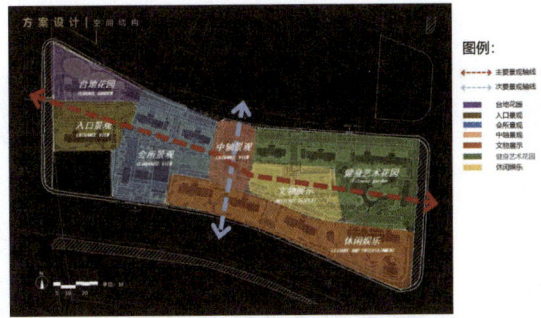

图 8-1-6　金基璟樾府方案设计

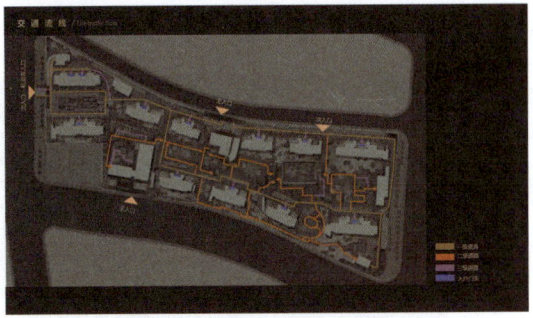

图 8-1-7　金基璟樾府交通流线

8.1.4 景观策略

（1）通过景观设计提升该地块的品质感和空间感，提升居民归家的仪式感，并保证人车分流、智能归家、便民配套、智能安防、人性化服务，为居民提供社区智能安心生活环境（图 8-1-8～图 8-1-14）。

图 8-1-8　金基璟樾府归宇美学馆

图 8-1-9　归宇美学馆浮桥及门厅效果图　　　图 8-1-10　归宇美学馆后场效果图

图 8-1-11　归宇美学馆东界面效果图　　　图 8-1-12　归宇美学馆景亭效果图

项目 8　居住区景观设计

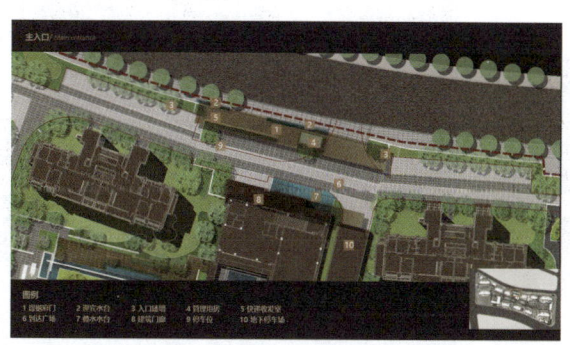

图 8-1-13　主入口放大图　　　　　　　　　图 8-1-14　主入口效果图

（2）创造聚会品茶、商业洽谈、拍照打卡等多重功能于一体的景观空间，成就可观、可憩、可玩的社区精神性空间（图 8-1-15、图 8-1-16）。

图 8-1-15　精神水苑放大图　　　　　　　　图 8-1-16　精神水苑效果图

（3）营造主聚会空间，将客厅与草坪结合，形成围合式景观，提供多种可能性，满足人们休息办公、家庭聚会、好友畅聊，享受慢时光（图 8-1-17、图 8-1-18）。

（4）"一条秦淮河，半部金陵史"，以秦淮河的文化底蕴为资源，将人文历史的厚度融于现代自然拙朴之景中。利用高差形成台地，屏蔽噪声的同时又增加空间层次，集器物展示、历史探索、艺术画廊、安静阅读、休闲观赏等功能于一体，创造独特景观（图 8-1-19、图 8-1-20）。

179

图 8-1-17 摩卡客厅花园放大图

图 8-1-18 摩卡客厅花园效果图

图 8-1-19 文物展示花园放大图

图 8-1-20 文物展示花园效果图

（5）设计方关注各年龄层居民的日常活动、健身、康养需求，儿童空间利用地形、植物等自然元素，激发探索欲；青年活动场地设置热身区、器械区、地面训练区和趣味跑道，配套全面；老年活动区增加康复健身器械、无障碍设计和疗愈地面设计，为老年人康养提供辅助（图8-1-21、图8-1-22）。

（6）大树围合草坪，局部设计休憩平台并布置音乐装置，使居民感受轻松闲适的氛围（图8-1-23、图8-1-24）。

（7）结合园艺花镜，设计口袋花园，打造供青年人体验的社交小空间，包括艺术展览、聚会食享、读书一角、休闲社交等（图8-1-25）。

项目 8　居住区景观设计

图 8-1-21　全龄乐活乐园放大图

图 8-1-22　全龄乐活乐园效果图

图 8-1-23　森林剧场放大图

图 8-1-24　森林剧场效果图

图 8-1-25　创客空间效果图

（8）营造入户花园，享受富有仪式感的归家体验，便捷又私密，同时兼顾接待、休憩、收发信报等功能（图 8-1-26、图 8-1-27）。

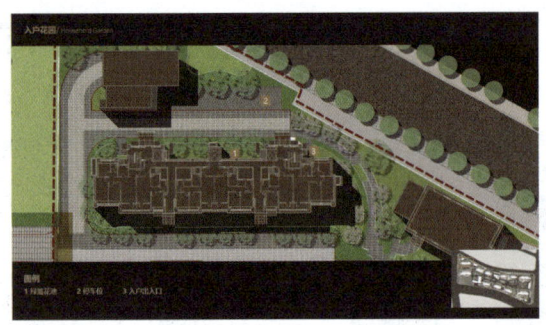
图 8-1-26　入户花园放大图

图 8-1-27　入户花园效果图

8.2　相关知识

8.2.1　居住区概述

1. 居住区的概念

城市中住宅建筑相对集中布局的地区称为居住区。居住区内应有比较完善的配套设施，以满足居民日常物质生活和精神文化生活的需要。这些设施包括公共交通、水气煤电、市场店铺、公共绿地、社区医院、健身休闲场所、文化教育设施等。

2. 居住区分级控制规模

依据《城市居住区规划设计标准》（GB 50180—2018），可将居住区分为十五分钟生活圈居住区、十分钟生活圈居住区、五分钟生活圈居住区及居住街坊四级（表 8-2-1）。

居住区景观设计概述

表 8-2-1　居住区分级控制规模

距离与规模	十五分钟生活圈居住区	十分钟生活圈居住区	五分钟生活圈居住区	居住街坊
步行距离/m	800～1000	500	300	—
居住人口/人	50000～100000	15000～25000	5000～12000	1000～3000
住宅数量/套	17000～32000	5000～8000	1500～4000	300～1000

十五分钟生活圈居住区是以居民步行十五分钟可满足其物质与生活文化需求为原则划分的居住区范围；该居住区一般由城市干路或用地边界线所围合，居住人口规模为 50000～100000 人（17000～32000 套住宅），是配套设施完善的地区。

十分钟生活圈居住区是以居民步行十分钟可满足其基本物质与生活文化需求为原则划分的居住区范围；该居住区一般由城市干路、支路或用地边界线所围合，居住人口规模为 15000～25000 人（5000～8000 套住宅），是配套设施齐全的地区。

五分钟生活圈居住区是以居民步行五分钟可满足其基本生活需求为原则划分的居住区范围；

该居住区一般由支路及以上城市道路或用地边界线所围合，居住人口规模为 5000~12000 人（1500~4000 套住宅），是配建社区服务设施的地区。

居住街坊是由支路等城市道路或用地边界线围合的住宅用地，是住宅建筑组合形成的居住基本单元；居住人口规模在 1000~3000 人（300~1000 套住宅，用地面积 2×10^4~$4\times10^4 m^2$），并配建有便民服务设施。

3. 居住区用地组成

居住区用地一般由住宅用地、配套设施用地、公共绿地及城市道路用地组成。

（1）住宅用地：指居住建筑基地占有的用地及其附近必要留出的一些空地。

（2）配套设施用地：主要包括基层公共管理与公共服务设施、商业服务业设施、市政公用设施、交通场站，以及社区服务设施、便民服务设施等。其中社区服务设施主要包括托幼、社区服务及文体活动、卫生服务、养老助残、商业服务等设施；便民服务设施主要包括物业管理、便利店、活动场地、生活垃圾收集点、停车场（库）等设施。

（3）公共绿地：指为居住区配套建设、可供居民游憩或开展体育活动的公园绿地，其控制指标见表 8-2-2。当旧区改建确实无法满足规定时，可采取多点分布以及立体绿化等方式改善居住环境，但人均公共绿地面积不应低于相应控制指标的 70%。

（4）城市道路用地：主要包括城市主干路、次干路、支路等。

表 8-2-2 居住区公共绿地控制指标

类别	人均公共绿地面积/（m²/人）	居住区公园		备注
		最小规模/m²	最小宽度/m	
十五分钟生活圈居住区	2.0	5.0×10^4	80	不含十分钟生活圈及以下级居住区的公共绿地指标
十分钟生活圈居住区	1.0	1.0×10^4	50	不含五分钟生活圈及以下级居住区的公共绿地指标
五分钟生活圈居住区	1.0	0.4×10^4	30	不含居住街坊的绿地指标

4. 居住区规划

居住区规划是指对居住区的布局结构、住宅群体布置、道路交通、生活服务设施、各种绿地和游憩场地、市政公用设施和市政管网系统等进行综合的、具体的安排。居住区规划是城市详细规划的组成部分，涉及使用、卫生、经济、安全、施工、美观等方面的要求，目的是为居民创造一个适用、经济、美观的生活居住用地条件。

居住区规划的主要内容包括：①选择和确定用地位置、用地范围；②确定人口和用地规模；③拟定居住建筑类型、层数比例、数量、布置方式；④拟定公共服务设施的内容、规模、数量、分布和布置方式；⑤拟定各级道路的宽度、断面形式、布置方式；⑥拟定公共绿地、体育、休息等室外场地的数量、分布和布置方式；⑦拟定工程规划设计方案；⑧拟定各项技术经济指标和造价估算（图 8-2-1）。

图 8-2-1 居住区规划总图/上海墨刻景观

8.2.2 居住区景观的环境营造

1. 总体环境

居住区环境景观规划须符合城市总体规划、分区规划及详细规划的要求。规划方案要从场地的地形地貌、土质水文、气候条件、动植物生长状况和市政配套设施等方面综合考虑;要使用多种造景手法,充分利用场地内的自然资源、文化历史资源等,形成和谐的整体环境。居住区环境景观结构布局表见表 8-2-3。

表 8-2-3 居住区环境景观结构布局表

居住区分类	景观空间密度	景观布局	地形及竖向处理
高层居住区	高	采用立体景观和集中景观布局形式;景观总体布局可适当图案化,既满足居民近处观赏要求,又注重俯瞰时的景观效果	塑造多层次地形来增强绿视率
多层居住区	中	采用相对集中、多层次的景观布局形式,保证集中景观空间合理的服务半径;尽可能满足不同年龄居民的需求;具体布局手法可灵活多样,以营造出有自身特色的景观空间	因地制宜,结合现状适度进行地形处理
低层居住区	低	可采用较分散的景观布局,使景观尽可能接近每户居民;可结合现状尺度塑造半围合景观	地形塑造规模不宜过大,以不影响底层住户的景观视野又满足其私密性要求为宜
综合居住区	不确定	宜根据居住区总体规划及建筑形式选用合理布局形式	适度的地形处理

2. 光环境

居住区休闲观赏空间应争取良好的采光环境（图 8-2-2），有助于居民的户外活动；在气候炎热地区，需考虑足够的遮阴空间（图 8-2-3），以方便居民交往活动；材料选择要考虑反射性，减少光污染；光线充足地区宜利用光影变化形成独特景观；照明灯光应营造安全、舒适、温和、安静的气氛，不宜强调灯光亮度。

图 8-2-2　居住区良好采光空间/山水比德　　　　图 8-2-3　植物营造半遮阴空间/顺景园林

3. 风环境

居住区景观空间的设计应有意识地通过要素的合理组织来疏导气流（图 8-2-4），可适当扩大植物面积或水面面积来增强通风效果（图 8-2-5）。

图 8-2-4　景观建筑疏导气流/顺景园林　　　　图 8-2-5　扩大水面面积增强通风效果/山水比德

4. 声环境

居住区靠近噪声污染源处应设置具有观赏特征的隔声景墙、景观植物屏障、水景等防噪设施，也可通过景观设计的方式增添水声、风声、虫鸣鸟叫声等增强居住的生活情趣。

5. 感知环境

居民对环境景观的感知包括温度、湿度、气温等，它们直接影响居民的舒适感和停留时间。北方地区的硬质景观要考虑冬季的保暖性，南方地区要多考虑利用软质景观进行夏季的降温；可适当引种安全无害的芳香类植物，创造宜人的感受。

6. 视觉环境

视觉是观赏景观的一个重要角度，要综合研究不同的要素组合，使居住区景观达到色彩怡人、质感亲切、比例恰当、尺度怡人、韵律优美的观赏效果（图 8-2-6）。

7. 人文艺术环境

居住区环境景观设计时，应充分保护居住区内的文物古迹、古树名木等，发挥其文化价值和景观价值；发扬优秀民间习俗，从中提炼代表性设计元素，创造出具有艺术性的景观场景，引导新的居住模式（图 8-2-7）。

图 8-2-6　色彩和谐视觉环境/奥雅设计

图 8-2-7　闽南特色燕尾脊景观建筑

8.2.3　居住区景观设计的原则与要求

居住区景观设计是指在居住区设计的基础上，对居住区的公共空间、绿地、水体、道路、建筑外立面等进行的景观美学和功能性设计。它的目的是创造一个美观、实用、生态、文化丰富的居住环境，提升居民的幸福感和满意度，增强社区的凝聚力和归属感。

我国自古对居住环境就很重视，也在生活实践经验中不断研究，形成了具有中国独特文化艺术特点的人居环境发展体系。

当前，随着我国经济发展水平的不断提高，人们对居住环境的认识更加全面，对居住景观的品质也提出了更高的要求。设计过程中会更考虑居民的使用，强调景观的共享性、文化性、艺术性、交流性及独特的地域特色等，呈现出多元化的发展趋势。

1. 居住区景观设计的原则

1）以人为本原则

以人为本的思想体现在居住区景观设计的方方面面，党的二十大报告中指出，必须坚持人民至上；还指出，坚持以人民为中心的发展思想。这体现了党的理想信念、性质宗旨和初心使命，也强调了人民的主体地位，将人民的利益放在首位。

作为居住区的主体，居民对居住区环境有着物质方面和精神方面的需求，居住区景观设计要了解居民的各种需求，在此基础上进行设计；设计过程中，要注重对人的尊重和理解，强调对人的关怀；在活动场地的分布、交往空间的设置、户外家具及景观小品的尺度等方面的设计上，要增强居民的参与性，突出人与环境的交流、对话（图8-2-8、图8-2-9）。

图8-2-8　居民交流空间/山水比德　　　　　图8-2-9　居住区艺术氛围空间

2）生态性原则

居住区景观设计需将人工环境与自然环境有机结合，使居民的生活更接近自然，在满足居民回归自然的精神渴望的同时，促进城市自然环境系统的平衡发展。

3）经济性原则

居住区景观设计要顺应市场发展需求，结合地方经济状况，注重节能、节材，注重合理使用土地资源。提倡朴实简约，反对浮华铺张，并尽可能采用新技术、新材料、新设备，达到优良的性价比（图8-2-10～图8-2-13）。

图8-2-10　用绿篱代替景墙降低成本　　　　图8-2-11　灵活的户外家具降低成本

4）地域性原则

我国幅员辽阔，自然区域和文化地域特征相去甚远，居住区景观设计要把握这些特点，营造出富有地方特色的环境，同时应充分利用居住区的地形、地貌特点，塑造出具有时代特点和地域特征的、富有创意和个性的景观空间（图8-2-14、图8-2-15）。

图 8-2-12　去大型游戏设施降低成本　　　　　图 8-2-13　仿石代替天然石材降低成本

图 8-2-14　江南特色景观　　　　　　　图 8-2-15　海南特色椰林景观/奥雅设计

5）协调性原则

居住区景观设计的全过程应与不同专业的人员保持互动和沟通，使景观设计的风格与居住区的整体设计相融合，也能及时解决技术问题，保证工程进度和景观效果。只有各方通力合作，才能为居民创造出和谐的居住环境。

2. 居住区景观设计的要求

1）注重环境的亲和性

居住区外部环境各要素之间要做到和谐统一，避免不同形式、风格、色彩的要素产生冲突和对立。各要素需要为环境和谐的整体利益而限制自身不适宜的夸张表现，使各自的先后、主次、从属分明，共同构筑协调、统一的环境景观。

2）强调环境景观的共享性

尽可能地利用现有的自然环境创造人工景观，让所有的住户都能平等地享受到优美环境带来的愉悦；强化围合功能，凸显形态各异、环境要素丰富、院落空间安全安静的特点，营造出强烈的领域归属感，从而创造出温暖、朴素、祥和的居家环境。

3）追求景观的文化审美性

崇尚历史和文化是近年来居住区景观设计的一大特点，居住环境的文化性体现在地方性和时代性当中。景观设计时，应当充分考虑传统生活方式的特点，寻找与现代居住区空间环境的契合点，以不同的方式，从空间形态、尺度、界面的色彩、细部表达等方面来体现对传统与现代的理解，延续文化脉络。环境的文化性还体现在环境与人的行为互动过程中，美好的环境能提升居民的自觉意识，进而提升环境品质。

居住区景观设计还要关注人们不断提高的审美需求，提倡简洁明快的景观设计风格，创造先进的居住文化，营造美好的城市景观，不仅为人所赏，还要为人所用。创造亲切、自然、舒适、宜人的景观空间是居住区景观设计的趋势。

4）考虑景观空间的多样性

在现代城市发展的过程中，地下、地面、空中三个空间层次的联系日益紧密，城市景观的纵深感日益加强。为塑造形式更加立体，内容更加饱满的景观空间，可以采取多样性的设计手法，突破传统的材质搭配与空间互动，提炼古风，演绎今景，融入对生活哲理的领悟，使设计结合自然。如常以季节变化作为激发点，引导人们关注生活的细节，体味四季交替的自然之美，体味晨露、朝夕、花开、叶落。这就是设计结合自然带来的人与环境的共鸣。同时，景观空间的创造，还应满足不同社会群体、年龄层次及不同兴趣爱好的群体的需要，满足居民进行各项户外活动的需要。景观空间的设计，应该动静结合，开闭相间，营造多层次的立体绿色景观活动空间。利用高低错落、层次丰富的树木花草、花坛座凳、山石小品，使居住区户外活动空间掩映在一片绿树丛中，使户外活动空间在形式、内容、性质、景观等方面呈现出多样性。

5）面向未来性

面向未来，就是要面向需求特点的变化，提高居住区景观的质量和功能水平。另外，还要增进居住环境的便利性，营造轻松的生活空间。回归自然、亲近自然是人的本性，也是全球发展的基本理念。引入自然界的山水、绿化，模拟自然风光，也是居住区景观的基本要求。

8.2.4 居住区场地景观设计

1. 公共绿地景观

公共绿地一般为居住区内相对集中的用地，面积较大，是为整个居住区居民提供户外活动、邻里交往、休闲游赏的场地。其内容丰富多彩，布置方式多样，集中反映了居住区景观的规划设计水平（图8-2-16～图8-2-19）。

居住区场地景观规划类型及特点

2. 道路绿地景观

道路绿地是居住区内道路红线以内的绿地，是居住区"点、线、面"绿地中"线"的部分，起到连接、导向、分隔、围合等作用，沟通各类绿地，其景观构成以观赏植物、小品为主。

1）居住区道路的类型

（1）主干道：是居住区的主要道路，联系居住区内外交通，路面宽6～9m，除人行外，车行也频繁，其景观要考虑遮阴与交通安全。行道树选用体态雄伟、树冠宽阔的乔木，同时搭配丰富的乔灌草，点缀以置石、小品等，形成多层次复合结构的带状绿地（图8-2-20）。

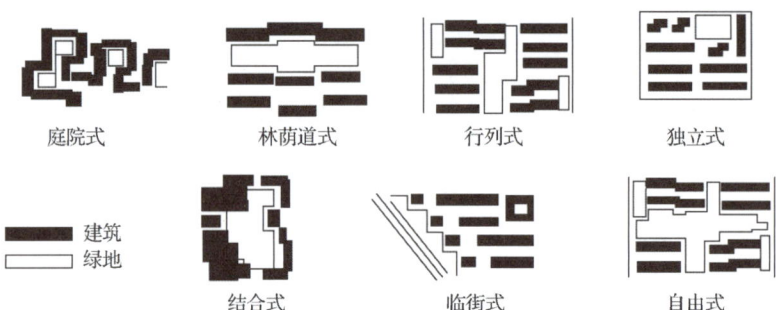

图 8-2-16 居住区公共绿地布置方式

图 8-2-17 行列式公共绿地/奥雅设计

图 8-2-18 独立式公共绿地/奥雅设计

图 8-2-19 自由式公共绿地/奥雅设计

图 8-2-20 居住区主干道景观

（2）次干道：是联系住宅组团之间的道路，路面宽 3～5m，主要为人行，当道路与居住建筑距离较近时，要注意防尘隔声，还应满足救护、消防、运货、清除垃圾及搬运家具等车辆的通行要求。当车道为尽端式道路时，绿化还需与回车场地结合，使活动空间自然优美。居住区次干道景观如图 8-2-21 所示。

（3）宅间道路：是通向各单元或住户的道路，路面宽 2.5～4m，以人行为主，多采用观赏性强的植物成景（图 8-2-22）。

图 8-2-21　居住区次干道景观　　　　　图 8-2-22　直线形宅间道路

（4）游步道：是小区内休闲赏景的道路，路面宽 1～2m，仅供人行，景观要步移景异，丰富多变（图 8-2-23）。

图 8-2-23　自然式游步道

2）居住区道路绿地设计要求

（1）根据道路的宽度和结构，人和车流量大小、道旁的地质和土壤情况来选择合适的绿化树种。

（2）植物配置要考虑到四季效果与生态效益。注意常绿与落叶、乔木与灌木、速生与慢生相结合，采用多层次的配置方式。

（3）居住区主干道要考虑交通安全，在交叉路口和转弯处要符合视距三角形的要求。在该三角形内只能用高度不超过 0.7m 高的灌木、花卉和草坪，不能选用高大的乔木。

（4）在满足交通需求的同时，道路可形成重要的视线通廊，因此，要注意道路的对景和远景设计，以强化视线集中的观景效果。

（5）休闲性人行道、园道两侧的绿化种植，要尽可能形成绿荫带，并串连花台、亭廊、水景、游乐场等，形成休闲空间的有序展开，增强环境景观的层次。

（6）居住区内的消防车道与人行道、院落车行道合并使用时，可设计成隐蔽式车道，即在 4m 幅宽的消防车道内种植不妨碍消防车通行的草坪花卉，铺设人行步道，或平日作为绿地使用，应急时供消防车使用，有效地弱化单纯消防车道的生硬感，提高环境和景观效果。

3. 入口景观

入口景观是居住区与城市街道的融合点与交界面，标志着居住区景观序列的开始，具有增强识别性、领域性、归属感的重要作用。入口景观通常包括大门门体、门禁系统、管理室、围墙、绿化等内容，其设计在轮廓、尺度、形式、色彩等方面需要与环境氛围相统一，形成融合渗透的空间效果。

入口形式可分为独立式和联合式两种。

1）独立式

独立式入口空间不与其他建筑体相连，仅以构筑物、标志物等来塑造充满艺术性和冲击力的形象（图 8-2-24）。

2）联合式

联合式入口空间往往结合一些商业建筑、管理建筑或其他公共服务建筑形成一个建筑综合体，体型变化丰富，再与入口广场、绿地等组合展现恢弘的效果（图 8-2-25）。

图 8-2-24 独立式入口景观

图 8-2-25 联合式入口景观

居住区场地景观规划的类型及特点

4. 宅旁绿地景观

宅旁绿地也称为宅间绿地，包括住宅楼前后的绿地，其大小取决于楼间距。它是住宅内部空间的延伸和补充，与居民日常生活息息相关。其景观设计可考虑不同的活动，如儿童嬉戏、品茗弈棋、邻里联谊交往、衣物晾晒等，缓解现代住宅的封闭感，使以家庭为单位的私密性和以宅间绿地为纽带的交往活动得到满足（图 8-2-26、图 8-2-27）。

图 8-2-26 宅旁儿童嬉戏空间

图 8-2-27 宅旁邻里交往空间

5. 活动场地景观

1）儿童游戏场

儿童游戏场是居住区户外活动场地的重要组成部分，其设计要考虑儿童活动的特点。要有较强的吸引力，同时确保安全；要提供丰富多样的具有创造性、冒险性、教育性的游戏设施；要提供家长看护时的休息设施（图8-2-28、图8-2-29）。

图8-2-28 居住区设施型儿童游戏场/奥雅设计

图8-2-29 居住区自然型儿童游戏场

2）老年人活动场

老年人是居住区的重要使用者，其活动场地应有充足的采光和照明，要提供亭、廊、花架、桌椅等设施，创造交流谈话空间；地面要尽量平整并采取防滑措施，有高差处需要有警告提示；要有无障碍设计（图8-2-30）。

3）健身运动场

居住区景观设计应尽可能布置健身运动场，为居民健身提供便利条件，促进居民的身心健康。运动场地周围宜种植遮阴乔木，并设座椅以供人休息（图8-2-31）。

图8-2-30 居住区老年人活动场

图8-2-31 居住区健身跑道及休息空间

6. 附属场地景观

1）架空层景观

架空层指住宅楼中至少有两面不设围护结构所形成的通透、延续空间，通常作为休闲、活动的非经营性空间对所有居民开放，广泛适用于亚热带气候区，有利于通风、小气候调节、居民的遮阳避雨及邻里交流。架空层的设计宜考虑种植耐阴的花灌木，或者配置活动和休闲设施（图 8-2-32～图 8-2-34）。

图 8-2-32　童趣架空层　　　　　　　　图 8-2-33　文化阅读架空层

图 8-2-34　生态架空层

2）露台及屋顶花园

露台及屋顶花园是在建筑物顶层建造的景观空间，给居民提供了休憩、家庭娱乐的场所，其设计多以植物配植为重点，点缀桌椅等休息设施（图 8-2-35、图 8-2-36）。

图 8-2-35　生态型屋顶花园　　　　　　图 8-2-36　互动交往型屋顶花园

3）墙面绿化

墙面绿化是利用具有吸附、缠绕、卷须、钩刺等特性的攀缘植物进行垂直绿化的形式，对居住环境质量的改善也很重要，要根据自然条件、墙面材料、朝向及住宅建筑的高度选择适宜的植物，如爬山虎、凌霄、常春藤、扶芳藤等。

4）停车场景观

停车场包括机动车和非机动车的停放场地，是居住区景观中的一部分，它的设计不仅要考虑阻隔车辆废气和噪声、为车辆遮阴等，还要考虑与居住区整体景观的统一性和协调性。

停车场的景观设计可分为周界绿化、车位间绿化和地面铺装。周界绿化可较密集地种植乔木和灌木，也可以装饰景墙围合，增加停车场的领域感；车位间绿化多采用条带状绿化，提升停车场内环境；地面铺装可以使场地的色彩、线条、质感产生丰富变化，形成特别的景观效果（图8-2-37、图8-2-38）。

图8-2-37　停车场绿化

图8-2-38　海洋主题图案的停车场

8.2.5　居住区景观构成元素设计

1. 植物

居住区景观的生态性、艺术性需要绿色植物的平衡和调节，有些功能空间也需要植物的围合塑造。植物的高低错落，其姿态和色彩的四季变换，使居住区生活气息浓厚、亲切，让居民在工作之余接触自然，得到充分的放松。

1）居住区植物种类的选择

（1）选择生长健壮、适应性强、少病虫害、有地方特色的乡土树种（图8-2-39）。

（2）在夏热冬冷地区，注意选择树形优美、冠大荫浓的落叶阔叶乔木，以利居民夏季遮阴、冬季晒太阳（图8-2-40）。

（3）在公共绿地的重点地段或居住庭院中，以及儿童游戏场附近，注意选择常绿乔木和开花灌木，以及宿根、球根花卉和自播繁衍能力强的一二年生花卉（图8-2-41）。

（4）在房前屋后光照不足地段，注意选择耐阴植物（图8-2-42）；在院落围墙和建筑墙面，注意选择攀缘植物，实行立体绿化。

图 8-2-39　乡土树种乌桕的使用

图 8-2-40　居住区中冠大荫浓的植物

图 8-2-41　居住区多年生花草

图 8-2-42　选择耐阴蕨类植物

2）居住区植物的配植要点

（1）植物种植要做到乔灌、花草结合。在乔木、灌木、草本、藤本等植物类型的选择上应有一定的搭配，尽可能做到立体群落种植，以最大限度地发挥植物的生态效益，形成高低错落、疏密有致的绿化景观。

（2）植物种植要注意实用性与艺术性结合；追求构图上的美感、色彩的搭配、对比的效果，以及质感的表现，形成绿点、绿带、绿廊、绿坡、绿面、绿窗等绿色景观，树种的大小、高低要与居住区的大小、建筑层次相称，应以绿化设计的立意为前提；同时讲究和硬质景观的结合使用，也注意绿化的维护和保养。

（3）遮阴处应选择和配植耐阴树种。室外乔木与住宅墙面的距离，一般应为 5~8m，避开铺设地下管线的地方。通常以落叶树为好，常绿树要避免直对窗（图 8-2-43）。

（4）花木配植宜采用孤植、丛植方式。花木宜栽植于靠近窗口或居民经常出入之处，以便近赏，充分提高花木的观赏效果（图 8-2-44）。

（5）道路两旁种植行列式乔木遮阴，根据道路的宽窄，可选择种植合适的乔木树种（图 8-2-45）。

（6）好的居住区环境绿化除了应有一定数量的植物种类，还应以植物种类和组成层次的多样性作基础，特别应在植物搭配上运用一定量的花卉植物来体现季相的变化，营造怡人的环境，调节人的情绪。

图 8-2-43　植物与住宅墙面保持距离/奥雅设计

图 8-2-44　入户处花镜/奥雅设计

图 8-2-45　居住区行列式植物种植/奥雅设计

2. 居住区景观构筑物

景观构筑物是居住区中重要的交往空间,是居民户外活动的集散点,既有开放性,又有遮蔽性,应随邻近居民主要活动路线设置,使其易于通达。

在设计时将中华优秀传统文化的道德思想融入设计中。在景亭、廊架、景墙等景观小品中融入诚信、友善、尊老爱幼等道德元素,引导居民树立正确的价值观和道德观。

1)景亭

景亭为居民提供了休息交流空间,其形式、尺寸、色彩、题材等应与所在居住区景观相协调(图 8-2-46、图 8-2-47)。

居住区景观小品设计

图 8-2-46　居住区现代风格景亭/奥雅设计

图 8-2-47　居住区新中式风格景亭/奥雅设计

2）廊架

居住区景观中的廊架不仅有连接景观节点、供人休憩、营造独特通行空间的作用，其本身也可成为有韵律感的观赏对象（图8-2-48、图8-2-49）。

图8-2-48　居住区阅读廊架/奥雅设计

图8-2-49　居住区金属连廊/奥雅设计

3）景墙

景墙（图8-2-50、图8-2-51）在居住区景观中具有分隔空间、引导及遮挡视线、障景、框景等作用，其材料和色彩极具丰富性，是活跃空间的重要元素。

图8-2-50　居住区石材景墙/奥雅设计

图8-2-51　居住区水景墙

3. 居住区水景

水是生态环境中最重要的因素之一，当代都市人表现出强烈的"临水而居，亲近自然"的愿望，水的文化、景观、生态优势，使其成为现代居住区中不可替代的组成部分。水景通过各种设计手法和不同的组合方式，把水的内涵和意境表达出来，给人良好的心理和视觉感受，它是提升居住区景观价值的要素，可作为景观主体，也可和其他要素相结合，形成独特观赏对象。

动态水景给人以清新明快、多变兴奋之感，静态水景给人以轻松平和、宁静幽深之感。在居住区设置水景，可以满足居民的观赏和心理需求，增加居住环境的景观层次，扩大空间，增添静中有动的乐趣。水景应结合场地气候、地形及水源条件合理设置。南方干热地区应尽可能为居住区居民提供亲水环境，北方地区在设计不结冰期的水景时，还必须考虑结冰期的枯水景观。

居住区水景按形式分为自然式水景、规则式水景。

1）自然式水景

自然式水景是保持或模仿自然界中的水体形式而进行设计的景观，主要包括溪、涧、河、潭、湖、瀑布等。设计中要考虑水的深度，也可适当设置水上平台、汀步、栈桥等设施，既保证安全又满足居民的亲水性；驳岸的类型及材料选择也应与自然式水景协调（图8-2-52～图8-2-55）。

图 8-2-52 居住区自然式生态水池/奥雅设计

图 8-2-53 自然式叠水/奥雅设计

图 8-2-54 自然式溪流水景

图 8-2-55 具有中式意境的水景

2）规则式水景

规则式水景是人工建造的几何形状的水体，多与广场、建筑物配合造景，主要包括水池、喷泉、跌水等（图8-2-56、图8-2-57）。

图 8-2-56 居住区规则式静水池/奥雅设计

图 8-2-57 居住区涌泉和喷泉/奥雅设计

4. 铺地

铺地通过材料或样式的变化体现空间界面，对居民的心理产生不同暗示，良好的铺装景观往往能烘托、补充或诠释主题，强化意境，深刻影响景观效果。居住区的铺地要根据不同功能类型选择材料，如儿童游戏区、慢跑道、健身区要选择安全弹性的材料；广场、台阶选择坚固防滑的材料；等等（图 8-2-58～图 8-2-61）。

图 8-2-58　居住区石材铺地

图 8-2-59　居住区防腐木铺地

图 8-2-60　居住区拼接铺地

图 8-2-61　居住区马赛克艺术铺地/奥雅设计

5. 居住区景观小品

居住区内的景观小品主要有假山、雕塑、花箱、树池、栏杆、座椅（凳）、园桌、宣传栏等。现代的景观小品更趋向多样化，可以成为现代景观中绝妙的构成元素。景观小品可以为居民创造优美、舒适的居住环境，是形成居住区面貌和特点的重要因素。它的设置应根据居住建筑的形式、风格，居住环境的特色，居民的文化层次与爱好以及当地的民俗习惯等因素，选用合适的材料。下面介绍几种常见的景观小品。

1）雕塑

雕塑常与周围环境共同塑造出一个完整的视觉形象，同时赋予景观空间环境以生气和主题，通常以其小巧、精美的造型来点缀空间，使空间富有意境，从而提高整体环境景观的艺术境界。雕塑应具有时代感，要以美化环境、保护生态为主题，体现居住区人文精神（图 8-2-62～图 8-2-64）。

图 8-2-62　居住区金属雕塑/奥雅设计　　　　　图 8-2-63　居住区琉璃雕塑/奥雅设计

2）座椅（凳）

座椅（凳）是居住区内给人们提供休闲的不可缺少的设施，同时也可作为重要的装饰景观进行设计。应结合环境规划来考虑座椅（凳）的造型和色彩，力争达到简洁且适用。室外座椅（凳）的选址应注重居民的休息和观景，需满足人体舒适度要求。普通座面高 38~40cm，座面宽 40~45cm，标准长度为：单人椅 60cm 左右，双人椅 120cm 左右，3 人椅 180cm 左右，靠背座椅的靠背倾角以 100°~110° 为宜。座椅（凳）材料多为木材、石材、混凝土、陶瓷、金属、塑料等，应优先采用触感好的木材，木材应作防腐处理，座椅转角处应作磨边倒角处理（图 8-2-65~图 8-2-67）。

图 8-2-64　居住区童趣雕塑/奥雅设计　　　　　图 8-2-65　居住区花池座凳

图 8-2-66　居住区树池座凳　　　　　　　　　图 8-2-67　居住区灵活式座椅

3）花箱

花箱是景观设计中传统种植器的一种形式，能巧妙地点缀环境，烘托气氛，其尺寸应适合所栽种植物的生长特性，有利于根茎的发育，一般可按以下标准选择：花草类盆深 20cm 以上，灌木类盆深 40cm 以上，乔木类盆深 45cm 以上（图 8-2-68、图 8-2-69）。

图 8-2-68　居住区移动式花箱

图 8-2-69　居住区组合式花箱

4）树池

树池所需空间一般由树高、树径、根系的大小所决定，它可保护树木根部免受践踏，又便于雨水的渗透。居住区中的树池可考虑与座椅结合，将实用性和观赏性相结合（图 8-2-70、图 8-2-71）。

图 8-2-70　居住区箱式树池

图 8-2-71　居住区绿篱式树池

6. 居住区景观标识

居住区景观标识可分为四类：名称标识、环境标识、指示标识、警示标识（表 8-2-4）。标识的位置应醒目，且不对行人交通及景观环境造成妨害，其色彩、造型设计应充分考虑所在地区建筑、景观环境及自身功能的需要；标识的材质应经久耐用，不易破损，方便维修（图 8-2-72～图 8-2-77）。

表 8-2-4　居住区景观标识分类

标识类别	标识内容	适用场所
名称标识	标志牌、楼号牌、树木名称牌	—
环境标识	小区示意图、停车场导向牌、公共设施分布示意图、自行车停放处示意图、垃圾站位置图	小区入口大门
	告示牌	会所、物业楼
指示标识	出入口标识、导向标识、机动车导向标识、自行车导向标识、步道标识	—
警示标识	禁止入内标识	变电所、变压器等
	禁止踏入标识	草坪

图 8-2-72　名称标识

图 8-2-73　设施名称牌（名称标识）

图 8-2-74　植物名称牌（名称标识）

图 8-2-75　环境标识

图 8-2-76　指示标识

图 8-2-77　警示标识

7. 照明灯

照明灯是居住区景观中不可缺少的部分，它不仅有较高的观赏性，还可展现历史文化。居住区常用的灯具有：草坪灯、壁灯、地灯、灯柱、景观灯、灯带等（图 8-2-78～图 8-2-83）。

图 8-2-78　草坪灯

图 8-2-79　壁灯

图 8-2-80　地灯

图 8-2-81　灯柱

图 8-2-82 景观灯

图 8-2-83 灯带

8.2.6 居住区景观设计的成果

1. 景观设计说明书

（1）现状条件概述与分析（包括区域位置、用地规模、地形特色、周边道路交通状况、相邻地段建设内容及规模等）。

（2）自然和人文背景分析。

（3）方案特色。

（4）设计原则和总体构思（包括建设目标、指导思想等）。

（5）用地布局（包括不同用地功能区主要建设内容和规模）。

（6）空间组织和景观设计（包括不同功能所要求的不同尺度空间的组织、不同空间的景观设计）。

（7）道路交通规划。

（8）绿地系统规划（包括自然水体、人工水体、疏林草地、屋顶绿地、绿化停车场绿地、林荫硬地）。

（9）种植设计（包括种植意向、苗木选择）。

（10）夜景灯光效果设计（包括设计意向、照明形式）。

（11）主要建筑和构筑物设计［包括地上、地下建筑功能介绍及平面、立面、剖面说明，主要构筑物（如雕塑、通风口等）的设计］。

（12）各项专业工程规划及管网综合（包括给水排水、电力电讯、热力燃气等）。

（13）竖向规划（包括地形塑造、高差处理、土方平衡表）。

（14）主要技术经济指标，一般应包括以下内容：总用地面积；总绿地面积、分项绿地面积（包括自然水体、人工水体、疏林草地、屋顶绿地、绿化停车场绿地、林荫硬地等的面积）、道路面积、铺装面积；总建筑面积、分项建筑面积（包括地下建筑面积、地上建筑面积等）；容积率、绿地率、建筑密度；地上及地下机动车停车数、非机动车停车数。

（15）工程量及投资估算。

2. 图纸

（1）规划地段位置图，标明规划地段在城市的位置，以及其与周围地区的关系。

居住区景观设计前期分析

（2）周边地区服务设施分布图，标明周边地区相关服务设施的内容和与规划地段的距离。

（3）规划地段现状平面图，图纸比例为1∶2000～1∶500，标明自然地形地貌、道路等。

（4）景观格局分析图，在现状植被平面图的基础上，通过对场地内现有景观的分析，提出规划景观格局初步构想。

（5）场地内外景观视线分析图，在现状三维地形图的基础上，对场地内外景观视线联系进行分析。

（6）生态格局分析图，在现状平面图的基础上，通过对现有生态环境的分析，提出规划生态格局的初步构想。

（7）规划总平面表现图，图纸比例为1∶2000～1∶500，图上应标明规划建筑、草地、林地、道路、铺装、水体、停车场、重要景观小品的位置、范围及相对高度（通过阴影）；应标明主要空间、景观、建筑、道路的名称。

（8）功能结构分析图，在总平面图的基础上，用不同色彩的符号抽象地表示出功能结构关系。

（9）功能分区图，在总平面图的基础上，用不同色块表示出各个功能用地位置范围，标明功能名称。

（10）交通结构分析图，在总平面图的基础上，用不同色彩的符号抽象地表示出道路的结构关系。

（11）道路布置图，图纸比例为1∶2000～1∶500，图上应标明道路的红线位置、横断面、道路交叉点坐标、标高、坡向坡度、长度、停车场用地界线。

（12）绿地结构分析图，在总平面图的基础上，用不同的色彩抽象地表示出内部规划绿地的类型、范围。

（13）种植规划图，图纸比例为1∶2000～1∶500，标明主要植物种类、种植数量及规格，附主要苗木种植表。

（14）景观结构规划图，在总平面图的基础上，用不同的色彩抽象地表示出内部景观结构、景观要素。

（15）服务设施系统规划图，在总平面图的基础上，用不同的色彩抽象地表示出内部服务设施性质和关系。

（16）保安系统规划图，在总平面图的基础上，用不同的色彩抽象地表示出各级保安设施和整体保安系统设计。

（17）竖向规划图，图纸比例为1∶2000～1∶500，标明不同高度地块的范围、相对标高以及高差处理方式。

（18）重点地段规划设计，通过透视、平面、立面、剖面表现重点地段规划设计。

（19）主要街景立面图，标明沿街建筑高度、色彩、主要构筑物高度，表现出规划建筑与周边环境的空间关系。

（20）主要建筑和构筑物方案图，主要建筑地面层平面图、负一层平面图，主要构筑物平面图、立面图、剖面图。

（21）表达设计意图的效果图或图片，一般应包括总体鸟瞰图，夜景效果图，重要景点效果图，特色景点效果图，反映设计意图的局部放大平面图、立面图和剖面图及相关图片，重要建筑和构筑物效果图。

3. 模型

总体模型比例为 1∶1000～1∶500，局部模型比例为 1∶300～1∶50；总体模型应能反映出场地内各个空间的尺度关系，重要高差处理，道路、绿地、水体、硬地等不同性质基面，绿化围合关系，场地与周边道路建筑环境的关系；局部模型应能反映出质感、动感、空间尺度比例等。

讨论思考

科技在居住区景观设计中的潜在应用和挑战是什么？雨水收集和利用在居住区景观设计中如何实现？

8.3 项目设计实训

某居住区景观设计实训

1. 实训目的
（1）了解居住区景观结构形式。
（2）掌握居住区景观设计要点。
（3）掌握居住区景观设计的方法和步骤。
（4）掌握居住区的树种选择和植物配置。
（5）增强居住区景观设计的技能，结合周边环境，设计一个融生态、功能、艺术于一体的居住空间景观园。

2. 实训条件
选择参与者所在地的某一居住小区做模拟园林景观设计，或者选择一处已建好的居住小区，进行测绘、分析，提出相应改建方案。

3. 景观设计要求
（1）规划整个小区的环境景观：可以按照初步规划方向设计，也可以修改初步规划。
（2）详细设计小区环境景观，包括：小区入口景观、中心绿地、组团绿地、道路及其环境、宅旁环境等。
（3）细部设计，包括：植物配置、小品设计、铺地形式等。

4. 实训内容步骤
（1）调查当地的气候、土壤和地质条件等自然环境。
（2）了解小区游园周边环境、当地居民生活习惯和当地人文历史情况。

（3）分析各种因素，如设置适当面积的铺装广场，以满足居民聚集活动需求，配备合适的配套设施，如花坛、景亭及花架等，以及其他居民户外休闲活动设施，做出初步设计方案。

（4）反复推敲，确定总平面图。

（5）绘制其他图纸，包括功能分区规划图，地形设计图，植物种植设计图，建筑小品平面图、立面图、剖面图、局部效果图、总体鸟瞰图等。

（6）编制设计说明书。

5. 设计内容与图纸要求

（1）设计总说明。

（2）总平面图，比例为1∶500。

（3）必要的分析说明图纸，如景观节点分析图、绿化分析图、道路系统分析图、小区空间分析图、景点编号图等。

（4）各部分景观平面图，比例为1∶100。

各部分景观平面图包括所设计的各个景观空间的平面图，如小区入口景观平面图、中心绿地平面图、幼儿园环境平面图、组团环境平面图等。

（5）主要景观立面图，有2张以上，比例为1∶100。

（6）小区剖面图简图，比例为1∶300～1∶200。

（7）小区鸟瞰图。

（8）主要景观透视图，有2张以上，中心景区至少有1张（可增加一些手绘的景观意象图等）。

（9）植物配置说明或图示。实训人员应能因地制宜地选择树种类型，图纸符合构图要求，造景手法丰富。

（10）小品设计图，可以采用平面图、立面图或透视图。

（11）以上图纸要求图面表现能力强，整洁美观，图例、文字标注、图幅符合制图规范。说明书语言流畅，言简意赅，能准确地对图纸进行说明，体现设计的意图。

（12）设计过程记录。

6. 作业成果

（1）实训报告1份。

（2）设计图纸一套，含设计说明书。

（3）用PPT的方式答辩课题并阐述作品。

7. 任务评价

（1）方案构思：构思立意上有一定的创新性，15分。

（2）项目实训态度：认真勤奋，态度端正，10分。

（3）设计图面表达：各类图纸齐全，符合制图规范，50分。

（4）设计说明书：规范编写设计说明书，15分。

（5）方案口头陈述与汇报：10分。

知识拓展：童售

项目 9

城市公园景观设计

教学目标

本项目介绍了城市公园景观设计的相关基础知识。通过本项目学习，学生应了解城市公园的定义、分类、功能、作用等知识；熟悉城市公园设置的内容及要求、城市公园景观设计的原则及影响因素；掌握城市公园景观设计的程序和要点，能够独立完成城市公园景观设计。

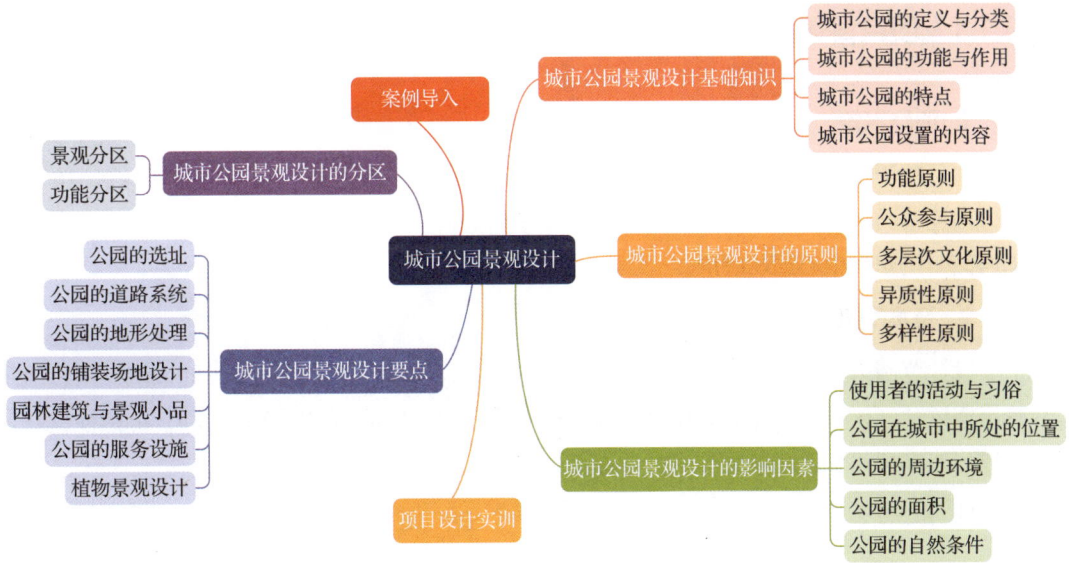

9.1 案例导入

城市公园作为城市园林绿地系统的重要组成部分，对维护城市生态环境、塑造城市特色具有重要作用，同时也为公众提供了大量户外休闲娱乐活动场所，是维持城市生态环境可持续发展和建设美丽中国的重要组成部分。同时，城市公园作为展示和传播中华优秀传统文化的重要载体，有利于大力弘扬中华优秀传统文化，增强文化自信。城市公园景观建设与管理是生态文明建设和改善人民群众生活质量的重要内容，通过大力推进城市公园生态园林建设，可使城市公园园林特色更加鲜明、生态环境更加优美、人民生活更加幸福。

当前在城市公园景观设计中，全面贯彻党的二十大关于生态文明建设的理念，传承中华优秀传统文化，创建绿色、美丽、和谐的城市生态环境，实现人与自然和谐共生，为市民提供优质的休闲娱乐和生态教育空间，已成为主要设计潮流和发展趋势。

下面我们以杭州拱墅运河体育公园为例，从项目背景、理念定位、总体设计、重要景观节点及特色、经济技术指标等方面介绍城市公园景观设计的相关内容及设计程序。

9.1.1 项目背景

1. 项目区位

项目位于杭州市拱墅区西侧，靠近西湖区、余杭区，毗邻地铁 2 号线、5 号线、10 号线。东西方向连接西溪国家湿地公园、浙江大学（紫金港校区）与京杭大运河，南北方向与奥体博览城隔西湖、杭州市中心遥相呼应。

2. 基本概况

设计范围为申花路以北、丰潭路以西、留石高架以南、学院北路以东的区域。项目地区属亚热带季风性气候，雨量充沛。周边以居住、商业、教育用地为主，交通便利，可达性良好。项目将成为未来杭州主城区最大的综合性城市体育公园（图 9-1-1）。

项目 9 城市公园景观设计

基本概况 | 项目背景

设计范围为申花路以北、丰潭路以西、留石高架以南、学院北路以东的区域。项目地区属亚热带季风性气候，雨量充沛。

全年平均气温17.5℃，平均相对湿度70.3%，年降水量1454mm，年日照时数1765h。基本风压：0.45 kN/m² （50年一遇）；基本雪压：0.45 kN/m² （50年一遇）。

周边以居住、商业、教育用地为主，交通便利，可达性良好。项目将成为未来杭州主城区最大的综合性城市体育公园。

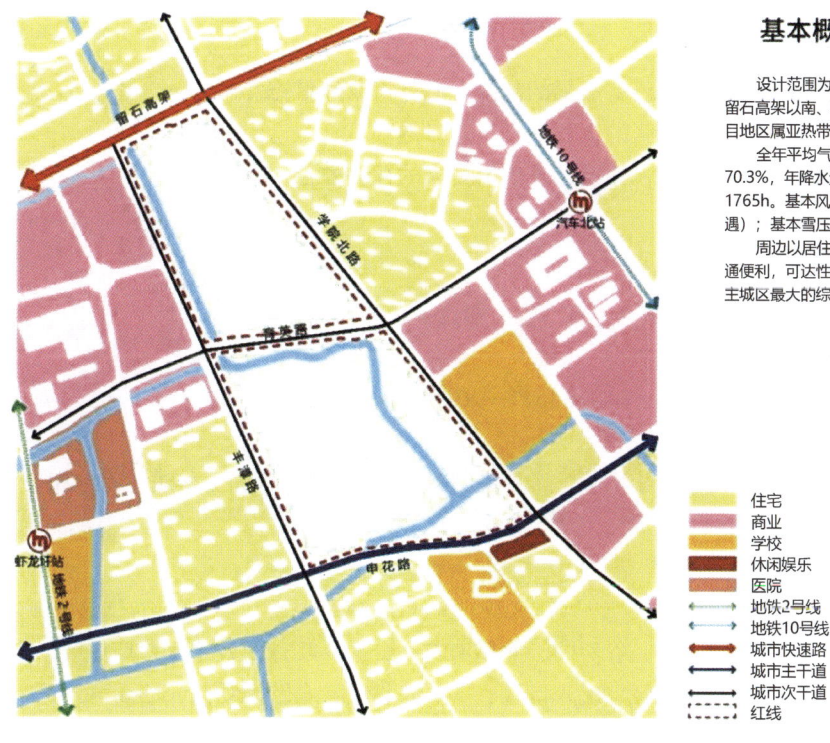

图 9-1-1 项目背景

9.1.2 理念定位

1. 公园定位

项目为一座集体育馆、公园绿地、运动场、服务配套为一体的综合性城市体育公园，致力于打造具有世界级影响力的城市公共空间典范，成为杭州城市形象新名片（图 9-1-2、图 9-1-3）。

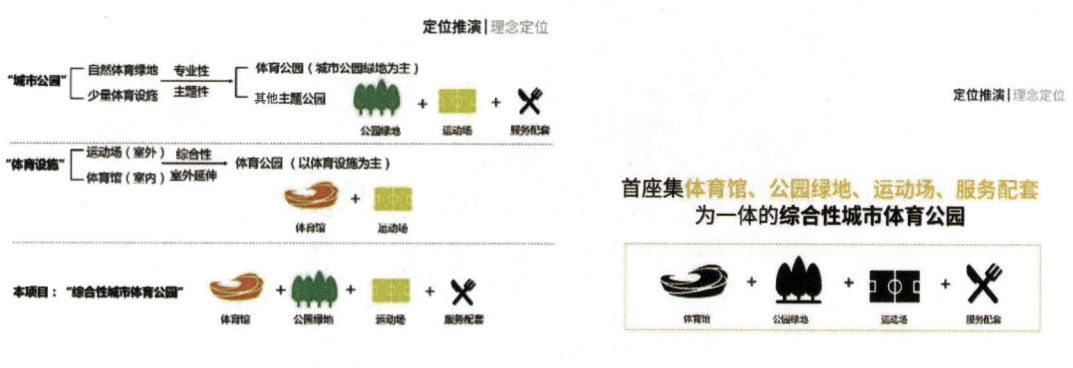

图 9-1-2 公园定位（一）　　　　　　图 9-1-3 公园定位（二）

211

2. 设计原则

（1）尊重概念方案设计，在已有成果的基础上进行完善和扩充。

（2）坚持生态优先，不以夸张的工程手段改造自然环境。

（3）面向未来，运用新技术，让设计发挥出更大的社会效益。

3. 设计依据

《公园设计规范》（GB 51192—2016）

《城市绿地设计规范》（2016年版）（GB 50420—2007）

《无障碍设计规范》（GB 50763—2012）

《城市道路交叉口规划规范》（GB 50647—2011）

《海绵城市建设技术指南》

甲方提供的概念方案、测绘图纸等资料，以及其他国家及地方有关工程建设标准和技术规范。

9.1.3 总体设计

场地景观规划总体结构为：一谷两园，北场南馆；分为乒乓球馆及主入口广场区、启动区、大草坪区、人工湖区、健身活动区、次入口区、下穿峡谷区、全龄活动区、活动草坪区、滨河活动区等功能分区（图9-1-4～图9-1-6）。

图9-1-4　总平面图

总体结构 | 总体设计

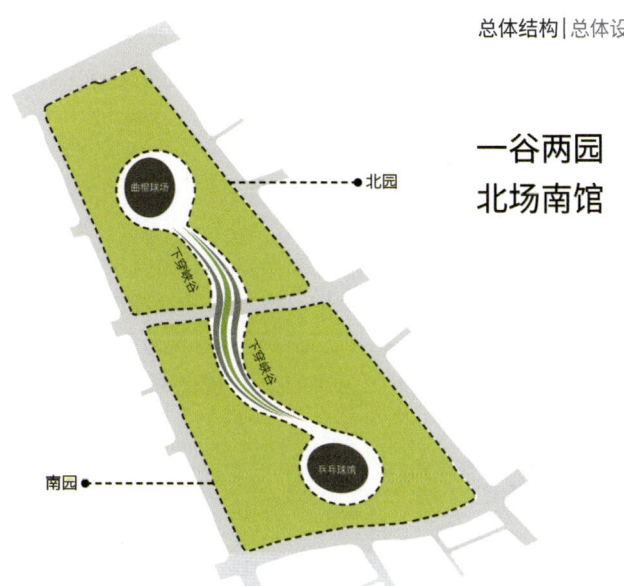

一谷两园
北场南馆

图 9-1-5 总体结构

功能分区 | 总体设计

图 9-1-6 功能分区

1. 地形竖向设计

1）现状竖向控制

基地原状地形总体较为平坦，已回填平整大部；基地北区的原始场地内为苗圃和农居，现已拆除，原始场地标高为 2.400～3.600m；基地南区的原始场地内为苗圃、鱼塘、堆场、居委会用房等，现均已拆除，原始场地标高为 2.800～3.300m。

2）竖向设计原则

竖向设计在建筑设计标高的基础上利用适当的地形塑造手法，利用开挖的地下建筑的土方，创造起伏的微地形，营造丰富的游赏空间体验，营建多种生境，合理组织公园内雨水径流和雨水排放，减少填挖量，尽可能平衡土方。

道路及广场的硬地设计标高与周边城市道路标高相衔接，建筑出入口处室外地面标高均低于室内地坪，地面水从建筑基础平面向外排。设计园路坡度根据规范大部分控制在 8%以内，部分山体段控制在 12%以内，主要道路满足无障碍通行规范要求，局部园路设置台阶，台阶高度为 120～150mm。硬质场地、道路与山丘坡地之间，视高程设置不超过 2m 的挡土墙。入水草坡为缓坡，坡度为 20%左右。

2. 交通系统设计

1）出入口布局

在公园两个主要体育场馆外广场设置公园主入口，并与外部的城市地铁相联系，公园北区的人行主入口设置在丰潭路上，与地铁 2 号线的虾龙圩站对应；公园南区的人行主入口设置在学院北路和申花路的交叉口，与地铁 5 号线的萍水街站对应。在公园沿城市道路、路口等位置，根据公园内部布局、分区等设置多个公园次入口，形成一个开放的城市综合公园。

2）园路设计

道路等级分为 5m 宽一级园路、3m 宽二级园路、2m 宽三级园路等。5m 宽一级园路采用 3m 宽露骨料透水混凝土与 2m 宽彩色透水混凝土的组合路面；3m 宽二级园路采用露骨料透水混凝土路面；其余路面材料以露骨料透水混凝土，黄锈石、芝麻黑、芝麻灰、芝麻白花岗岩等为主要材料。

3）停车场布置

公园平时采用人车分流的设计，机动车通过机动车出入口进入公园后，通过 7m 宽机动车双向车道直接进入地面停车场或者进入地下停车库。南区的主要机动车出入口设置在申花路和丰潭路，南区地下停车库的两个出入口与丰潭路连接；北区的主要机动车出入口设置在学院北路，与地面停车场连接，北区地下停车库的两个出入口也与学院北路连接。

非机动车停车分为地面和地下两种方式：在公园沿城市道路一侧设置地面非机动车车位；地下非机动车车库设置于每个单体建筑的地下一层和独立地下室的夹层，每个非机动车车库均设置有 2、3 个专用坡道，供非机动车出入。

4）消防车道及虚位控制线布置

公园内的部分园路及广场铺装可以让车辆在紧急时进入，满足服务性车辆的使用需求，主要卸货车辆停泊在地面。利用宽度大于 4m 的园路、广场，形成环形消防车道，消防车道纵坡坡度<5%。

5）跑步环道设计

跑步环道总长度为 4000m，宽度为 2m，将公园南区、北区串联起来（图 9-1-7、图 9-1-8）。

3. 铺装场地设计

铺装场地设计主要针对设计范围内的广场铺装、园路铺装、活动场地铺装进行统筹考虑。广

项目 9　城市公园景观设计

场铺装采用小料石、PC 仿石砖、透水混凝土、木屑镶嵌耐候钢、预制混凝土块等材料进行生态式设计；园路铺装采用露骨料透水混凝土、彩色透水混凝土、自发光砖等材料进行装饰设计；活动场地的铺装设计在满足功能的前提下注重色彩和材质的变化，采用塑胶、丙烯酸、防腐木等材料。

图 9-1-7　跑步环道 1

图 9-1-8　跑步环道 2

4. 绿化种植设计

1）绿化种植设计原则

项目强调乡土树种的种植，形成具有杭州韵味的上层木群落与下层木群落；单一品种成片种

215

植的风景林与多品种混种的生态林相互交织；营造具有季节特征的花海景观。

2）植物空间划分

植物空间划分为密林空间、疏林空间、草坪空间、湿地空间、屋顶花园等（图9-1-9）。

图9-1-9　植物空间划分

上层木树种选择：香樟、樱花、白玉兰、朴树、银杏、鸡爪槭、无患子、乌桕、结香、珊瑚朴、合欢、榔榆、湿地松、榉树、枫香、黄山栾树、乐昌含笑等，常绿树与落叶树比例为6∶4。

下层木草花地被选择：水果蓝、迷迭香、银姬小蜡、黄金菊、地被石竹、鼠尾草、常绿鸢尾、穗花婆婆纳、柳叶马鞭草、银边芒、大吴风草、千屈菜、红花酢浆草、葱兰、花叶蔓长春花。

草坪草种选择：马尼拉草（耐踩踏，冬季会呈黄色，维护成本低，多设置在游人可进入区域），矮生百慕大草与黑麦草混播（四季常绿，维护成本高，多设置在坡度较陡、游人较少、以观赏需求为主的区域）。

湿生植物选择：德国鸢尾、萱草、花叶美人蕉、芦苇、蒲苇、灯芯草、席草、香彩雀、香蒲、蓝花梭鱼草、木贼、密花千屈菜、再力花。

屋顶花园植物选择：桂花、花叶石榴、芝樱、垂丝海棠、紫薇、蓝羊茅、地肤、细叶针茅、大布尼狼尾草、小布尼狼尾草、大花葱、柳叶马鞭草、山桃草。

5. 服务设施设计

平日公园游人容量（C）由下列计算公式确定：

$$C=(A_1/A_{m1})+C_1$$

其中A_1（公园陆地面积）=454918m²，A_{m1}（人均占有公园陆地面积）根据公园区位、周边地区人口密度等情况取值，取30m²/人，C_1（公园开展水上活动的水域游人容量）为0人，可推算拱墅运河体育公园游人容量约为15164人。

（1）公园厕所设置：按照公园活动人群的分布密度和游人容量，以经济共享为原则，合理布置公园厕所位置。

公园内厕所分为独立式厕所和与公共服务建筑相结合的共享式公共卫生间两种，其中：共享式公共卫生间有6处，共约178个厕位（含小便斗位、无障碍厕位）；根据《公园设计规范》

（GB 51192—2016），在南、北区儿童游戏场地附近设置独立式厕所 2 处，共约 48 个厕位（含小便斗位、无障碍厕位），方便儿童使用。所有厕所男女厕位比例为 1∶1.5。

（2）休息座椅设置：根据公园游客的需要，按游人容量的 20% 设置休息座椅。沿主要园路、活动场地周边布置可供休息停留的座椅及相应的轮椅停留位。沿园路布置休息座椅时，间隔控制为 50～100m。

（3）垃圾箱及垃圾中转站设置：公园沿人流集中场地的边缘、主要人行道边缘及公用休息座椅附近间隔 50～100m 设置具有垃圾分类功能的垃圾箱，并在公园南、北园分别设置一处垃圾中转站，满足环境卫生及健康需求。

（4）标识系统设置：在公园的主要出入口设置公园平面示意图及信息板；在公园道路主要路口、交叉处设置道路导向标志；在公园主要景点、附属建筑等周边，以及沿主路间隔 150m 左右设置位置标志；在公园内可能对游客人身安全造成影响的区域设置醒目的安全警示标志。

6. 海绵城市设计

（1）海绵城市实施策略：渗、滞、蓄、净、用、排（图 9-1-10～图 9-1-12）。

图 9-1-10　海绵城市实施策略（一）　　　图 9-1-11　海绵城市实施策略（二）

图 9-1-12　海绵城市实施策略（三）

（2）海绵城市措施分布：下凹式绿地（含植草沟、雨水花园）面积为 93350m²，透水铺装面积为 70795m²（图 9-1-13、图 9-1-14）。

（3）海绵城市具体措施：渗井、植草沟、旱生雨水花园、湿生雨水花园、缓冲带、透水铺装（图 9-1-15）。

园林景观设计

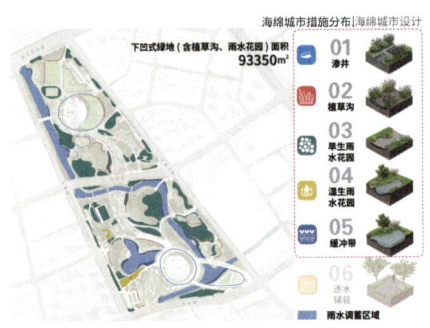

图 9-1-13　海绵城市措施分布（一）

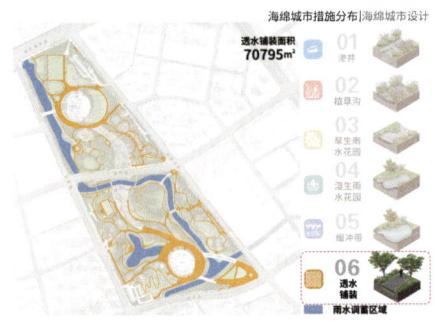

图 9-1-14　海绵城市措施分布（二）

（a）渗井

（b）植草沟

（c）旱生雨水花园

（d）湿生雨水花园

（e）缓冲带

（f）透水铺装

图 9-1-15　海绵城市具体措施

218

7. 景观照明设计

（1）根据公园景观类型、风格、周边环境和夜间使用状况，以保障游客安全、方便使用为出发点，来确定照度水平并选择照明方式。

（2）避免溢散光对行人、周围环境及园林生态的影响。

（3）绿地植物照明要结合不同景观要求和植物生长需要设置。

（4）利用智慧技术降低能耗，实现低碳环保。

8. 自然生态设计

1）生境多样性设计

公园内的生境类型有湿地栖息地、草甸栖息地、森林及林地栖息地和山丘栖息地四类。每个生境区域都可形成一类独特的小型生态系统，吸引特定的物种停留在这里（图9-1-16）。

图9-1-16　生境多样性设计

2）栖息地设计

栖息地设计类型主要包括：两栖类及甲壳类栖息地、鸟类栖息地、昆虫类栖息地、鱼类栖息地等。

9. 智能科技设计

利用智慧技术和大数据信息采集在园区内进行景观互动和智能设计，设置夜光跑道、互动装置、交互水景、数字运动设施等（图9-1-17~图9-1-20）。

图 9-1-17 夜光跑道　　　　　　　　　图 9-1-18 互动装置

图 9-1-19 交互水景　　　　　　　　　图 9-1-20 数字运动设施

9.1.4 重要景观节点及特色

1. 南园

1）乒乓球馆及主入口广场区

主入口：位于申花路和学院北路路口处的公园主入口，其间设有极具吸引力的入口标识，从这个主入口进入公园可见亚运广场和乒乓球馆（图 9-1-21）。

亚运广场：入口区域的亚运广场通过开阔的活动草坪与树阵，在视觉上凸显乒乓球馆的建筑形态，共同营造绿色现代的公共开放空间（图 9-1-22）。

河流交汇湿地：在婴儿港河与北庄河交汇处设计河流交汇湿地，通过开花的水生、湿生植物，净化水质，改善生态，塑造自然生态的滨水岸线（图 9-1-23）。

全民健身中心屋顶花园：在全民健身中心的屋顶上打造蜿蜒趣味的园路与丰富多彩的花境、花海景观，吸引游客登上屋顶眺望充满绿色活力的公园（图 9-1-24）。

全民健身中心下沉庭院：在全民健身中心东侧的下沉庭院中设计树池并种植高大的毛竹，柔化并连接大体量的体育场馆，形成怡人的绿色空间。

项目 9　城市公园景观设计

图 9-1-21　节点设计——主入口

图 9-1-22　节点设计——亚运广场

图 9-1-23　节点设计——河流交汇湿地

图 9-1-24 节点设计——全民健身中心屋顶花园

2）启动区

樱花大草坪：该区域通过地形的起伏塑造出优美的疏林草地空间，树形优美的樱花搭配具有视觉引导作用的潺潺溪流，形成从学院北路观赏公园的绿色景观窗口，舒适的缓坡草坪空间将吸引大量人气聚集（图 9-1-25）。

图 9-1-25 节点设计——樱花大草坪

增氧健身自行车：将体育健身、科技互动、水质净化三者完美结合，游客通过蹬动自行车来带动水景喷泉的喷涌，既增加了水体的含氧量，又能形成一道有趣的公园景观（图 9-1-26）。

体感互动直道：将利用学院北路与场地间高差设计的景墙与最新的光电科技结合，打造一条独具特色的体感互动跑步直道。夜间前来健身的游客可以通过手机扫码点亮 LED 虚拟影像，可以和自身运动数据、体育明星形象，甚至是虚拟猎豹来竞速（图 9-1-27）。

3）大草坪区

北庄河沿岸：沿北庄河设计草坡入水景观，搭配局部水生植物种植，形成优美多变的亲水岸线，疏朗的草坪与自然林带穿插，构建绿色背景（图 9-1-28）。

启动区　　　　　　　　　　　　　　　　南园｜重要节点设计

增氧健身自行车

图 9-1-26　节点设计——增氧健身自行车

启动区　　　　　　　　　　　　　　　　南园｜重要节点设计

体感互动直道

图 9-1-27　节点设计——体感互动直道

大草坪区　　　　　　　　　　　　　　　南园｜重要节点设计

北庄河沿岸

图 9-1-28　节点设计——北庄河沿岸

滨水跑步道：位于河边的公园跑步道可以满足市民日间和夜间不同的休闲游园及运动健身需求（图9-1-29）。

图9-1-29 节点设计——滨水跑步道

4）人工湖区

人工湖和潜流湿地：利用现状水体设计人工湖，将雨水通过潜流湿地等海绵措施净化、汇集到人工湖中，实现雨水的回收利用，有效缓解公园及周边的雨洪问题（图9-1-30）。

图9-1-30 节点设计——人工湖和潜流湿地

音乐广场：结合高起的地形，在人工湖西侧伸入湖中的半岛上设计林下音乐广场，作为举办小型音乐会、路演的活动场地。该区域既可以看湖景也可以看演出，将成为夏夜的热门汇集地（图9-1-31）。

图 9-1-31　节点设计——音乐广场

人工湖北岸：在人工湖北岸回望湖面，乒乓球馆、全民健身中心与水面、林地完美地融合在一起，湖岸绿地将成为游客休闲的好去处（图 9-1-32）。

图 9-1-32　节点设计——人工湖北岸

5）健身活动区

沙坑戏水儿童游戏场地：极具互动性的沙坑戏水空间通过自然块石、观赏草、砾石、溪流及戏水器械，打造适合不同年龄段儿童户外探索游戏的场地。该区域让儿童感受自然，体验动手的乐趣，特色棚架将为儿童遮挡烈日，提供清凉（图 9-1-33）。

多功能草坪和景观亭廊：2000m² 的多功能草坪将满足人们多种休闲聚会活动的需求，成为充满活力的自由运动场地，与之搭配的景观亭廊，将营造一个轻盈通透的停留空间，为运动后的游客提供简餐茶歇。简洁的、具有宽大挑檐的大跨度亭廊提供公共桌椅和简单的食品饮料，将成为游客乘凉和休息的好去处,是体育运动后的加油站,夜间则化身极具活力的休闲运动场所(图 9-1-34)。

图 9-1-33　节点设计——沙坑戏水儿童游戏场地

图 9-1-34　节点设计——多功能草坪和景观亭廊

室外篮球场:位于林荫场地中的篮球场满足了市民在自然中运动的需求,展现出体育公园的独特魅力。

2. 下穿峡谷区

1)峡谷广场

峡谷广场是连接南北区间的必经之地,是公园的核心区域。通过树池、水景来调整空间尺度,增加竖向变化,丰富游赏体验,营造惬意空间(图 9-1-35)。

2)峡谷顶部捕风廊

位于下穿峡谷顶部的捕风廊,既具备景观廊架的功能,又能够带动区域的空气流动,营造舒适的公园小气候(图 9-1-36)。

项目9 城市公园景观设计

图9-1-35 节点设计——峡谷广场　　　　　图9-1-36 节点设计——峡谷顶部捕风廊

3. 北园

1）全龄活动区

儿童平衡车赛道和游戏场地：通过多种活动器材组合满足儿童的运动需求，设置儿童平衡车比赛专用场地，打造城市儿童运动的新兴场所（图9-1-37）。

银球王国趣味乒乓球场：通过设置标准乒乓球台及特色趣味乒乓球台，丰富人们在公园中进行体育运动的方式和内容（图9-1-38）。

图9-1-37 节点设计
——儿童平衡车赛道和游戏场地　　　　　图9-1-38 节点设计
——银球王国趣味乒乓球场

2）活动草坪区

北区大草坪：在北区高起的地形中设计开敞起伏的阳光草坪，满足人们休闲运动需求（图9-1-39）。

宠物乐园：在公园绿地中设置宠物及其主人专属的活动场地，通过合理设置围栏和活动设施保障安全并满足宠物活动需求（图9-1-40）。

滑板场地：设计专业滑板场地，包含初、中级滑道，既可供高水平滑手训练使用，还可承办大型赛事活动（图9-1-41）。

227

图 9-1-39 节点设计——北区大草坪　　图 9-1-40 节点设计——宠物乐园

图 9-1-41 节点设计——滑板场地

3）滨河活动区

太极广场：在永兴河水岸设计滨水太极广场，通过松柏类植物种植及座椅设计，营造满足中老年人进行太极等休闲康体运动的场地（图 9-1-42）。

曲棍球场丰潭路主入口：通过宽阔的景观平桥连接丰潭路主入口与曲棍球馆前广场，形成整体统一且充满活力的入口空间（图 9-1-43）。

图 9-1-42 节点设计——太极广场　　图 9-1-43 节点设计——曲棍球场丰潭路主入口

9.1.5 经济技术指标

表 9-1-1 所示为本项目的经济技术指标。

表 9-1-1 经济技术指标

序号	用地类型	面积/m²	分项	分项面积/m²	用地占比	折算后绿化面积/m²	绿地率计算
1	公园面积	506054.2	—				
2	绿地面积	291886	—		57.679%	291886	
3	水体面积	51136.1	—		10.105%	51136.1	
4	建筑占地	38386	—		7.585%	—	70.02%
		其中	屋顶绿化面积	15255.1	—	10445.4	
5	道路铺装	124646.1	—		24.631%		
		其中	停车场嵌草铺装	4234.6	—	846.92	

9.2 相关知识

9.2.1 城市公园景观设计基础知识

城市公园规划设计

1. 定义与分类

城市公园是供城市公众使用的园林,即"供公众游览、观赏、休憩,开展户外科普、文体及健身活动,向全社会开放,有较完善的设施及良好生态环境的城市绿地"。随着社会经济的快速发展,城市化进程的不断推进,城市居民的生活水平的提高,人们对休闲娱乐有了更多的需求。在工作之余,去公园散步、娱乐、运动已成为人们生活中不可或缺的一部分。按照服务范围和功能定位的不同,城市公园分为全市性公园和区域性公园两大类。

全市性公园主要为全市居民服务,其用地面积一般为 10~100hm² 甚至更大,其服务半径为 3~5km,居民步行 30~50min 可到达,乘坐公共交通或自驾 10~20min 可到达,是城市公园绿地中用地面积最大、活动内容和设施最完善的绿地。

区域性公园的服务对象是市区一定区域的居民,用地面积按该区域居民的人数而定,为 10hm² 左右,服务半径为 1~2km,步行 15~25min 可到达,乘坐公共交通或自驾 5~10min 可到达,园内有较丰富的活动内容和配套设施。

2. 城市公园的功能与作用

城市公园作为城市中的重要景观资源,其作用主要集中在生态环境、社会文化、经济三个方面。城市公园的功能具体如下。

（1）维持城市生态平衡的功能。城市的生态平衡主要通过绿化来实现，二氧化碳的吸收、氧气的生成是植物光合作用的结果。城市公园拥有大面积绿化，在防止水土流失、净化空气、减少热辐射、杀菌滞尘、降低噪声、调节小气候、降温、防风引风、缓解城市热岛效应等方面都具有良好的生态功能。公园作为城市的"绿肺"，在改善环境污染状况、有效维持城市小生态平衡中发挥着重要的作用。

（2）美化城市景观的功能。城市公园是城市中最具有自然性的场所，拥有水体和大面积绿化，是城市中的绿色软质景观。它和城市的道路、建筑等灰色硬质景观形成鲜明对比，让城市景观更加柔和，而公园本身也是城市的主要景观。因此，其在美化城市景观中具有举足轻重的地位。

（3）休闲游憩功能。城市公园可以看作城市起居空间，是居民主要的休闲游憩场所。其空间与设施为居民提供了丰富的户外活动场景，承担着满足居民休闲游憩需求的主要职能。这也是城市公园最主要、最直接的功能。

（4）精神文明建设和科研教育的功能。城市公园承载着居民大量的户外活动，随着社会文化的进步，城市公园在满足居民休闲需求的同时，日益成为传播精神文明、科学文化知识和开展科研教育的重要场所。各种社会文化活动如唱歌、健身、舞蹈、亲子互动等在公园中开展，不仅陶冶了居民情操，提升了其文化素质，更凸显了公园在社会主义精神文明建设中的独特价值。

（5）防灾、减灾功能。城市公园具有大面积的公共开放空间，不仅是居民平日的聚集活动场所，更在城市的防灾、避难等方面发挥着重要的安全保障作用。城市公园可作为地震发生时的避难地、火灾时的隔离带，还可以成为救灾物资集散地、救灾人员的驻地及临时医院、灾民临时住所和倒塌建筑物废墟临时堆放场。

3. 城市公园的特点

（1）公共性，城市公园强调公共使用性，是供市民使用的园林绿地。

（2）游憩性，为市民提供休闲娱乐的场所和设施是城市公园的主要功能。

（3）生态性，城市公园需要有一定的植被覆盖，为市民亲近自然提供可能，对于面积较大的城市公园（如郊野公园、湿地公园等）还要强调其生态性。

（4）可达性，城市公园位于所服务对象的便捷出行范围内，市民可以步行或借助自行车、公共交通等方式方便到达。

（5）开放性，包括空间上的开放和向社会、市民的开放两方面，普通市民可以自由进出和使用。

（6）长期性，城市公园不是一种过渡用地，建设要从持续发展方面考虑。

（7）防灾减灾性，可以抵御沙尘暴、阻隔瘟疫入侵、延缓火灾蔓延、减轻爆炸损害，通过地表渗透缓解洪涝灾害，在发生严重灾害时可提供安全的避难救灾和灾后恢复空间。

（8）多价值性，城市公园对于城市的价值是各方面的，有生态环境上的、历史文化上的及社会经济上的。

4. 城市公园设置的内容

城市公园的项目设置应该针对不同的服务对象及其需求，结合整个公园的规划布局综合考虑，一般可以设置下列内容。

（1）景观游览：自然风景、名胜古迹、文物、观赏植物、盆景、园林建筑、景观小品和观赏动物等（图 9-2-1～图 9-2-4）。

图 9-2-1　芜湖神山公园莲心舞台/奥雅设计

图 9-2-2　广州大金钟湖畔公园/华南理工大学建筑设计研究院

图 9-2-3　广州大金钟湖畔公园入口景观/华南理工大学建筑设计研究院

图 9-2-4　广州大金钟湖畔公园日升广场/华南理工大学建筑设计研究院

（2）老人活动：品茗、垂钓、棋艺、锻炼及读书等场所（图 9-2-5、图 9-2-6）。

图 9-2-5　西湖曲院风荷茶室

图 9-2-6　西湖曲院风荷曲艺室

（3）儿童活动：适合学龄前儿童及学龄儿童的游戏娱乐（如障碍游戏、迷宫）、体育运动、集会、科普文化活动的场所，以及阅览室、少年气象站、少年自然科学园地、小型动物园、植物园等。

（4）文化娱乐：露天剧场、游艺室、俱乐部等，以及游戏、戏水、音乐、舞蹈、戏剧、技艺节目的表演和居民自娱活动等的场所。

（5）服务设施：餐厅、茶室、休息亭、灯具、公用电话、问讯处、物品寄存处、指路牌、园椅、厕所、垃圾箱等（图9-2-7～图9-2-11）。

图9-2-7 旭辉·礼物公园活动中心/上景设计/河狸摄影

图9-2-8 旭辉·礼物公园服务中心/
上景设计/河狸摄影

图9-2-9 旭辉·礼物公园休息设施/
上景设计/河狸摄影

图9-2-10 广州沙面景观导引标识

图9-2-11 郑州植物园公厕

（6）出入口：公园出入口位置的选择和处理是公园总体设计中的一项主要工作。它不仅影响游人方便地进出公园、城市道路的交通组织，还影响公园内部的规划结构、分区和活动设施的布置。

一般公园规划时可以设置一个主要出入口，一个或若干个次要出入口及专用出入口。主要出入口应设在城市主要道路及有公共交通的区域，同时尽量减少外界交通干扰。次要出入口是辅助性的，它的功能是为主要出入口分担人流量，避免附近游人绕路入园，也可形成道路系统的循环，减少游人走回头路。专用出入口是根据公园管理工作的需要而设立的，为方便管理和生产，同时不妨碍园景，其多选择在公园管理区附近或偏僻处，不供游人使用。

公园出入口设计要充分考虑其对城市街景的美化作用及对公园景观的影响。出入口作为游人进入公园的第一个视线焦点，给游人留下第一印象，其平面布局、立面造型、整体风格应根据公园的性质和内容具体确定。公园大门造型通常与其周围的城市建筑有较明显的区别，以突出其特色。

（7）园务管理：办公室、治安管理处、苗圃、生产温室、花棚、花圃、变电室或配电间、广播室、工具间、仓库、车库等。

9.2.2 城市公园景观设计的原则

1. 功能原则

城市公园的规划布局首先要满足功能要求。公园有多种功能，除调节温度、净化空气、美化环境外，还可以通过游憩活动让城市居民亲近自然，达到消除疲劳、调节身心、增添活力、陶冶情操的目的。不同类型的公园有不同的功能和内容，所以规划布局也随之不同，规划布局要结合功能分区，利用基地的条件和周围环境，把建筑、道路、水体、植物等要素综合起来组成空间。

2. 公众参与原则

城市公园是公众休闲娱乐的场所，也是展现歌唱、器乐、舞蹈等艺术行为的空间，供人锻炼的场地，供游览观赏的景观等。规划设计中应强调公众参与，以往的很多项目采用精英模式，单纯由规划设计师决定方案，片面追求景观美学，缺失人性关怀，并不适应大众的真实需求，公众身处其中有疏离感，这样的项目缺乏亲和力，成为只可远观不可亲近的陈列品。

规划设计之初应开展公众需求调查，向公众展示设计方案并征求意见，甚至公众在一定程度上拥有投票决定权。把公众的积极性调动起来，使城市公园项目融入百姓生活。

3. 多层次文化原则

城市公园规划设计不仅要满足功能需求，还要满足社会层面的要求。城市公园应该成为城市重要的活动场所，尤其是吸引市民在此举办社区活动，更能提升城市活力和凝聚力，促进社会和谐。文化因素在城市公园的规划设计中往往被忽视，应注意将当地文化融入其中。人群具有年龄层次多样性和需求多样性，规划设计时要为不同年龄层次的人群考虑，例如满足儿童和青少年的需求，使他们有机会融入自然环境，帮助他们体验童年时代的美好。

4. 异质性原则

景观异质性导致景观复杂性与多样性，从而使景观生机勃勃，充满活力。因此在对以人工生态为主体的景观单元——城市公园进行规划设计时，应强调多元化、多样性，追求景观整体生产力与植物物种多样性，并根据环境条件的不同将其处理为带状（廊道）或块状（斑块），与周围绿地衔接起来。

5. 多样性原则

生态系统多样性是城市生物多样性的重要体现，是城市居民生存与发展的需要，也是维持城市生态系统平衡的基础。城市公园设计可通过优化斑块、廊道和基质的空间布局，结合本土植物群落配置，提升生态系统的连通性，从而通过园林景观类型多样化及物种多样性维持并提升城市生物多样性。

9.2.3 城市公园景观设计的影响因素

1. 使用者的活动与习俗

可结合当地居民的活动特点、风俗传统、生活习惯等设置项目内容。

2. 公园在城市中所处的位置

在整个城市的规划布局中，要综合考虑城市绿地系统对公园的定位和要求。位于城市中心地区的公园，一般游人较多，人流量大，要考虑公众活动的多样性。位于城市边缘地区的公园，需要结合规划定位和区位条件，设置凸显地方特色、满足游人需求的项目内容。

3. 公园的周边环境

若公园附近已有大型文娱设施（如剧场、音乐厅），则园内可不再重复设置同类项目。

4. 公园的面积

大面积的公园设置的项目多、规模大，游人在园内的时间一般较长，对服务设施有更高的要求。可通过公园环境容量测算，确定合适的项目内容。

5. 公园的自然条件

公园的自然条件（如自然景观、植被、水系、地形地貌等）是项目设置的重要依据，应因地制宜布局项目内容。

9.2.4 城市公园景观设计的分区

城市公园景观的分区规划就是将整个公园分成若干个小区，然后对各个小区进行详细规划。根据分区规划的标准、要求的不同，城市公园景观的分区可分为景观分区和功能分区两种形式。

1. 景观分区

综合公园规划设计

景观分区是将公园中自然景色与人文景观突出的某片区域划分出来，并按照拟定的某一设计主题进行统一规划，它是我国古典园林景观中最常用的分区规划方法。我国古典园林中常利用意境处理方法形成景区特色，一个景区围绕一定的主题展开，构成主题的元素有山水、建筑、动物、植物、民间传说、匾额、对联等，如西湖十景等都是经典的范例。在现代公园规划时仍可采用景观分区这一方法，尤其对面积大、功能比较齐全的公园和风景游览区，它们的主题元素比较复杂，规划时可设置多个景区。

2. 功能分区

公园规划中的功能分区是指将公园用地按活动内容和功能需要划分成不同的区域，通常分为游览休息区、文化娱乐区、儿童活动区、老年人活动区、体育活动区、公园管理区等。

1）游览休息区

游览休息区主要用于游览、观赏、休息、陈列，是游人最喜爱的区域，因此该区域在公园内占的面积较大，是公园的重要组成部分。游览休息区应广布全园，往往选择地形起伏或视野开阔之处，并且应植被丰富、风景优美。同时，应与公园内喧闹的地方隔离，以防止受其他区域声响的干扰。

2）文化娱乐区

文化娱乐区是人流集中的活动区域，在区内可开展较多的文化娱乐活动，如跳舞、溜冰、唱歌等，因此需要有一些设施或场所来满足这些活动的需要。一般根据公园的规模大小和内容要求，因地制宜地规划活动场所，布置一些必要设施。这些活动场所可以是俱乐部、游戏广场、露天剧场、影剧院、音乐厅、舞池、溜冰场、戏水池、科技活动场地等，也可以是一些生活服务设施，如供水、供电、供暖设施以及园桌、园椅等。

文化娱乐区的规划有两点需要注意：一是要组织好交通，在规划条件允许的情况下，尽可能地接近出入口，以快速集散游人；二是应尽可能利用地形特点，创造出景观优美、环境舒适、投资少、效果好的景点和活动区域。例如，可利用缓坡地设置露天剧场或演出舞台，利用下沉地形开辟技艺表演或集体活动场所、游戏场等，利用较大水面开展水上活动等。

3）儿童活动区

儿童活动区是为促进儿童的身心健康而设立的专门活动区。在该区域内可设置学龄前儿童及学龄儿童的游戏场、戏水池、少年宫、运动场、科技活动园地等。儿童活动区用地最好能达到在该区域活动的儿童人均 $50m^2$，并且按照用地面积的大小确定所设置内容的多少。用地面积大的在内容设置上与儿童公园类似，用地面积较小的只在局部设游戏场。

儿童活动区规划设计应注意以下四个方面。

（1）区内的建筑小品和一切设施都要考虑到少年儿童的尺度，形式要活泼，富有教育意义。

（2）区内道路的布置要简洁明确，容易辨认，主要路面要能通行童车。

（3）花草树木的品种要丰富多彩、颜色鲜艳，引起儿童对大自然的兴趣，不要种有毒、有刺、有恶臭的浆果植物，不用铁丝网。

（4）规划时要考虑成人的休息和成人照看儿童时的需要，区内需设置厕所、小商店等服务设施。

4）老年人活动区

随着人口老龄化速度的加快，老年人在城市人口中所占比例日益增大，公园中的老年人活动区在公园绿地中的使用率是最高的，所以老年人活动区的设置是重要的内容。老年人活动区要根据老年人的心理和生理等特点，进行合理布局、精心设计。

首先，老年人活动区的位置选择，要从以下三个方面来考虑：第一，此区宜设在交通方便的公园主要出入口附近，方便老年人出入公园，并且尽快到达老年人活动区；第二，此区宜设在儿童活动区和安静休息区之间（或有大片林木的安静环境），既可平衡老年人喜静又怕过于安静的需求，又能满足老年人与儿童交往或带孙辈同去游玩的要求；第三，此区应选择地形种类丰富、地势较平坦的地段，便于景观的营造。

其次，老年人活动区的活动内容和设施的规划要具有主动性、服务性和多样性的特点，要充分考虑到老年人的特点而做一些特殊的安排。例如，在活动区中应多设些舒适的椅子和扶手等，并且以木制和藤制的为宜；在水池和位置较高的亭台处、道路旁应设安全保护栏杆以防意外；园中道路应平坦而稳固，一般以嵌草路面和硬质铺装路面为好，不宜太滑或起伏多变；再如老年人活动区的建筑设施主要是供点景和游赏之用，在活动区内可安排一些造型别致又兼有避风躲雨功能的"观景亭""赏雨廊""避风阁"等，供老年人休息赏景，设置茶室、活动室、林中桌椅等供老年人饮茶、聊天、开展各项活动。

最后，老年人活动区的园林植物景观环境营造是规划设计的重点，通过植物设计创造一个良好环境，使老年人能够心情舒畅、修身养性、放松身体。规划设计中一般要注意以下三点：第一，以自然式为主，多用自由曲线，少用直线，以增加轻松、愉快的感觉；第二，多用花灌木和季相明显的色叶植物及松、竹、梅等韵味足、观赏价值高的树种，以增添诗情画意的情趣，少用柏类等色深、厚重、沉闷的树种；第三，在种植方式上，多样种植比纯林效果要好，阔叶树比针叶树要好，落叶树占老年人活动区园林植物总面积的 2/3 较合适。

5）体育活动区

随着我国城市发展及全民健身意识的增强，我国城市的综合性公园宜设置体育活动区。比较完整的体育活动区一般设有体育场、体育馆、游泳池、各种球类活动设施和场地、健身场地及器材等，较小的体育活动区也应设置一些健身器材及小球活动场地。本区属于相对较闹的功能区域，应与其他各区有相应分隔，以地形、树丛、丛林进行分隔较好。

6）公园管理区

公园管理区是为公园经营管理的需要而设置的专用区域，一般设置有办公室、仓库、宿舍等。本区一般设在既便于公园管理，又便于与城市联系的地方。规划布局时要考虑适当隐蔽，不宜过于突出，影响游人的景观视线。

9.2.5 城市公园景观设计要点

1. 公园的选址

综合性公园的选址，应结合城市河湖系统、道路系统、生活居住用地、商业用地等各项规划综合考虑，在城市绿地系统规划层面选址，在选址过程中应注意以下几点。

（1）综合性公园的服务半径应使居住用地内的居民能方便使用，并与城市主要交通干道、公共交通设施有方便的联系。

（2）符合城市绿地系统规划中确定的性质和规模，尽量充分利用城市的有利地形、河湖水系，同时可选择不宜进行工程建设及农业生产的复杂破碎的地形、起伏变化较大的坡地建园。

（3）充分发挥城市水系的作用，选择具有水面的地段建设公园，既可保护水体，又可增加公园景色，并满足开展水上运动、公园地面排水、植物浇灌、水景用水的需要。

（4）选择现有植被丰富和有古树名木的地段。在原有林场、苗圃、花圃、丛林等基础上加以规划改造，投资少、见效快。

（5）选择可以利用的名胜古迹、革命遗址、人文历史、园林建筑的地区规划建设公园，既可丰富公园内容，又可保护民族文化遗产。

（6）公园用地应考虑发展的可能性，留出适当面积的备用地。备用地可暂时作为苗圃、花圃，待建设时机成熟时，再进行改建。

2. 公园的道路系统

公园中的道路就是公园的导游线，它不仅引导游人进行游览，同时，园路优美的线形和铺装装饰设计也具有景观作用。公园中道路的布局要根据公园绿地内容和游人容量来定，设计上要求主次分明，便于游人识别方向，同时要因地制宜，和地形密切配合。因此，公园道路有主干道、次干道、游步道和小径的区别，如主干道是通往全园各大景区和主要景点的道路，游人量大，单从宽度来说，主干道相较于其他类型的道路有明显区别，通常更宽；游步道的线形和铺装设计比较灵活自由，只需容纳少部分人流。再如山水型公园的园路要环山绕水，但不应与水平行，因为依山面水的园路活动人数多，设施内容多，道路与水平行存在一定的安全隐患；平地型公园的道路要弯曲柔和，密度可大一点，但不要形成方格网状，以免游人迷路；山地型公园的道路纵坡应在12%以下，弯曲度要大，密度要小，可形成环路，以免游人走回头路。

园路的布置要把众多的景区、景点有机协调组合在一起，使之具有完整统一的艺术结构和景观展示程序。园路设计应有"起景—高潮—结景"这三个方面的处理，通常包括"序景—起景—发展—转景—高潮—结景"。例如，北京颐和园从东宫门进入，以仁寿殿为起景，沿小路南行，转入昆明湖边豁然开朗，再向北转西，通过长廊的过渡到达排云殿，再拾级而上直到佛香阁、智慧海，到达主景高潮，然后向后山转移，再游谐趣园等园中园，最后至北宫门结束行程。这是一组完整的公园景观动态展示序列，而此种展示，主要是依靠道路系统的导游职能来完成的，因此道路系统的布置就显得非常重要。多种类型的公园道路系统为游人提供了动态游览的条件，因地制宜的园景布局又为动态序列的展示打下了基础。

园路的绿化要根据园路不同的类型进行植物配置。主干道的绿化可选用高大、荫浓的乔木和喜光的花卉植物在园路两旁布置，其配植要有利于交通，还要综合考虑地形、建筑、景观的需要。游步道深入公园的各个角落，其绿化要丰富多彩，达到步移景异的目的。山水型公园的园路多依山面水，绿化应点缀风景而不妨碍视线。平地处的园路可用乔灌木树丛、绿篱、花境来分隔空间，园路应高低起伏，时隐时现。在有风景可观的山路外侧，宜种矮小的花灌木及草花，不影响景观（图9-2-12～图9-2-15）。

3. 公园的地形处理

地形是公园景观的骨架，直接影响公园景观质量和投资效益，因此，地形处理是公园景观设计中的一个重要环节。

地形处理时应同时考虑下列因素。

（1）要看原有地形的情况，设计时应充分利用原有地形，地形改造只是辅助手段。设计师要因地制宜，尽量减少土方量，建园时最好达到园内填挖的土方平衡，节省劳动力和建设投资，但对有碍景观功能发挥的不合理地形则应大胆地改造。例如，坡度太陡或同一坡面延伸过长时，就需要对坡度加以处理，以避免水土流失。

图9-2-12　杭州西湖竹素园园路

图9-2-13　上海世博后滩湿地公园亲水栈道/土人景观

图9-2-14　上海世博后滩湿地公园园路/土人景观

图9-2-15　长沙梅溪湖公园园路

（2）要看公园与城市道路的关系，这里是指出入口的地形处理问题。公园出入口需要有广场和停车场，因此，公园出入口应设计平坦地形，这样与城市道路才能合理衔接。

（3）公园中的地形处理要满足游人的功能活动要求和观景要求，公众文体活动需要平坦的用地；当利用地形设置观众看台时，就需要有一定大小的平地和适当的坡地；在规划安静休息的地段或利用地形分隔空间时，常需要有山岭坡地；进行水上活动时，就需要有较大的水面等。此外，从审美的角度看，平坦的一览无余的地形显得平淡无奇，此时就需要对地形加以处理，设计自然式微地形和开挖自然水系都是不错的选择。

（4）地形设计时要考虑到植物种植的要求，地形设计应与全园的植物种植规划协调。由于植物有喜光、耐阴、水生、沼生、耐旱、耐湿等生态习性，处理地形时应考虑到植物的生态习性，符合植物生长环境要求。例如，古树、大树要保持它们原有地形的标高，以免造成露根或被掩埋而影响植物的生长和寿命，公园中的山林和草坪应在地形设计中结合山地、缓坡创造地形，山林坡度应小于33%，草坪坡度不应大于25%。

4. 公园的铺装场地设计

公园中必须设计一定的铺装场地供游人集散、观景、开展各种活动和休息。公园中的下列场所必须设计一定面积的铺装场地：第一，公园的主要出入口内，游人进入公园后，一般都要进行短暂的停留，此处设计铺装场地，可供游人集散、观看导游牌、辨别方向；第二，公园的主要景点周围,如主题雕塑、大型喷泉周围应该设计铺装场地供游人观景、休息,这些地方的人流量较大,游人停留的时间较长,因此应根据景点的吸引力和知名度等因素来估算人流量大小和游人停留时间,进一步确定合适的铺装场地面积。此外,公园中为开展各种公众活动也可以在适当的地方设计各种铺装场地,如在主要出入口附近设计演出场地和舞池等。公园中铺装场地设计的形式有自然式和规则式两种。自然式场地较为常见,一般作为游憩场地;规则式场地在一些纪念性公园或公园中的纪念性景区中较为常见,一般供游人驻足瞻仰英雄人物的雕像或烈士纪念碑等。

5. 园林建筑与景观小品

园林建筑与景观小品在城市公园中既能美化环境,丰富园景,又能为游人提供休息和公共活动的方便,使游人从中获得美的感受。在目前的公园设计中,景观小品日趋多样,中国传统园林中的雕塑、假山、壁画、摩崖石刻等是经典的景观小品形式,而现代设计师在传承传统的基础上,将当代艺术创作灵感融入公园小品设计中,其作品妙趣横生,是当代公园景观中最富活力和表现力的元素。园林建筑与景观小品附近可设置花坛、花台、花境。展览室、游览室内可设置耐阴花木,门前可种植浓荫大冠的落叶大乔或布置花台等。沿墙可利用各种花卉花坛,成丛布置花灌木。所有树木花草的布置都要和园林建筑与景观小品协调统一,与周围环境相呼应,四季色彩变化要丰富,给游人以愉快之感(图9-2-16~图9-2-18)。

图9-2-16　杭州花港观鱼藏山阁

图9-2-17　杭州花港观鱼园林小品

图9-2-18　湖南烈士公园雕塑

园林建筑与景观小品是公园景观的组成要素,具有供游人开展文化娱乐活动、提供服务等功能,虽占地比例很小(占公园陆地面积的1%~3%),但它们是否设计合理关系到其能否与公园空间和环境建立有机和谐的整体关系,同时,园林建筑与景观小品在提高功效、节省空间、减少噪声和污染、加强安全感、方便人们的游憩活动等方面发挥重要作用。

园林建筑与景观小品的类型多样,包括亭、廊、水榭、舫、厅、堂、楼阁、塔、台、桌椅、栏杆、景观墙、景观灯等,它们在设计和布局上有一些共同的特点,概括起来有如下四点。

（1）园林建筑设计的基本原则是"巧于因借，精在体宜"。要结合地形、地势，"随基势之高下"宜亭则亭、宜榭则榭，并且在基址上作风景视线分析，"俗则屏之，嘉则收之"。设计时可根据自然环境、功能要求选择建筑的类型、基址的位置。

（2）在建筑造型的处理上，包括体量设置、空间组织、细部装饰等，不能仅就园林建筑与景观小品自身考虑，还必须注意与周围环境是否协调、景观功能是否能满足要求等问题。一般来说，园林建筑体量要轻巧，空间要通透，如遇功能较复杂、体量较大的园林建筑，可化整为零，按功能的不同分为厅、堂等，再以廊架相连，院墙分隔，组成庭院式的建筑群，可取得功能、观赏两相宜的效果。

（3）在建筑风格上，全园应保持统一，既要有浓郁的地方特色，又要与公园的性质、规模、功能相适宜。新建公园可根据设计需求，选用新材料、采用新工艺、创造新形式，展现出独特的质感、透明度、光影等效果，契合现代景观设计的多元理念。

（4）景观小品在布局上多处于交通方便、风景视线开阔的地方，有些园林建筑和景观小品在公园中则是艺术构图的中心。对于一组园林建筑，要注意建筑的朝向与空间组合的关系，个体之间要有一定变化对比等。

6. 公园的服务设施

公园服务设施的设计应当充分考虑让游人有更多的体验、参与机会，即景观在被观赏的同时，也需要有更多的可触摸机会，充分调动人们参与的积极性，使人放松心情，愉悦心灵，这也正体现了城市公园的重要作用。在城市公园景观设计中要充分考虑公园的开放性特征，公园的边界与城市的其他部分具有良好的过渡，甚至围墙都可以取消，这样公园与其他空间将会直接接触，成为城市公共空间的延伸，这就为公园的参与性提供了又一种可能（图9-2-19～图9-2-22）。

图9-2-19 河北迁安三里河绿道设施/土人景观

图9-2-20 秦皇岛红丝带公园设施/土人景观

7. 植物景观设计

在城市公园景观设计过程中应充分考虑系统构成中植物物种的生态位特征，合理选择植物群落。在有限的场地上，根据物种的生态位原理进行乔、灌、藤、草、地被及水面的合理配置，并选择不同生活型（如乔木、灌木、藤本等）、生态类型（针叶、阔叶、常绿、落叶、旱生、湿生、水生等）以及高度、颜色、季相差异的植物，充分利用空间资源，构建多层次、多功能且结构科学的植物群落，最终形成长期稳定共存的复层混交立体植物群落（图9-2-23～图9-2-28）。

项目9 城市公园景观设计

图9-2-21 西安雁南公园服务设施（一）/土人景观

图9-2-22 西安雁南公园服务设施（二）/土人景观

图9-2-23 杭州太子湾公园植物群落

图9-2-24 上海世博后滩湿地公园湿地植物景观/土人景观

图9-2-25 上海延中绿地花境

图9-2-26 湖南烈士公园植物群落

图9-2-27 郑东新区湿地公园滨水植物群落

图9-2-28 杭州市民公园植物景观

针对城市公园的不同功能分区、景观功能和要求，植物造景需要有不同的侧重点。

（1）文化娱乐区：地表要求平坦开阔，绿化要求以花坛、花境、草坪为主，便于游人集散。该区域可适当点缀几株常绿大乔木，不宜多种灌木，以免妨碍游人视线，影响交通。室外铺装场地上应留出树穴，供栽种大乔木。各种参观游览的室内，可布置一些耐阴植物或盆栽花木。

（2）体育运动区：应选择高大挺拔、冠大而整齐的树种，以利夏季遮阳；但不宜用那些易落花、落果、种毛散落的树种。球场类场地四周的绿化要离场地5～6m，树种的色调要求单纯，以便形成绿色的背景。不要选用叶片反光发亮的树种，以免刺激运动员的眼睛。在游泳池附近可设置花廊、花架，不可种带刺或夏季落花落果的花木。日光浴场周围应铺设草坪。

（3）儿童活动区：可选用生长健壮、冠大荫浓的乔木来绿化，忌用有刺、有毒或有刺激性反应的植物。该区域四周应栽植浓密的乔木、灌木，与其他区域相隔离。

（4）游览休息区：以生长健壮的乡土树种为骨干，突出周围环境季相变化的特色。在植物选择上，根据地形的高低和天际线的变化，采用自然式配植树木。在林间空地中可设置草坪、亭、廊、花架等，在路边或转弯处可设月季园、牡丹园、杜鹃园等专类园。游人集中场所，在游人活动范围内宜选用大规格苗木；严禁选用危及游人生命安全的有毒植物；集散场地植物的布置方式，应考虑交通安全视距和人流通行，场地的树下净空高度应大于2.2m。成人活动场地种植宜选用高大乔木，树下净空高度不低于2.2m，夏季乔木庇荫面积宜大于活动范围的50%。

（5）公园管理区：公园管理区可根据各项活动的功能不同，因地制宜进行绿化，但要与全园的景观协调。

公园植物景观设计是公园景观设计中较为重要的一项内容，其对公园整体绿地景观的形成、良好的生态环境和游憩环境的创造起着极为重要的作用。公园植物景观设计一般要注意以下五个方面的内容。

（1）植物景观设计首先要满足分区规划的要求，并且与山水、建筑、园路等自然环境和人工环境相协调。例如，公园中的主要干道绿化可选用高大、荫浓的乔木和耐阴的花卉植物在两旁布置花境；休息广场四周可种植乔木、灌木，中间则布置草坪、花坛，既不影响交通，又能形成景观；展览室、游艺室等建筑物内可设置耐阴花卉，门前则宜种植浓荫大冠的落叶乔木或布置花台；水体中可以种植荷花、睡莲、水葱、芦苇等水生植物以创造水景，沿岸可种植耐水湿的草本花卉或点缀乔木和灌木以丰富水景。总之，公园中的植物造景首先应满足基本的功能需要，以此为前提，形成植物景观与人工景观的融合。

（2）植物景观设计要以乡土树种作为公园的基调树种。在公园树种选择上，应该有一个或两个树种作为全园的基调树种，分布于整个公园中。在数量上和分布范围上占优势的树种一般是乡土树种，这样植物的成活率高，既经济又有地方特色。例如，湛江海滨公园的椰林、广州晓港公园的竹林、长沙橘子洲景区的橘林等，都取得了基调鲜明的良好效果。

（3）植物景观设计要注意全园的整体效果。公园除应该配植基调树种外，还应在不同的景区配植不同的主调植物和配调植物，形成不同的植物主题。这样全园既统一又有变化，可以产生和谐的艺术效果。配调植物不宜太多，以免杂乱，其主要起烘云托月、相得益彰的陪衬作用。例如，杭州花港观鱼公园，按景色分为五个景区，在植物选择时，牡丹园景区以牡丹为主调植物，杜鹃为配调植物；鱼池景区以海棠、樱花为主调植物；大草坪区以合欢、雪松为主调植物；新花港区以紫薇、红枫为主调植物；密林区保留原有树木，增加常绿阔叶树；而全园又以广泛分布着的广玉兰为基调植物。全园各景区因主调植物不同而丰富多彩，又因基调植物一致而协调统一。再如，北京颐和园以油松、侧柏（乡土树种）作为基调树种遍布全园每一处，但在每一个景区中都有其主调植物，后山湖区夏天以海棠，秋天以元宝槭、山楂为主调植物，并且结合丁香、连翘、山桃等作为配调植物，使整个后山湖区四季常青，季相景观变化更替。

（4）植物配植应重视植物的造景特点。植物造景艺术不同于建筑艺术、绘画艺术等，植物是有生命的材料，它随着季节的变换产生不同的景观艺术效果，"四时之景不同，而乐亦无穷也"。利用植物的这种特性，设计师可根据景区、景点主题的不同创造不同的美景。

（5）植物搭配应确定种植类型和各类植物的种植比例，如乔木与灌木的比例、常绿植物与落叶植物的比例、密林与疏林的比例、草地与花卉的比例等。由于公园的大小、性质及所处地理环境不同，在公园规划时所采用的种植类型和植物的种植比例也不相同，从而形成不同的植物群落景观。

口袋公园规划设计

讨论思考

如何在历史公园的更新设计中平衡传统与现代？智能技术在公园设计中的应用有哪些潜在的挑战和机遇？

9.3 项目设计实训

9.3.1 城市公园景观实地调查

1. 调查目的

通过对城市公园的景观环境调查，开阔视野，积累第一手资料和感悟；理解城市公园的功能、作用及影响景观设计的因素，掌握现代城市公园景观设计的程序、内容与设计要点。

2. 调查要求

自选一处具有代表性的城市公园进行参观调研，开展问卷调查，并勾绘出典型环境的平面草图（可用彩铅辅助表达），然后做出分析，进一步给出改造建议。结合现场照片制作成PPT进行演示。

分组时可两三人一组，集体调研和交流，但须独立完成调查报告。调查内容见表9-3-1。

表9-3-1 调查内容

一、基本信息
（1）所调查的城市公园类型为（　　　）
A. 全市性综合公园　　　　　　B. 区域性综合公园　　　　　　C. 专类公园
（2）该公园位于：_____
（3）对该城市公园景观质量和使用是否满意（　　　）
A. 满意　　　　　　　　　　　B. 一般　　　　　　　　　　　C. 不满意
原因是：_____
（4）你的调查时间是：_____年___月___日（上午/下午/晚上），时间段是：___点到___点
二、对该城市公园景观环境的功能分区、空间尺度、场所及设施的调查
（1）该城市公园的整体布局结构如何？
（2）该城市公园的功能分区有哪些？请在平面示意图中表示。是否考虑了不同年龄段人群的使用要求？有哪些特点与设施？
（3）该城市公园的道路系统组织是否合理？请在平面示意图中表示。
（4）该城市公园景观环境中的空间类型有哪些？
（5）该城市公园景观环境中的场所设置是否合理？尺度是否适宜？
（6）该城市公园中的设施有哪些？是否满足需要？
（7）该城市公园景观环境中的无障碍设计如何？结合实例分析。
（8）该城市公园中最具有吸引力或人气最旺的区域有哪些？

续表

（9）该城市公园中的水景类型有哪些？有哪些不足？
（10）通过调查，请得出人在公共空间的行为尺度（通行、坐立、行坐结合、竖向依托等），完成相关项的填写。
（11）该城市公园中硬质景观和绿地之间的衔接过渡关系如何？举例分析。
（12）该城市公园中是否利用多样性的种植来增强并丰富使用者对颜色、光线、地形、坡度、气味、声音和质地变化的感受？举例分析。
（13）该城市公园景观环境中各种使用对象的行为活动有哪些？提供了哪些相应的活动场所？

9.3.2 某城市公园景观设计实训

1. 任务要求

（1）掌握基地建设条件（地形、小气候等），分析视线条件（基地内外景观的利用、视线和视廊），分析交通状况（人流来向、车流来向），分析基地与周边环境的关系，充分利用地形，塑造地形，合理布置不同性质的用地。

（2）学习和运用能展示滨水景观特色的造景手法，组织外部公共空间序列，创造独特优美的滨水空间环境。

（3）通过对基地使用者行为模式和心理需求的调查和分析，进行综合公园的空间组织，提出空间设计方案。

（4）通过对基地使用者行为模式和心理需求的调查和分析，进行主题公园设计。

2. 基地介绍

某城市公园（占地约 25hm^2）基地条件如图 9-3-1 所示，请按照所给条件和图纸要求完成该公园的设计。

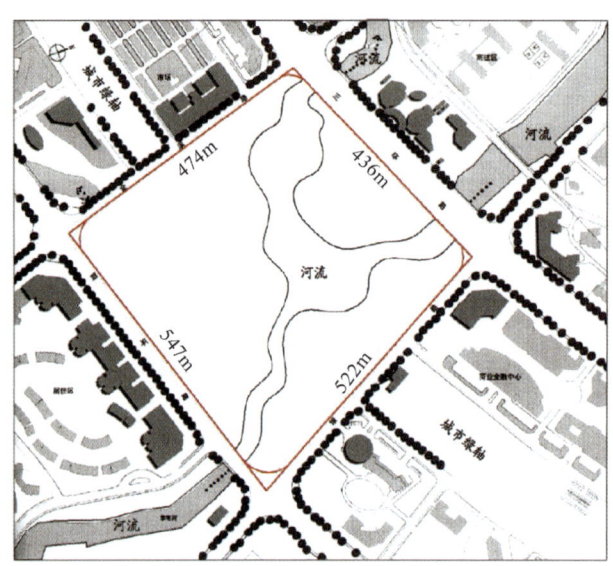

图 9-3-1 某城市公园景观规划设计

3. 任务分析

1)功能分区和场地设计

(1)服务区(包括管理用房、停车位、入口标志)。

(2)园林景观区(包括游览路线的确定、园路的分级、场所的设置)。

(3)老年人和儿童活动区(包括儿童游戏场地及设施、老年人琴棋书画室、健身草坪)。

(4)散步休息区(包括步道、公厕、休息设施等)。

(5)主题广场区。

(6)亲水区(设施内容自定)。

(7)其他(根据调研内容可自拟)。

(8)在公园基地内自选面积 5000m² 左右场地深化设计。

2)主题公园设计

结合社会文化背景,以及对基地使用者行为模式和心理需求的调查和分析,在教师指导下进行公园性质定位、功能规划、项目策划等,展开主题公园设计。

4. 图纸成果

图纸绘制要求独立完成,表现形式不限,采用 A1 图幅,每人 2~3 张(每人图纸成套统一)。图纸主要包括以下内容。

(1)调查报告(Word 文档)及前期分析、策划和概念阐述,文字结合图示表达。

(2)基地环境景观分析图和规划构思分析图,比例为 1:2500,包括地形现状分析和规划成果分析,内容有坡度、坡向、高程、排水、空间、流线、景观等分析。

(3)场地主要分析图,比例为 1:1500,包括现状分析和规划成果分析。

（4）公园规划总平面图（可选做植物配置内容，包括主要植物种类及布置形式），比例为1∶500。

（5）场地规划总平面图，比例为1∶300～1∶200。

（6）场地剖（断）面图，比例为1∶300～1∶200。

（7）表现图：公园全景鸟瞰图（或轴测图）及主要景点小透视图（不少于两个）。

5. 实施计划

（1）第1～2周，准备阶段：课堂理论学习、实地参观学习，明确设计用地范围，熟悉地形图，进行前期分析、策划及概念阐述，完成公园现状分析草图（1∶2500），初步确定场地设计范围及规划构思草图（1∶2500）（课堂检查）。

（2）第3～4周，一草阶段：完成公园规划构思草图，拟定规划功能结构及道路交通体系、绿化植物初选，初步确定公园规划总平面草图（1∶500）及场地设计草图（1∶300～1∶200）。

（3）第5周，中期评图阶段：展示公园规划总平面草图（1∶500），展示场地设计草图（1∶300～1∶200）。

（4）第6～7周，二草阶段：修改并确定公园景观设计方案，拟定植物配置草图，深化场地设计内容（课堂检查）。

（5）第8～9周，正图绘制阶段。

6. 任务评价

任务完成以后，每人准备以PPT形式汇报方案，全体同学集体参与评比。

知识拓展：口袋公园景观设计

项目 10

滨水景观设计

教学目标

本项目介绍了滨水景观的概念、类型、设计原则与内容等，学生通过案例导入学习滨水景观设计的相关内容。学生应了解滨水景观设计的方法、流程，熟悉各类滨水景观设计中驳岸、植物、道路、建筑等设计要素的运用场景，掌握滨水景观生态治理的方法和原则，响应绿色低碳、自然共生的景观设计发展趋势，完成滨水景观设计项目任务。

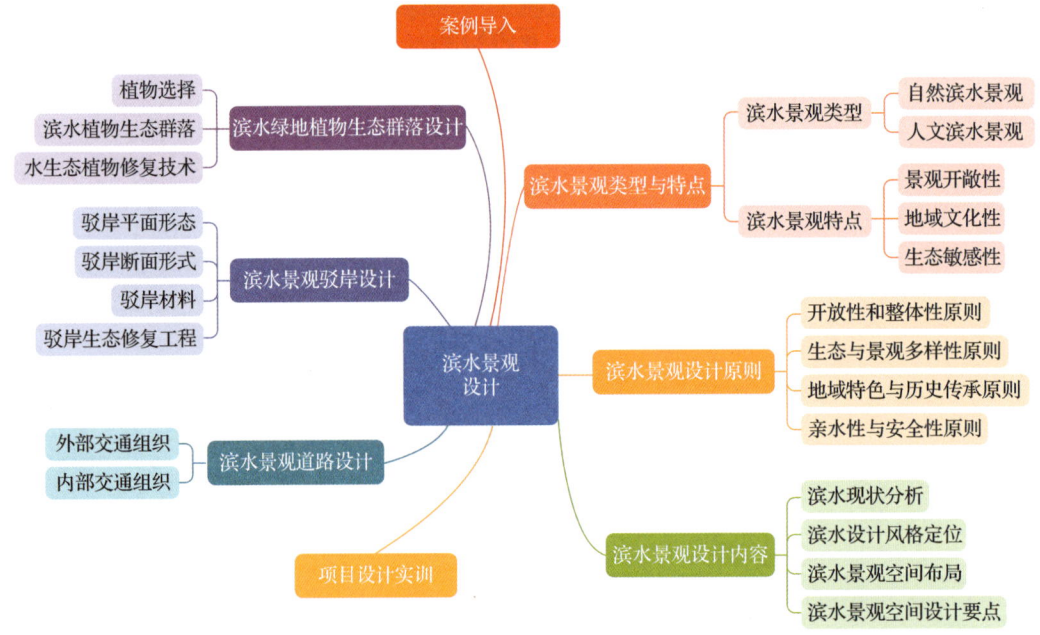

项目 10 滨水景观设计

10.1 案例导入

本项目案例为青岛市城阳区"五水绕城"滨水绿带改造工程,项目案例来源为青岛市市政工程设计研究院。

滨水景观规划设计案例

10.1.1 项目概况

青岛市城阳区"五水绕城"滨水绿带改造工程位于青岛市城阳区内,城阳区地处胶东半岛,其河流均为季风区雨源型沿海诸河,水系格局受地形地貌控制显著,多为独流入海的山溪性小河。主干河道包括桃源河、墨水河等,形成多层级河网体系。"五水绕城"项目主要是对墨水河、虹字河、小北曲河、南疃河、爱民河这五条过城区河道进行综合治理,青岛市城阳区"五水绕城"设计范围如图 10-1-1 所示,其中因墨水河河道在 2018 年整治完成,故本次改造中不再涉及,本次改造主要以虹字河、小北曲河、南疃河、爱民河四条河流为主。"五水绕城"滨水绿带改造工程,是融合城阳区内河流建成的河流滨水绿地、公路绿化带和防护林带等绿地空间,营造城市滨水线型空间,打造"归心乐泽,栖水悦城"的城市滨河绿地景观,结合"生态、人文、智慧、活力"等都市要素,带动水岸经济发展。

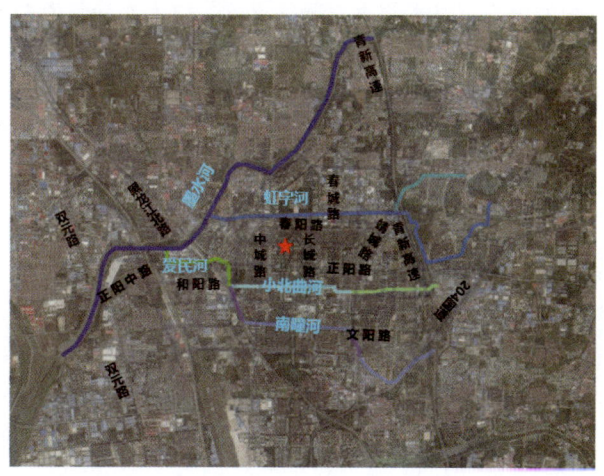

图 10-1-1 青岛市城阳区"五水绕城"设计范围/青岛市市政工程设计研究院

10.1.2 项目规划设计

青岛市城阳区"五水绕城"滨水绿带改造工程的主要内容包括:防洪工程、管线工程、景观工程、电气照明工程、结构工程等,本案例主要介绍其景观工程。

249

园林景观设计

1. 现状调研

1）收集相关设计资料

《中华人民共和国城乡规划法》《青岛市城乡规划条例》《公园设计规范》（GB 51192—2016）、《城市绿地分类标准》（CJJ/T 85—2017）、《城市用地分类与规划建设用地标准》（GB 50137－2011）、《国务院关于印发水污染防治行动计划的通知》（国发〔2015〕17号）、《山东省人民政府办公厅关于贯彻国办发〔2015〕75号文件推进海绵城市建设的实施意见》《青岛市城阳区公园城市建设规划（2021—2035年）》等。

2）现场勘察，资料收集

结合建设单位提供的图样资料，设计单位组织人员由项目负责人牵头前往基地进行实地勘察，尽快完成现场勘察报告。

（1）自然资源调查。

城阳区地处青岛市环湾都市区北部，东依崂山、南邻胶州湾、西傍桃源河、北接即墨区，形成"一山一带，多水入湾"的自然地理格局。白沙河、墨水河、洪江河、祥茂河与桃源河是主干河流，也是重要生态廊道，东部河道支流密集，水库密布，水系呈网状交织，生物资源丰富。

（2）人文资源调查。

青岛市城阳区历史文化底蕴深厚，旅游资源丰富，拥有渔盐文化、国学文化、田园文化等文化资源和法海寺、大通宫、城子遗址等文物保护单位，还兼备山色峪樱桃山会等地域节庆活动，旅游文化主题丰富，丰富的文化旅游景观受到市民广泛关注。

（3）现状分析。

通过上述调查与分析，"五水绕城"滨水绿带改造工程具有很丰富的自然资源和人文资源，设计上对爱民河、虹字河、小北曲河、南疃河四条河流进行综合整治，项目应以保护河流历史底蕴、生态基底为主，提升河道绿化景观、改善河道水质环境，将"以人为本，绿色低碳"的设计理念充分融入"五水绕城"滨水绿带改造工程中。

2. 编制滨水绿地规划设计文本

1）设计目标与立意

（1）生态层面，设计具有自然弹性的生态廊道，呈现中央河道—浅滩湿地—滨水草甸—生态林地生态体系，打造全覆盖的海绵城市型滨水绿地。

（2）城市层面，多维度激活城市触媒，"绿道系统+景观节点"构建贯穿河岸的绿道系统，以景观节点为圆心，形成城市活力源泉，触媒周边城市功能板块。

（3）人的层面，打造全龄参与的多彩活力水岸，服务多层次的人群分布，将滨水河岸与多彩居民生活融合。

2）设计原则

（1）因地制宜，展现人文特色，突出场地的地域特色与时代特征，打造历史人文与现代科技交相辉映的精品工程。

（2）遵循生态学原则，尽量保留和利用原有地形、植被，使滨水绿带主体项目与周围生态环境和谐共存，形成可持续的生态景观。

（3）体现以人为本的思想，设计内容和形式充分展现人性化。

3）总体规划设计阶段

以虹字河为例，虹字河全长 10.1km，绿化带宽度为 10～150m，设计总面积为 446 422m²。河道及两侧被现状车行桥、人行桥分为若干段落，每段具备不同的环境特征。全线划分五大功能区：活力运动区、自然林地区、居住休闲区、文化体验区、生态展示区，如图 10-1-2 所示。慢行跑步道、树阵广场、滨水街角公园、乒乓球场地、篮球场地、儿童活动场地、亲水栈道、亲水平台等多个景观节点将自然与人文生活融为一体，打造一条集生态防护、居民休闲及人文体验于一体的综合性滨水公园。

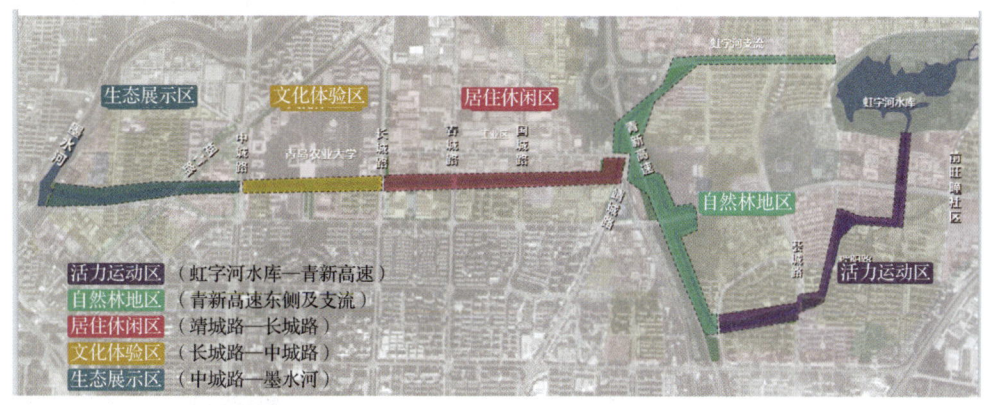

图 10-1-2　虹字河五大功能分区/青岛市市政工程设计研究院

活力运动区宽度为 25～50m，其河道宽度约 12m，单侧绿地宽度为 6～19m，结合生态理念将现状直立式硬质护岸改造为曲线护岸，同时采用复式断面形式，护岸曲化后增加水生植物，设计阶梯挡土墙、生态种植槽，增加河道生态景观效果（图 10-1-3）。

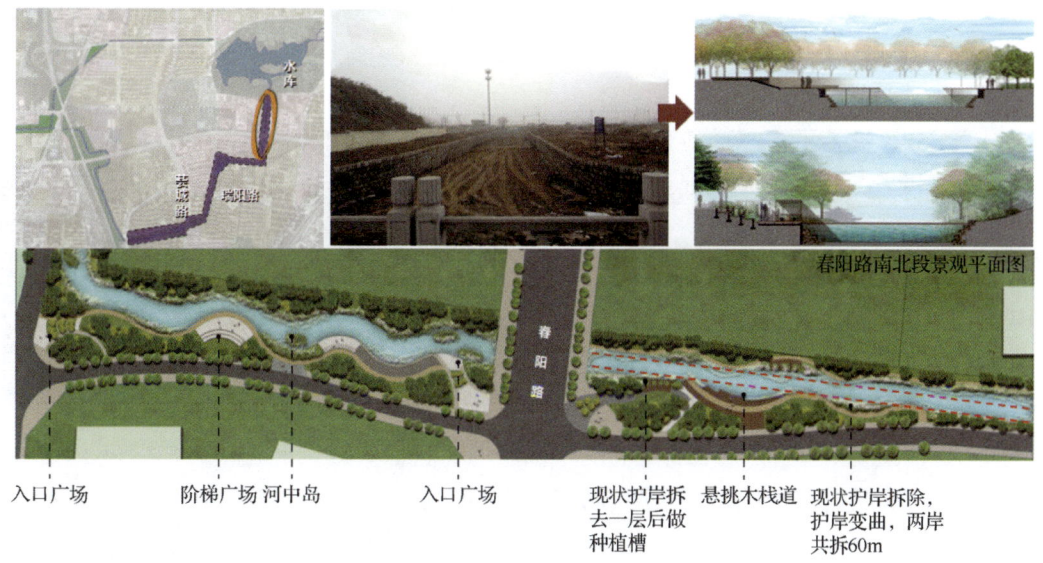

图 10-1-3　活力运动区河道改造设计/青岛市市政工程设计研究院

园林景观设计

自然林地区根据规划绿线，宽度约为150m，设计将营造一处生态湿地，通过生态岛、生态泡蓄积雨水、涵养生境，架设木栈道使慢行系统有效连接，形成具有科普教育功能的海绵城市湿地示范地（图10-1-4）。

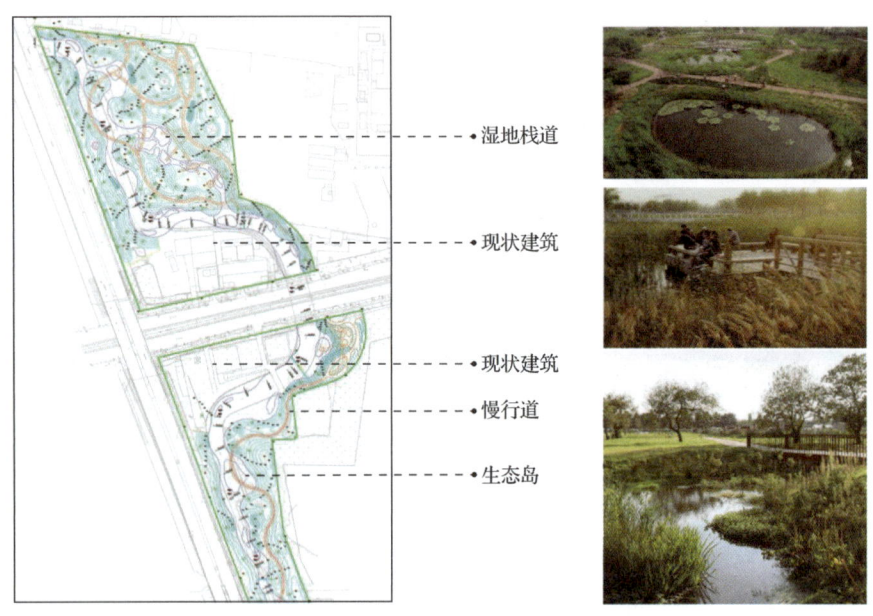

图 10-1-4　自然林地区部分河道景观平面图/青岛市市政工程设计研究院

居住休闲区，设计试图改变现状沥青道路带来的阻隔效应，在经济、安全、方便管理的基础上，局部打破通行性沥青道路（长度为120m），置换为停留性活动场地，其目的一是改变场地属性，二是减少原有道路带来的通直的视线感，以形成更加丰富的滨水空间（图10-1-5、图10-1-6）。沿道路一侧扩展台阶式木铺装，放置特色景观座椅、廊架、景亭等，从而为周边的老人、儿童提供交谈、玩耍的空间。

图 10-1-5　居住休闲区部分路段标准段平面设计/青岛市市政工程设计研究院

文化体验区部分路段标准段平面设计如图10-1-7所示。在空间设计中，沿河岸车行道至河岸形成异形花坛、湖畔剧场、交流平台、阶梯平台、研理平台等多重空间，景观效果层次丰富（图10-1-8）。

项目10 滨水景观设计

图10-1-6 居住休闲区部分路段标准段效果图/青岛市市政工程设计研究院

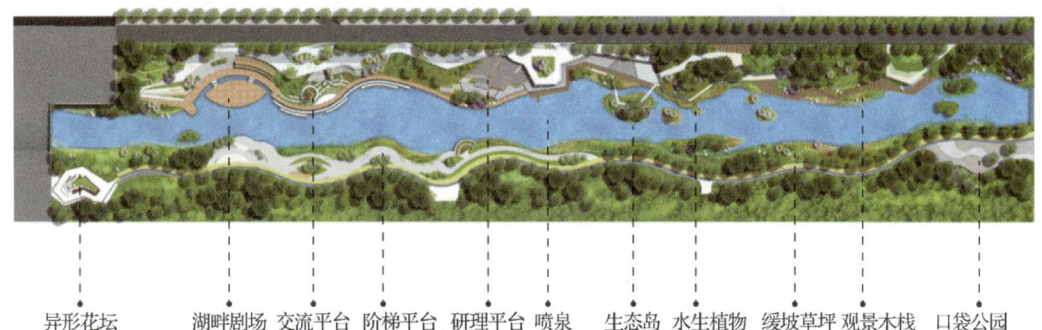

异形花坛　　湖畔剧场　交流平台　阶梯平台　研理平台　喷泉　　生态岛　水生植物　缓坡草坪　观景木栈　口袋公园

图10-1-7 文化体验区部分路段标准段平面设计/青岛市市政工程设计研究院

图10-1-8 文化体验区部分路段景观效果图/青岛市市政工程设计研究院

景观细节设计中，在滨水通行空间中自由穿插碎石、树池和座椅，提升场地的特色属性和游人认同感，在场地铺装上用序列性的星座灯带结合英文地刻，增添场地人文氛围。南岸以保留现

253

园林景观设计

状绿化为主，慢行道以 50 年一遇洪水位进行设计，下层以错层式游步道和活动场地为主，作为泄洪时可淹没的场地空间，设计开合景观空间，移步易景，丰富景观活动类型。文化体验区慢行道平面设计如图 10-1-9 所示。

图 10-1-9　文化体验区慢行道平面设计/青岛市市政工程设计研究院

文化体验区西侧区段北岸采用不同铺装组成的大台阶，形成逐级亲水的空间，通过穿插绿化、种植乔木，以保留林荫效果。亲水场所采用自由条石与周边区域顺接，木铺装上点缀黑色大小不一的石头作为座椅，颇有静谧的感觉（图 10-1-10）。

图 10-1-10　文化体验区西侧区段北岸效果图/青岛市市政工程设计研究院

生态展示区（图 10-1-11、图 10-1-12）中，被现状桥梁分割成的不同段落，均有节奏地布置着不同空间大小的活动场地，以流畅曲线构成的慢行道，串联起大小不一的活动场地，使其随地形起伏变化。入口通过休憩式树阵广场形成"当代生活园"节点，为周边的老人、儿童提供林下交谈、玩耍的活动空间，下层以行洪时可淹没的亲水木栈道结合拦水坝形成活力聚点，并考虑停车需求，增设停车位。道路两侧穿插布置休闲场地、亲水栈道、活动场地等，并结合廊架、花坛、儿童活动设施等，丰富滨水空间活动类型。

图 10-1-11　生态展示区平面图/青岛市市政工程设计研究院

图 10-1-12　生态展示区效果图/青岛市市政工程设计研究院

10.1.3　专项设计

1. 植物专项设计

目前，根据现状调研分析，虹字河城区段和郊野段景观风貌差异明显，城区段绿量大、主要乔木长势好，郊野段以自然风貌为主，有大面积杨树林，缺乏特色树种；小北曲河穿越城区，以柳树、法桐、白蜡、雪松、紫叶李等树种为主，两岸乔木高大、林下植被稀疏情况普遍；南疃河中层及地被整体缺失，裸露土地较多；爱民河以自然绿化景观为主，缺少层次丰富的植物搭配。因此，针对河道绿化现状，提出改造策略（图 10-1-13）。

2. 电气照明专项设计

"五水绕城"项目主要是对虹字河、小北曲河、南疃河、爱民河四条流经城区的河流进行电气照明设计，主要工程内容包括：景观照明系统、闭路电视监控系统、背景音乐系统等。

1）景观照明系统

方案设计秉持绿色生态的照明设计原则，将照明技术与生态景观有机结合，适当对景观节点、河岸线增加氛围照明，如采用射树灯投射花坛内的特选树种，用 LED 芦苇灯点缀主入口，采用灯带、台阶灯、栏杆灯、埋地灯等暗装于座椅、台阶、栏杆及铺装等位置，烘托整体夜景氛围。通过打造层次分明、有机和谐的夜景景观提高区域品质，构造具有景观特色、艺术品味且高效节能的滨水夜景景观。

虹字河—人文	小北曲河—品质	南瞳河—活力	爱民河—生态
氛围：诗情画意、五彩缤纷	氛围：层林尽染、树影婆娑	氛围：热情活力、生机勃勃	氛围：闲情逸致、神态细腻
特色：在城区段增添色叶植物和宿根花卉，烘托氛围	特色：依托现有大乔木，适当疏剪中下层，营造疏朗通透林荫景观	特色：种植树形规整有特色的乔木、突出色彩搭配	特色：以观赏草和野花组合为特色的生态河道
特色植物：红花槭、金叶复叶槭、流苏	特色植物：柳树、樱花	特色植物：朴树、碧桃、粉黛乱子草	特色植物：柳树、观赏草和野花组合

图10-1-13 "五水绕城"植物专项设计/青岛市市政工程设计研究院

2）闭路电视监控系统

结合河道景观设计方案，设置室外闭路电视监控系统，在出入口、主环路、主要活动广场及景观节点区布置摄像机，基本实现360°全景监控，便于河道的治安管理工作开展。

3）背景音乐系统

为营造与河道景区相契合的环境气氛，通过音乐烘托河道景观风貌，在主要景观节点设置室外背景音乐系统。此外，该系统兼备公园应急广播功能，显著提升河道管理效率。

3. 景观小品设计

滨水景观小品设计中，将景观雕塑、座椅、标识系统和健身器材等沿滨水河道节点布设，设计全民友好型公园，满足各年龄人群的活动需求，为周边居民提供良好的休闲、健身锻炼场地，形成人们互动、交流、游憩的城市滨水开放空间，营造充满活力的滨水景观。

10.2 相关知识

滨水景观概述

自古以来，滨水环境与人类的早期聚居地、文明发源地息息相关，人类傍水而居，在此生存、繁衍。水源是人类生命和文明的源泉，带给人类源源不断的生机和活力。人类对水有着与生俱来的亲近感，对滨水环境的需求早已从早期的生产、生活，融合到商业贸易、水产养殖、休闲娱乐、经济文化等各个领域。

随着社会进入信息化时代，人们对优美滨水环境能提高人居环境品质的认同感逐渐增强，更赋予了滨水景观更多的历史文化内涵，寄托了人们对美好生活的向往与追求。在现代社会中，滨水地带和滨水景观涵括范围更为广泛，既包括自然界中的滨海、滨河、滨湖、溪流、山涧瀑布、岛屿峡谷等，也包括城市中滨河景观带、港口驳岸、滨湖风景区等。

党的二十大报告中提到，"中国式现代化是人与自然和谐共生的现代化"，我们必须牢固树立和践行绿水青山就是金山银山的理念，为子孙后代留下山清水秀的生态空间，建设美丽中国。

我们在滨水景观设计中，应全面落实党的二十大报告中关于推动重要江河湖库生态保护治理的重要部署，助力美丽中国建设。针对不同河流、湿地、水库的生态情况，贯穿以下五点规划设计要求：第一，坚持系统观念，构建水生态环境保护新格局，打造流域水生态环境管理体系；第二，坚持问题导向，有力有效推进流域水环境保护治理，明确各流域保护治理重点，分区分类推进水土流失治理、流域重要生态空间管控、河湖湿地修复保护、生态缓冲区建设、水资源优化配置等重点工作；第三，聚焦重点流域，以黄河、长江等流域高水平保护推动高质量发展；第四，以人民为中心，为人民群众提供更优美的生态环境，突出滨水景观的景观价值、游憩价值和文化价值；第五，统筹发展与安全，切实防范水环境风险，全域普查，建立"河长制"，健全河湖管护体系。

此外，在滨水景观设计和生态修复中，运用基于自然的解决方案，在面对河流生态受损、河流污染等修复困境时，逐本溯源找出问题来源、因地因时制宜、分区分类施策，寻找生态保护修复的最优解决方案，同时加强滨水生态文明建设，提升滨水景观生态的多功能性，唤醒地域文化底蕴，增强民族文化自信和民族自豪感。

在水资源丰富城市的景观设计中，滨水景观设计需贯通滨水景观沿岸的水路交通系统，打造特色滨水环境，以带动滨水区域经济发展，并实现滨水环境的再开发和再利用，如上海苏州河滨水景观带（图10-2-1）、广州珠江风景带、巴黎塞纳河沿岸景观等。这些滨水景观通过设计完善的水陆交通系统，保护沿岸建筑群落风貌，营造植物水陆生态系统，完善市政管网和景观照明系统，建设滨水景观小品设施等专项工程，丰富了滨水景观的空间形态，实现了城市与水景的交融，促进了滨水景观的人文、生态、经济、智慧可持续发展。

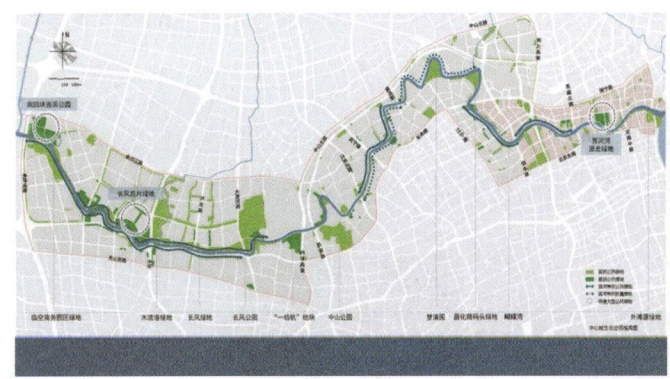

图10-2-1 上海苏州河滨水景观带

滨水景观是指由特定水域、周边相临陆域、水际线等共同构成的景观综合体。特定水域，即海洋水域、湖泊水域、江河水域、湿地水域等。特定水域景观设计包含水面的平面尺度、水体深度、水生态系统、水体水质、水体流速、人文特色、地域民俗、气候风力等景观要素；陆域景观设计包含陆地的动植物群落、建筑物、景观构造物或其他人文景观要素；水际线是水域与陆域划分的边界，常为驳岸、护坡等构筑物，连接水陆生态系统。此外，水际线的景观轮廓（图 10-2-2）是滨水景观设计的魅力所在，起伏曲折的水际线，将水天之间的陆域景观与水域景观融为一体，形成水天一色的景观效果。

 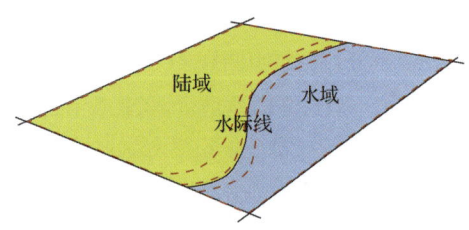

图 10-2-2　水际线的景观轮廓

现代都市生活中，人们追求健康、活力、多彩的滨水环境，因此，滨水景观设计逐渐成为景观设计的主流研究方向。优秀的滨水景观设计需要因地制宜地结合地域人文特色，统筹人类活动区域与水域场地的空间关系，通过系统性规划实现生态保护与景观营造，以满足生态保护的自然需求和人文景观发展的社会需求。

10.2.1　滨水景观类型与特点

滨水景观的设计要点

1. 滨水景观类型

滨水景观按滨水区地理区位与地域文化特质，可划分为自然滨水景观与人文滨水景观两大类别。

1）自然滨水景观

自然滨水景观具有较强的纯粹性和自愈性，人工干预因素影响较小。在滨海景观设计中，景观设计多集中于陆海交错带，且以生态保护、自然观光为主。

湖泊景观（图 10-2-3）分天然湖泊和人工湖两种，湖泊在景观设计中具有一定的旅游开发价值，同时也是水陆交通、水产养殖的重要组成部分，因此湖泊是滨水景观设计的重要场所，如杭州西湖、无锡太湖、江西鄱阳湖，这些内陆湖泊与城市发展、文脉变迁息息相关，为滨湖景观设计增添人文价值和现代活力。

图 10-2-3　湖泊景观

河流景观纵横交错,因流域地貌、气候条件、流域面积、流域长度等区别,河流景观呈现出多姿多彩的景观风貌,在人类文明史中留下无数亘古长存的美丽诗章。但如今,在城市现代化进程中,自然河流流域面积减少、水位降低、水污染问题层出不穷,人们在亲近自然、感受自然风光的同时,必须更好地协调自然滨河景观的生态保护与适宜性可持续开发问题。

湿地景观是自然滨水景观中特殊的一类,其定义有狭义和广义两种。狭义的湿地被认为是陆域与水域之间的过渡带,如长期或暂时水深不超过 2m 的低地、土壤充水较多的草甸,以及低潮时水深不过 6m 的沿海地区,涵盖沼泽地、湖泊、湿草甸、河流洼地、河漫滩、洪泛平原等。广义的湿地则被定义为地球上除海洋(水深 6m 以上)外的所有大面积水体。湿地被誉为地球之肾,是地球上重要的自然生态系统,湿地景观设计要充分考虑湿地的生态与环境功能,如维持生态平衡、保护生物多样性,以及水源涵养、蓄洪防涝、污染降解、调节气候、补充地下水、减轻土壤侵蚀等诸多作用。

2)人文滨水景观

人文滨水景观较自然滨水景观而言,受城市地理地貌、土地规划、建筑风格、地域文化、民俗风情、区域功能等人为因素影响较大。人文滨水景观包括园林区滨水景观、城市区滨水景观和居住区滨水景观。

园林区滨水景观,是环绕园林内外营造的滨水环境。园林理水历史悠久,汉代建章宫"一池三山",开创中国早期池泉园滨水处理的先例;隋炀帝营建西苑,将皇家宫苑"以山为形"的台地园转变为诗情画意的山水园;私家园林中的沧浪亭、拙政园、留园、退思园等,都将水景作为园林设计的重要元素,园林中水景设计是景观的核心区,沿水边布置假山置石、亭台楼阁,丰富水岸线景观,疏影摇曳,增添近水空间的层次感和人文滨水景观魅力。

现代公园中滨水景观因受中西方文化影响,有规则、自然、混合等多种动静态水景形式,如喷泉、瀑布、水帘、湖泊、池沼、溪涧等。多样的水景形式,结合滨水建筑、滨水植物、历史人文、道路系统、园建设施等,为现代园林景观空间增添了新时代的动态活力和艺术魅力(图 10-2-4)。

图 10-2-4 人文滨水景观

《城市意象》一书中提出城市空间景观的五要素为:道路、边缘、节点、地标、广场。城市区滨水景观既是城市的节点,又涵盖了城市空间景观五要素中各种景观要素。如图 10-2-5 所示,水陆港口、城市河道、滨水公园等滨水区与周边的陆域紧密相连,形成城市滨水带状景观或城市节点,在此基础上,设计师可将城市滨水区域中的绿化带、广场、林荫道、驳岸、建筑、桥梁、码头、港口等景观元素结合,营造连续、开放的滨水空间,如上海苏州河、苏州金鸡湖、长沙湘江风光带等水景空间已成为绿色、开放、共享、可持续的城市公共空间滨水景观带的典范。

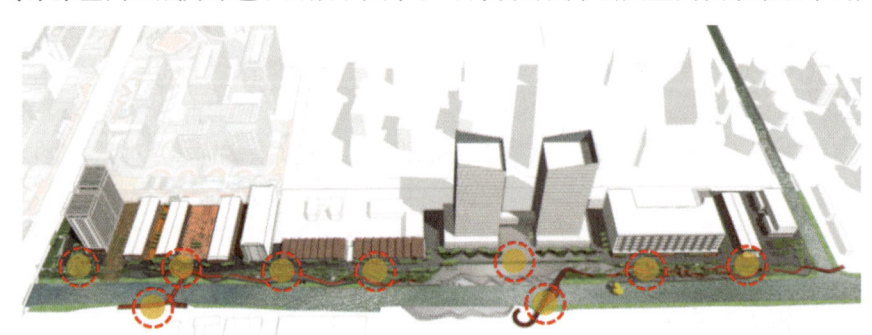

图10-2-5　城市区滨水景观要素分析

居住区滨水景观设计(图10-2-6),可利用自然滨水景观和人文滨水景观,形成动、静连贯的水系景观,如溪流、瀑布、叠水与假山置石、自然驳岸、规则水池等融合,既可仿中国自然山水之意境,又可烘托规则水景的静谧,为城市增添闲逸、典雅的休闲空间。

居住区滨水景观是居民休闲、游憩、交流、娱乐的生活共享空间,彰显着城市地域人文特色,突出滨水景观风光,连贯的滨水河道还有利于城市港口、河道交通运输业的发展。

图10-2-6　居住区滨水景观设计

综上所述,滨水景观营造具有防洪护坡、生态保护、景观美化、带动城市经济发展等多重效益,是城市中独特的自然人文景观。

2. 滨水景观特点

滨水景观因其独特性成为景观设计的重要组成部分,其特点主要有景观开敞性、地域文化性、生态敏感性。

1）景观开敞性

滨水景观具有良好的开敞性（图10-2-7），滨水景观沿岸设置连通的骑行步道、休闲广场、景观小品等景观设施，人们在滨水景观中可进一步亲近自然，沿着小溪、河流两岸漫步、骑行，感受自然风光，从而减缓市民生活工作的压力，为市民提供游憩、放松、休闲空间。

图10-2-7　滨水景观开敞性

2）地域文化性

伴随着城市发展，滨水景观以其特定地域的社会文化背景、地理特征和生活底蕴，呈现出自然生态景观与人工文化景观的相互融合，以提高滨水景观活力，增强滨水景观的文化性和趣味性（图10-2-8）。

图10-2-8　滨水景观地域文化性

3）生态敏感性

滨水空间具有丰富的生物种类，其生态异质性高，包括陆地—驳岸—消落带—浅滩—水域等多层次的生态断面结构，属于典型的水陆生态交错地带，其生态系统的组成、空间结构及分布范围对外界环境条件变化十分敏感。因此，保护滨水区的自然景观有利于丰富滨水生态多样性，调节生态环境，促进人与自然和谐发展（图10-2-9）。

图 10-2-9　滨水景观生态敏感性

10.2.2　滨水景观设计原则

滨水景观设计的核心在于生态基底与空间形态的协同建构，优秀的滨水景观设计，不仅可以改善流域环境质量，创造宜人的生态、生活空间，还能促进城市滨河绿地的经济效益增长，改善城市投资环境，提升城市吸引力。滨水景观一般应遵循以下原则进行设计。

1. 开放性和整体性原则

滨水景观属于城市开放空间，是城市公共游览场所，与城市交通、集散广场、滨水建筑、生态环境等空间相连，为居民及游客提供亲水游憩环境。此外，滨水景观设计需考虑城市整体景观效果，以及水域、陆域生态环境的融合。基于整体性原则，全面考虑城市水文、土壤、滨水生态环境、城市交通、公共活动空间等场地要素，形成一个综合设计方案，打造水陆交融的滨水风光，形成人居生活中亮丽的风景线。

2. 生态与景观多样性原则

滨水区是水域和陆域共同形成的完整滨水生态系统，具有景观多样性特点。因人为建设的干扰和不适当的土地开发建设，滨水景观的生态环境常受破坏，为保护滨水生态多样性，需依据滨水景观功能分区，进行区域生态保育，构建动植物自然生境，保障滨水景观生态环境的可持续发展。滨水景观的多样性主要指通过地形、景观建筑、植物、景观小品等元素的多样化设计和空间多层次组合，对滨水区立面和断面规划进行设计，营造滨水区丰富的景观层次。

3. 地域特色与历史传承原则

滨水景观具有生态、地理、气候、人文等地域特色，故设计中应通过挖掘本土文化、种植乡土植物、设计地域建筑、融入历史文脉等途径，传承地域历史文化特色，形成滨水景观独特的人文地域风格。在滨水景观设计时，将地域特色与传统文化融合，探索滨水肌理，保护和传承滨水历史建筑、民风民俗、文化活动等，形成体现地域文化和历史传承的滨水开放空间，提升滨水景观活力，增强人民的文化自豪感，增强滨水景观特色。

4. 亲水性与安全性原则

滨水景观亲水性原则，是指为实现人与自然和谐共处提供了亲水环境，滨水景观是城市景观共享性资源，其交通连续性是人们亲水游憩的重要保障。滨水景观安全性原则，是指针对滨水区的水体自然灾害和人为安全隐患所设置的规划原则，分析滨水环境特征及人们游憩行为，综合开发防洪堤岸、配置安全设施，通过合理设置各种滨水活动要素，保障滨水区各项活动的安全性。

10.2.3 滨水景观设计内容

滨水景观的详细设计

滨水景观设计常沿水域展开，相较其他景观，滨水景观设计场地具有一定的特殊性。滨水景观一般尺度范围较大，需结合自然环境、人文历史、城市规划、产业功能、区域交通等多方面影响因素进行规划设计。在滨水景观设计过程中，应遵循"生态优先，以人为本"的设计原则，调研区域中滨水环境的自然、人文基本情况，掌握场地中原有建筑、植被、道路、水系、地形等要素分布，分析场地问题，综合考虑滨水景观中自然与人工等要素特征，确立滨水景观设计定位、制定设计规划策略和构建滨水空间格局，组织滨水道路交通设计，结合不同人群需求，进行亲水空间、驳岸及植物等详细设计，并配以适宜配套设施（表10-2-1）。在滨水景观设计中，为了取得多层次的立体观景效果，一般可在纵向上沿水岸设置带状空间，串联各景观节点，每隔300~500m设计一处景观节点，构成纵向景观序列（图10-2-10）。

表10-2-1 滨水景观配套设施分类表

类目	主要设施
游憩设施	游憩茶室、游客接待处、游船码头、室外桌椅、休闲亭廊、遮阳棚等
休闲服务设施	自动售卖机、小卖部、公共卫生间、公园管理室等
卫生设施	垃圾箱、室外饮水器、室外洗手池等
交通设施	景区接驳站（公交站）、景区标识系统、景区导游图、停车场等
照明安全设施	室外灯具、消防栓、救生衣、游泳圈、护栏、急救设施等
无障碍设施	坡道、无障碍卫生间、无障碍通道等
智慧管理设施	智慧步道、AI互动设施、智能柜、光影跟跑设施、智慧导览等

图 10-2-10　上海闵行横泾港东岸滨水景观公共空间改造

1. 滨水现状分析

滨水现状分析是进行滨水景观设计的基础和依据，在规划设计前，需了解滨水场地中有关历史沿革、区位条件、气象条件、自然资源、经济文化发展状况等的区域概况，同时对场地内的现状自然要素和人工要素进行重点分析。

1）自然要素分析

自然要素分析，包括现状水文特征、地形地貌、植物生态等自然要素的分析。其中，水文特征分析对滨水景观设计影响最大。滨水设计中需了解水文基本概况，如水质情况，海域潮位变化，水体进水口、排水口、溢水口及闸门标高，以及江河水域的最高与最低水位、水域水流方向等（图 10-2-11）。

水体是相互连通的生态系统，水体的水质状况影响着滨水空间各类活动的设置，如亲水性较强的活动一般设在水质良好的区段，水质较差的区段需以曝气复氧、水生态种植等途径调节水质，可设置生态驳岸和较高的平台以保证观景效果。此外，水域的不同水位变化对滨水空间驳岸和景观设计也有较大的影响，如选用生态护坡、人工阶梯驳岸、混合驳岸等形式，保证水生态安全，满足不同时期的观景效果（图 10-2-12）。

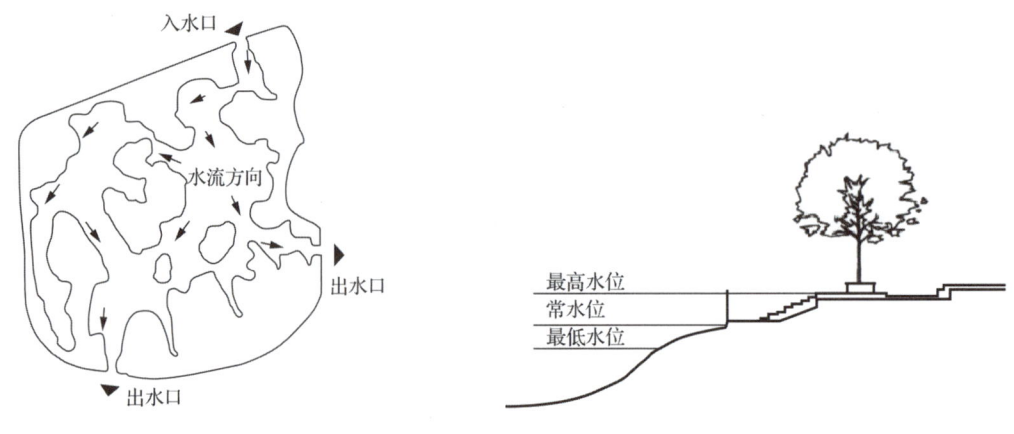

图 10-2-11　水域水流方向　　　　　　图 10-2-12　驳岸高低水位图

2）人工要素分析

人工要素分析，包括现状建筑物、道路、驳岸、市政管道、防洪及相关设施等的分析。现状建筑物体量较大时，应远离公共开放区与水边，在其周边保留一定开敞空间；小体量建筑物可安排在滨水开放区内，可选用通透性材质，增加景观层次感；道路依据路面宽度和景观断面层次，可设计成主环道、绿荫道、骑行道等（图10-2-13）；驳岸设计需根据水质的现状及变化情况适当调整岸线形式，选择合适的驳岸材质；市政管道的布设也对景观设计有较大影响。此外，滨水景观设计还应考虑暴雨、潮汛等极端气候对滨水环境的影响，防汛堤设计可以和车行交通、游人活动、景观绿化等结合。同时，在不同水位线处设置不同的景观设施，满足游人亲水、游乐、观景等功能需求。

图10-2-13　滨水要素设计

2. 滨水设计风格定位

在滨水景观的设计中，要充分挖掘和利用各种类型滨水区的资源潜力，从整体出发，建立符合地域生态及文化特色的滨水区功能空间。其总体功能设计应综合考虑滨水区现状、服务人群特点、地域景观功能体系等条件，明确场地的优势与面临的挑战，确定滨水景观设计的主要类型，如生态保护型、历史文化复兴型、亲水空间开发型和综合利用型等，不同的类型对应的景观主题和规划设计手法也有所不同。例如，武汉长江主轴滨水公园项目，旨在通过自然过程培育区域生态系统，协调滨水自然保护与人为建设的关系，防止不适当开发对滨水资源的生态破坏。通过提升生态系统服务功能、丰富物种多样性、增设休闲游憩设施等举措，最终实现人居环境改善与公众健康生活质量的提升，促进人与自然和谐共生。

3. 滨水景观空间布局

某滨水景观空间布局如图10-2-14所示。

在滨水景观的规划过程中，应该结合水体形态来进行滨水区的空间布局，常见的布局形式有线状、带状和面状三种（图10-2-15）。

1）线状滨水空间

线状滨水空间指狭长、封闭、有显著的聚焦性和方向性的滨水区域。线状滨水空间主要集中在狭小的河道上，由建筑群和绿化带形成连续的、较封闭的狭长廊道，进而形成线状滨水景观空间。其特点是内部景观空间和设施呈现"串珠式"布局，景观视觉效果富有高低层次变化。

2）带状滨水空间

带状滨水空间是指水面较为宽阔时，由两岸建筑、绿化等构成侧界面的滨水区域。其空间界定作用较弱，空间开敞，一般会有一条主环路贯穿整个景观空间，连接各个主要景观节点，且各空间利用程度高，容易形成景观节点和视觉焦点。

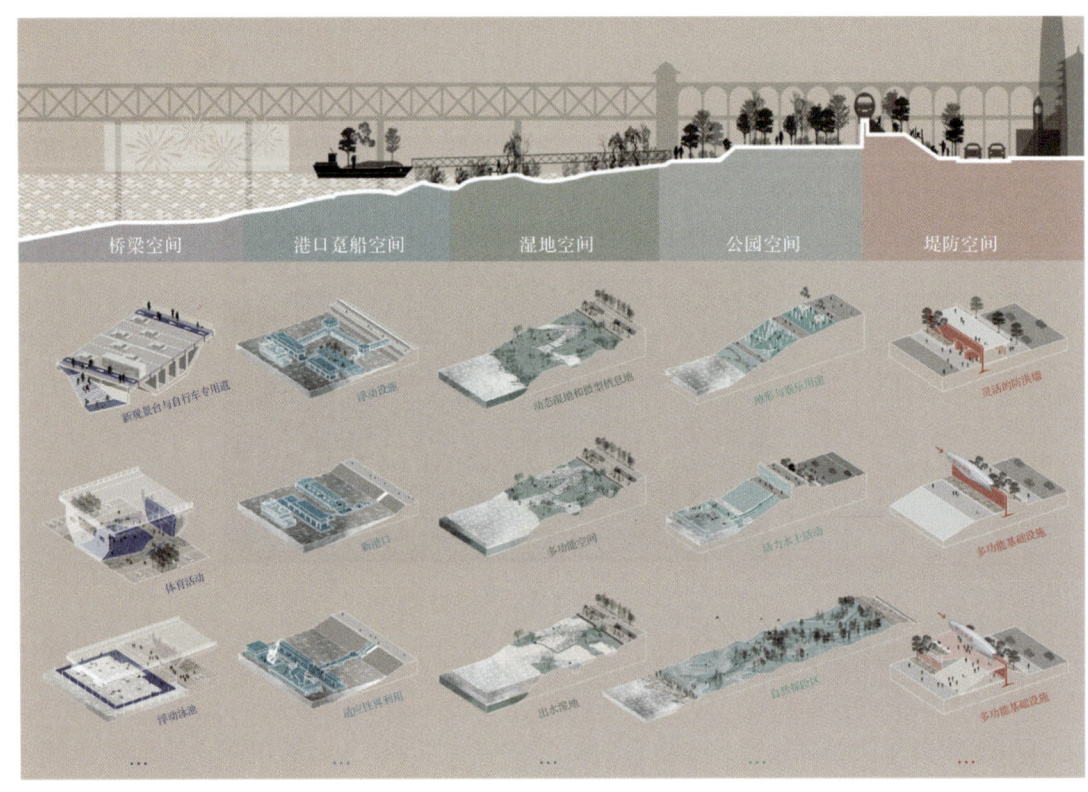

图 10-2-14　某滨水景观空间布局/Sasaki 事务所

（a）线状滨水空间

（b）带状滨水空间

（c）面状滨水空间

图 10-2-15　滨水景观空间布局形式

3）面状滨水空间

面状滨水空间是指水面宽阔、尺度较大、形状不规则、侧界面对空间的界定作用较弱、空间十分开敞的滨水区域，此类空间中水面的背景较大，如杭州西湖、南京玄武湖等。

4. 滨水景观空间设计要点

滨水空间设计中，水体进水口、排水口、溢水口及闸门的标高，应保证适宜的水位，并满足调蓄雨水和泄洪、清淤的需求。水体驳岸顶与常水位的高差及驳岸的坡度，应兼顾景观、安全、游人亲水心理等因素，避免岸体冲刷。

（1）水体水位可控时，滨水驳岸、亲水平台完成面高程应高出常水位或景观控制水位30cm以上，从安全角度考虑，亲水平台在正常蓄水位以下0.5m附近应设置安全平台，宽度宜大于2m，水深一侧应设置安全护栏和安全警示标志，安全护栏的围栏下部应增加防护设施以防止儿童落水，护栏高度尽量不低于1.1m。

（2）无防护设施的人工驳岸，近岸2.0m范围内的常水位水深不得大于0.7m；无防护设施的园桥、汀步及临水平台附近2.0m范围以内，常水位的水深不得大于0.5m；无防护设施的驳岸顶与常水位的垂直距离不得大于0.5m。淤泥底水体近岸应有防护措施。

（3）可涉入式溪流景观和不可涉入式溪流景观。从安全方面考虑，可涉入式溪流景观的水深要控制在0.3m以下。同时，水底可铺设防滑装置，考虑到居住区儿童会在溪流中玩耍，应在可涉入式溪流景观中安装水循环和过滤装置。不可涉入式溪流景观需设置安全警示标牌，警示游人，另外种植一些适应当地气候条件的水生植物，以增强整体的观赏性和趣味性。

（4）公园内水体外缘宜建造生态驳岸，岸顶至水底的驳岸坡度小于45°时应采用植被覆盖；坡度大于45°时应有固土和防冲刷的技术措施；地表径流的排放口应采取工程措施防止径流冲刷；以雨水作为补给水的水体，在滨水区应设置水质净化及消能设施，防止径流冲刷和污染。

10.2.4 滨水绿地植物生态群落设计

滨水绿地植物生态群落设计是将"水景"与"绿地"紧密相连，打造良好的水生态环境，具有丰富滨水空间植物种类、净化水环境、改善水质的生态作用。因此，在滨水景观设计中，营造滨水绿地植物生态群落，对保障滨水生态环境具有重要作用。

1. 植物选择

滨水景观包含水陆两种环境，在植物选择时，要依据生态学原理，综合考虑当地的滨水环境条件。常用的滨水植物有垂柳、水杉、池杉、云南黄馨、连翘、芦苇、千屈菜、菖蒲、香蒲、荷花、睡莲、水葱、茭白等。滨水植物配置需统筹水生、湿生、陆生植物种类，根据植物适宜水深（图10-2-16）、生态习性、景观配置效果等进行组合种植设计，以提高水体自净能力，改善河岸的自然状态，形成良好的水陆生物栖息环境。

陆生树种要以乡土树种为主，并将速生树种与慢生树种结合，注意常绿树种与落叶树种的比例。水生植物应选择地方性的耐水植物或水生植物，搭配其他能体现滨水景观特点的树种，使植被与水体的风格统一并突出其地方特色。

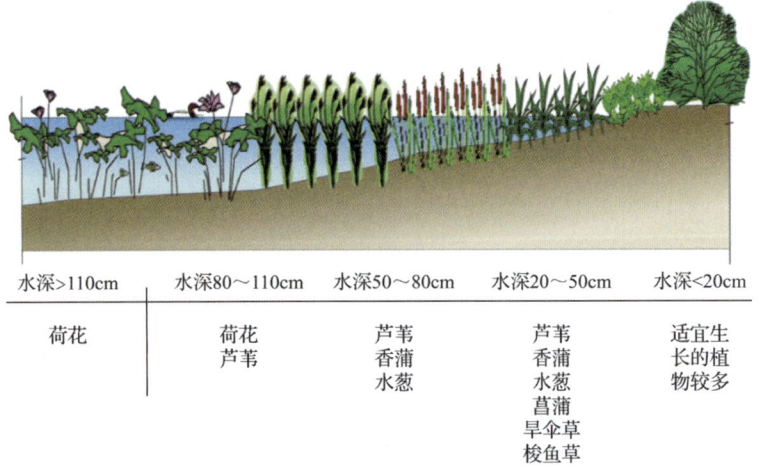

图 10-2-16 滨水植物适宜水深示意图

水生植物可以分为：挺水植物、浮叶植物、漂浮植物和沉水植物（表 10-2-2）。挺水植物植株高大，花色艳丽，绝大多数有茎、叶之分，直立挺拔，下部或基部沉于水中，根或茎扎入泥中，上部植株挺出水面。浮叶植物的根状茎发达，多花大、色艳，无明显的地上茎或茎细弱不能直立，叶片漂浮于水面上。漂浮植物的根不生于泥中，株体漂浮于水面之上，多数以观叶为主，这类植物既能吸收水里的矿物质，又能遮蔽射入水中的阳光，抑制水体中藻类的生长。沉水植物根茎生于泥中，整个植株沉入水中，具有发达的通气组织，有利于进行气体交换，它们的叶多为狭长或丝状，能吸收水中部分养分，在水下弱光的条件下也能正常生长发育，具有花小、花期短、以观叶为主的特点。

表 10-2-2 水生植物种类及具体植物和图示

水生植物种类	具体植物	图示
挺水植物	荷花、千屈菜、菖蒲、黄菖蒲、水葱、梭鱼草、花叶芦竹、香蒲、旱伞草、芦苇等	

续表

水生植物种类	具体植物	图示
浮叶植物	王莲、睡莲、萍蓬草、芡实、荇菜等	
漂浮植物	凤眼莲、大藻、满江红、槐叶萍等	
沉水植物	轮叶黑藻、金鱼藻、狐尾藻、黑藻、马来眼子菜、苦草、菹草等	

2. 滨水植物生态群落

滨水植物生态群落营造时要以乔木为主，乔、灌、花、草、藤混合栽植，因地制宜地将植物配置在一个群落中，使其相互协调，形成乔灌草复合种植层次和相宜的季相色彩。滨水植物生态群落设计，需考虑植物生态习性、形态特征，根据场地水位、土壤、阳光、空气、养分、水分等环境要素，采用自然式配植方法，构成和谐有序、稳定安全的植物群落。在生态敏感性较强的滨水区域，需减少人为干预，采用天然植被和群落，使其自然演替。按水域种植分区，以及浅水区到深水区的演变，植物群落可分为陆生植物带、水陆交错缓冲带以及湿生植物带。

陆生植物带（图10-2-17）是远离水域的林地植物群落，根据植物的郁闭度高低，可设计为密林+疏林草地的植物群落，为人们提供游憩活动的空间，同时降低水域外部不利因素对流域生态系统稳定性的影响。植物选择方面，以北方为例，密林可选择无患子、栾树、国槐、合欢、枫杨等；疏林草地可选择耐湿能力较好的植物，如池杉、垂柳、枫杨、白蜡、紫穗槐、落羽杉、石榴、紫薇等。

图10-2-17　陆生植物带

水陆交错缓冲带（图10-2-18）是陆生和水生植物群落的自然过渡，可种植挺水植物和耐水的深根性植物。因水陆交错缓冲带在丰水期会被周期性淹没，故采用矮菖蒲、红花酢浆草、结缕草、百慕大、狗尾草、千屈菜、黄菖蒲等形成开敞的滨水浅滩与大面积的草坪，构建多样的水陆交错植物群落和游憩娱乐空间。

湿生植物带（图10-2-18）可依据河流不同的水体深度，营造多样化的植物群落。湿生植物带可种植浮叶植物、挺水植物、沉水植物等，如千屈菜、水葱、菖蒲、睡莲、苦草等。

图10-2-18　水陆交错缓冲带和湿生植物带植物群落

3. 水生态植物修复技术

植物修复技术（图 10-2-19）是利用植物对水体中污染物的吸收、化合和降解作用进行生态修复的一种技术。通过选择适合生长在水中的植物，将其种植在受污染的水域中，利用植物的生物吸附、生物降解、生物转化等作用去除水体中的有害物质。

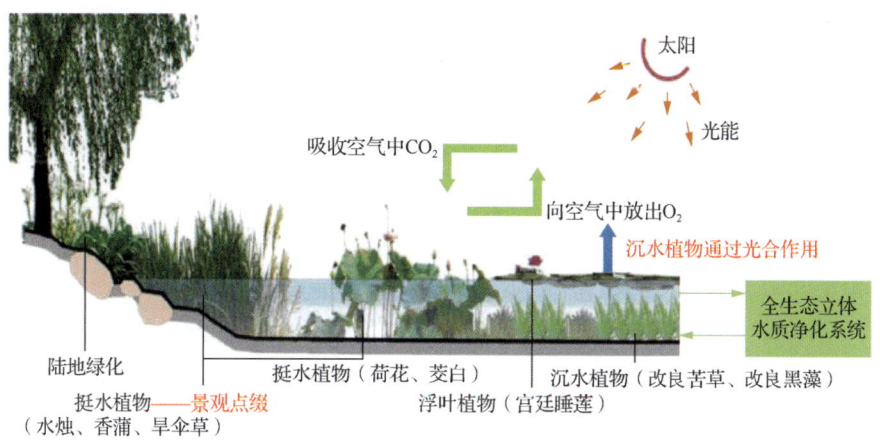

图 10-2-19　植物修复技术

植物修复技术中，从水域到河岸依次构建沉水植物、挺水植物、草本植被、林地的植物缓冲带，减缓径流、去除部分污染物并净化水质。

10.2.5　滨水景观驳岸设计

水环境生态修复

驳岸是用于保护河岸和堤防，使其免受河水冲刷的构筑物，是围护滨水生态环境和构建亲水安全空间的重要设施。驳岸的设计影响着人与水的亲近关系，是水、地、绿、人的中介与纽带，其形式直接关系到各种自然要素与人工要素的联系。驳岸设计主要包括平面形态、断面形式及驳岸材料等方面。

1. 驳岸平面形态

驳岸平面形态设计可以丰富水体边界形态，增强临水边界的亲水性。常用的平面形态有直线型、曲线型和混合型（图 10-2-20）。对于大型水体和风浪大、水位变化大的水体，贯穿城市的河道及规则式布局的地块中的水体，通常采用直线型驳岸。而对于小型水体和大水体的小局部，以及自然式布局的地块中的水体，常采用曲线型驳岸。具体设计时，应综合考虑岸线功能和自然条件，可采用混合型驳岸，对岸线凹凸处和不同岸线交汇处的节点进行重点设计，突出形态变化和亲水景观的变化，以避免岸线形态过于单调平直。

2. 驳岸断面形式

驳岸断面根据亲水功能、亲水安全性和防洪的要求进行不同类型的断面设计，以创造多样化的水际空间。总体而言，驳岸的断面形式（图 10-2-21）可分为自然生态型和人工自然型两种，二者均可结合亲水平台、码头、植物绿化和相关设施构成景观丰富的驳岸亲水活动空间。

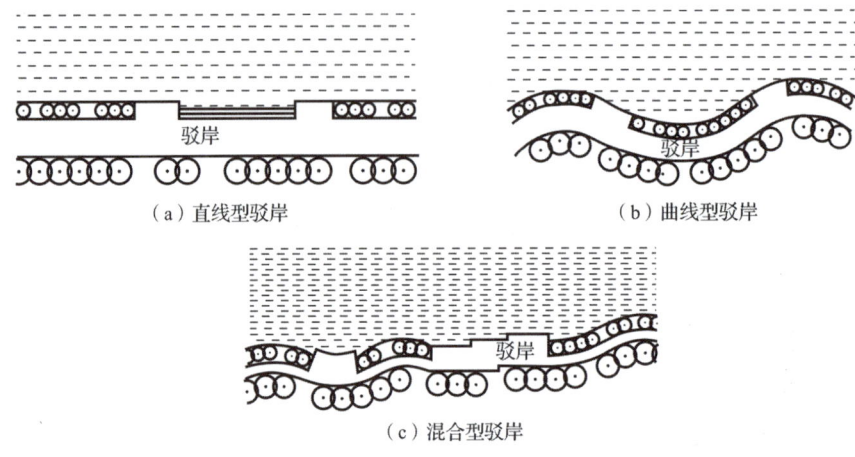

图 10-2-20　驳岸平面形态

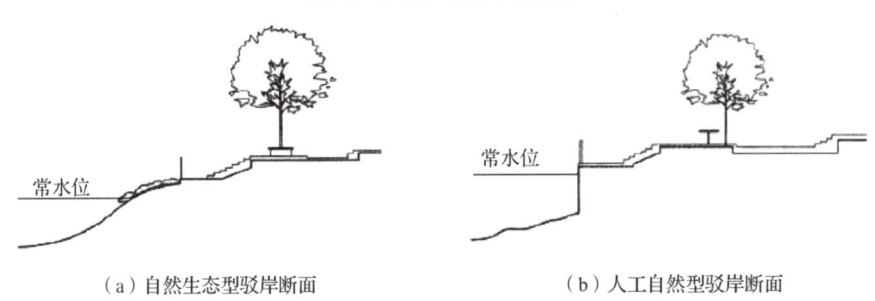

图 10-2-21　驳岸断面形式

自然生态型驳岸有自然原型驳岸和自然型驳岸两种。自然原型驳岸（图 10-2-22）指采用植物保护驳岸，以保持自然驳岸的特性，如临水种植垂柳、水杉以及芦苇、菖蒲等植物，由它们生长舒展的发达根系来稳固驳岸，加之柳枝柔韧，顺应水流，增强抗洪能力。

图 10-2-22　自然原型驳岸

自然型驳岸（图 10-2-23）指不仅种植植被，还采用天然石材、木材护底的驳岸。其抗洪能力较强，在坡脚采用石笼、木桩或浆砌石块等护底，其上筑有一定坡度的土堤，斜坡种植植被，乔灌草相结合，固堤护岸。

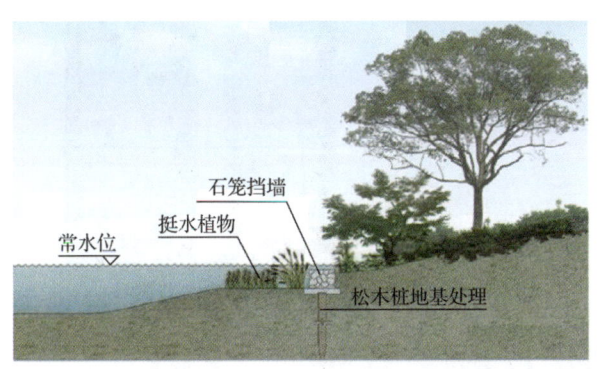 

图 10-2-23　自然型驳岸

如果水位的高差变化不大，水流速度较为缓慢，驳岸可采用自然生态型，使驳岸外观更加和谐自然。但对于大型水体，由于水急浪大，水位变化较大，驳岸容易因冲刷而崩塌，此时需选用人工自然型驳岸，其用石料浆砌，能抵抗较强的流水冲刷，且相对占地面积小，但其存在破坏河岸的自然植被、导致河岸自然侵蚀控制能力丧失、人工痕迹明显等缺点。

3. 驳岸材料

驳岸结构和材料的选用需综合考虑材料的强度、耐久性、施工性能、经济性、生态和景观效果等因素，最好能采用石材、木材等适用于水域生态条件的天然材料，采用柔性设计并结合植物绿化形成自然水岸。

1）植栽护岸

利用植栽护岸的施工方法，称为生态施工法。在河床较浅、水流较缓的河岸可以种植一些水生植物，在岸边可以多种柳树。这种植栽护岸不仅可以起到巩固泥沙的作用，而且树木长大后，会在岸边形成蔽日的树荫，可以控制水草的过度生长和减缓水温的上升，为鱼类的生长和繁殖创造良好的自然条件（图10-2-24）。植栽护岸是生态护岸中比较重要的一种形式，岸坡为自然式，主要类型包括乔灌栽植、芦苇栽植、草地种植及扦插，主要用于生态需求强、防洪压力小的河段。

2）石材和混凝土护岸

城市中的滨水景观一般处于人口较密集的地段，河流水位的控制及护岸的安全性十分重要，石材和混凝土护岸（图10-2-25）是当前较为常用的护岸形式。石材护岸中石材的抗冲刷、抗侵蚀性及耐久性好，常用形式为砌石护岸、石笼护岸、抛石护岸等。水流不是很湍急的河段，可以采用干砌石护岸，这样可以给一些植物和动物留有生存的栖息地。此外，不同护岸施工中，应采取各种相应的措施，如生态多孔混凝土护岸工程，是利用内部连续孔隙的多孔混凝土，实现高透水透气性，因此，在其间隙栽种野草，可淡化人工构造物的生硬感，增强护岸的固土功能。

3）木材护岸

木材护岸，即用处理过的圆木相互交错形成箱形结构的木框挡土墙，在其中填充碎石和土壤，并扦插活枝条，构成重力式挡土墙的护坡结构。其主要应用于峻峭的岸边防护，可减缓水流冲刷，促进泥沙淤积，快速形成植被覆盖层，营造自然型景观，为野生植物提供栖息环境。

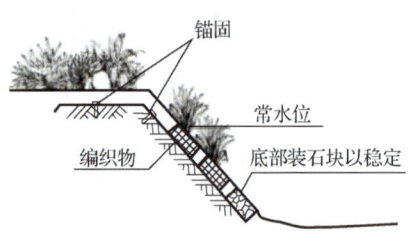
（a）植栽护岸

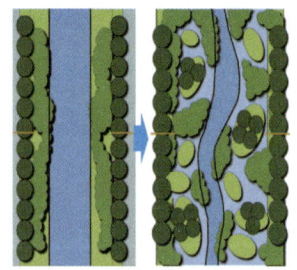
（b）生态施工法示意图

（c）植栽护岸的自然景观

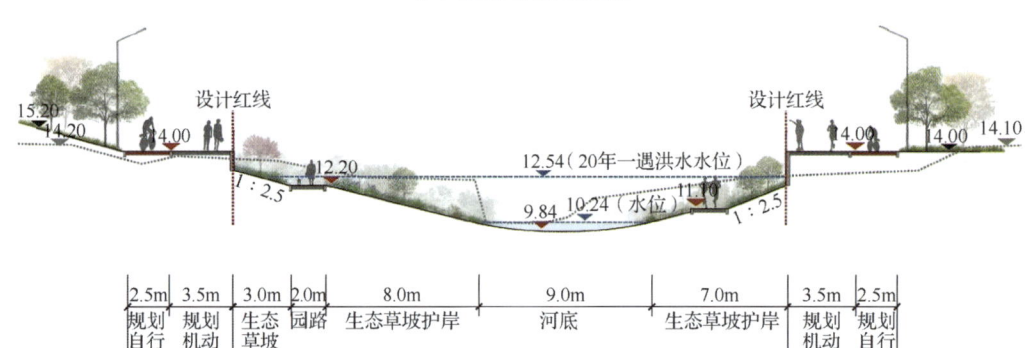
（d）植栽护岸的剖面图

图 10-2-24　植栽护岸生态景观

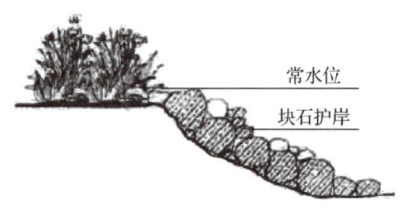
（a）石材护岸

（b）生态多孔混凝土护岸

图 10-2-25　石材护岸和生态多孔混凝土护岸

4. 驳岸生态修复工程

1) 修建丁坝

丁坝是一种水利工程设施，通常在与水流方向垂直或斜交的方向布置，呈交叉或成排的形式。丁坝可采用石块或圆木，以合适的角度使其一端伸入水域，一端与堤岸相接，与堤岸构成"丁"字形，可以减轻潮水对堤岸的冲刷，从而保护堤岸并提升抗潮防汛能力。建成后，丁坝的上游和下游会发生砂石堆积，堆积物内含粗砂、砾石、细砂质和有机物质，为水域中的水生生物提供了良好的栖息地（图10-2-26）。

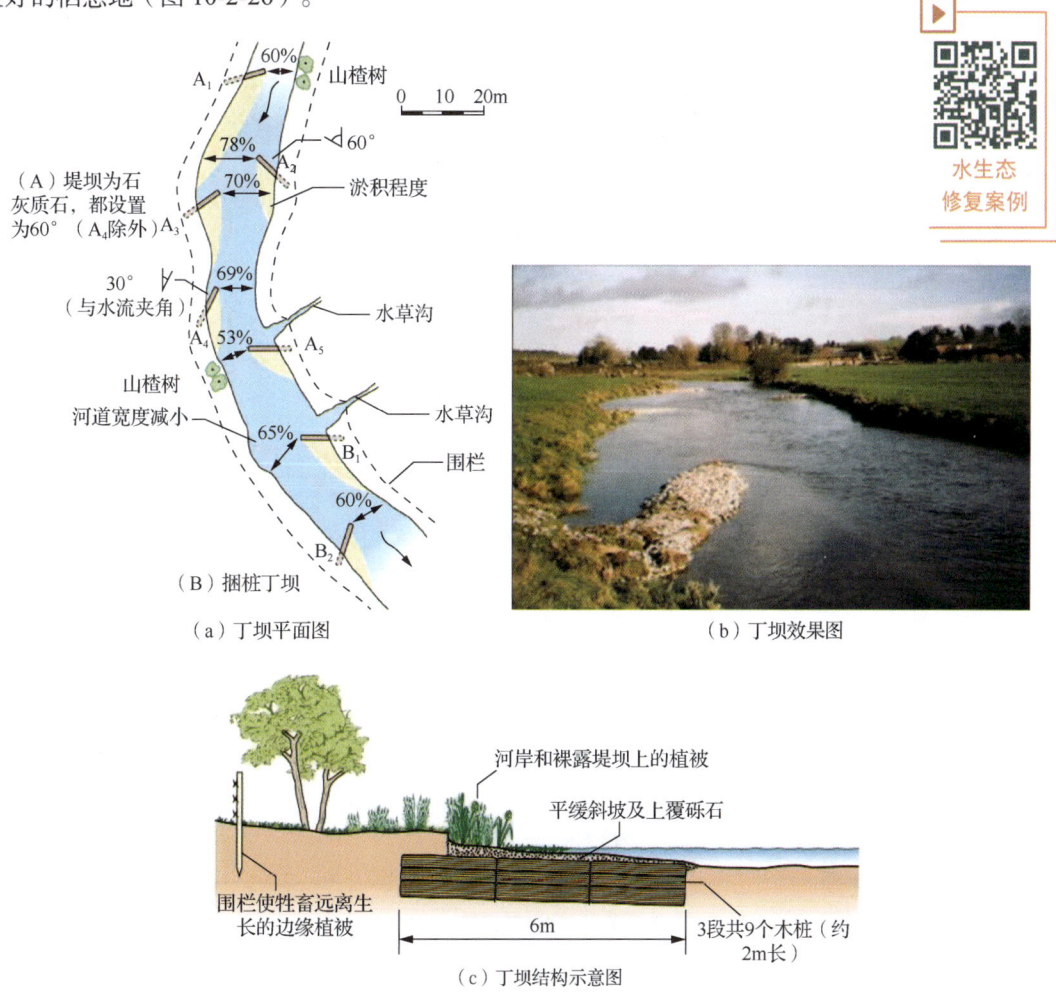

图 10-2-26　丁坝生态修复工程

2) 修建蓄水坝

蓄水坝是用块石建造的横跨河道的构筑物，其作用是提高水位、积蓄水量、集中水流，减轻雨水对河道的冲刷，并拦截砾石。在流速大的河段，可设置堰体，以减缓流速，并利用高差形成叠水景观（图10-2-27）。

图 10-2-27　蓄水坝生态修复工程

10.2.6　滨水景观道路设计

滨水景观道路设计包括滨水外部交通组织与滨水内部交通组织，打造区域交通—多层次滨水道路—滨水空间的交通组织体系，为人们的滨水游览提供方便可达的交通系统，将人们吸引到水边，使其可以亲近水体并接触水体，体验自然风光。

1. 外部交通组织

外部交通组织注重滨水区外围道路和区域交通体系的融合，鼓励采用滨水区公共交通和立体化交通设计。在景区主入口或次入口附近合理设置公共停车场，停车场内应配备一定数量的大巴车位、小汽车位及自行车停车位；在靠近各个入口的地方设置公交站点或地铁口，如在地铁口附近设置景区入口，在提高公共交通可达性的同时，也便于人群疏散。

2. 内部交通组织

内部交通组织应综合考虑内部道路的功能定位和等级体系，合理协调各功能片区的交通衔接，依据滨水地段的形态特性，建立水上交通、景观步道和自行车道等交通体系，以保证游憩活动的连续性、完整性及带状绿地空地空间的多样性。

1）水上交通

滨水区的水上交通方式有很多种，比如游艇、轮船、脚踏船、小舟等。乘船游览不仅缓解了在漫长绿地中散步的劳顿，而且因脱离陆地步行环境，视野发生了改变，能够更全面地观赏沿岸景观。同时，设置水上交通需考虑船只的停靠点，这些停靠点不仅要成为滨水区游览线路的衔接节点，还应成为景观空间的核心节点。因此，对于码头、集散广场、附属建筑和构筑物都要进行精心设计，使其以特殊造型形成特色景观。

2）景观步道

滨水区可设置滨水林荫道、亲水散步道、台阶蹬道、汀步、栈道等多样化的步行道路，这些道路通常沿各景观开敞空间的边缘布置。线路应蜿蜒且富于变化，以实现游客休闲散步、动态观赏等多元功能。

绿带内若规划两条或两条以上景观步道，可根据位置进行差异化处理，时而近水，时而远水，让游客体验多样的景观。例如，一条步道可沿岸线布置，高程控制在常水位线以上，使人感受水面的开阔并亲近水体；另一条步道的高程可与周边道路持平，两边可以种植高大的乔木及灌木。临近水边的步道，路面高程应与堤岸顶部平齐；为避免植物根系破坏堤岸，另一侧步道可布置自然式的乔木、灌木，形成层次丰富的林荫景观。

3）自行车道

当滨水空间具有一定宽度，且长度较长时，可以在空间内设置自行车道，并与游憩步道分开设置，保障步行者和骑行者运动安全并避免相互干扰。在滨水空间布置自行车道，原则上应安排在靠近机动车道的一侧，如果步行道位于较高高程则可将自行车道靠岸线布置。按照景观规划的要求，自行车的路线设计尽量采取直线形式，避免出现小半径弯道，且路面应平坦，具有一定宽度。在滨水空间的场地入口处或每隔一定距离应设计自行车租赁点与停放点，以提升游客游玩体验，沿自行车道可布局休闲游憩建筑，种植景观植物，以丰富滨水空间的景观氛围多样性（图10-2-28）。

（a）规划图

（b）效果图

图10-2-28　武汉长江主轴滨水公园自行车道/Sasaki 事务所

园林景观设计

　　武汉青山江滩公园自江边到临江大道，根据不同的高程设计了不同的景观交通带：一级为亲水休闲景观带，构成纵贯整个江滩公园的亲水休闲交通系统，场地高程为 21.00～23.00m，是汛期时会被水淹没的区域；二级为滨水漫步景观带，位于二级滩地最外沿，高程为 24.00～26.00m；三级是滩地游览景观带，交通步道连接景区主要景点、游乐场地、服务设施，场地高程为 26.00～27.00m；四级为堤顶观光景观带，位于景区高程最高的堤防上，场地高程为 28.00～30.00m，兼具健身步道、车行道和防汛护堤功能。此外，河道外部交通中，多条市政通道与青山江滩公园景观带相连，设置公共停车场、开放出入口，打造"无障碍"江滩开放共享的滨水景观带（图 10-2-29）。

图 10-2-29　武汉青山江滩公园景观带断面图/武汉生态环境设计研究院有限公司

  讨论思考

　　你的家乡有哪些河流、湖泊、湿地景观？自然滨水景观与人文滨水景观相比，你觉得它们各有哪些特点？

10.3 项目设计实训

某滨水景观设计实训

1. 实训目的

（1）了解滨水景观的特点。
（2）明确滨水景观布局原则和形式。
（3）掌握滨水景观设计的方法和步骤。
（4）掌握滨水景观的功能分区、道路系统设计、节点设计及常见滨水植物景观配置方法。
（5）增强滨水景观设计技能，创造出生态、优美、实用、亲和且富有文化智慧的滨水新环境。

2. 实训内容

（1）综合所学滨水景观设计基本知识和设计原则，参考设计案例，运用各种造园手法及园林构成要素进行滨水景观设计。
（2）按照园林景观设计的程序，选取本市现有滨水公园或空闲的河流绿地，开展模拟规划设计。
（3）学生实训成果汇报。学生通过手绘、电脑制图完成滨水景观设计项目，并以PPT、展板、视频等方式进行项目成果汇报。

3. 实训要求

1）实训建议

在实训前，教师需提前安排好实训地点（或模拟各种环境），带领学生进行现场勘查，宜准备设计需要的现状图或开展现状图测量。学生需在实训前预习实训内容，教师应讲解实训目的和重点，指导学生的实训过程，确保学生在规定的时间内完成实训任务。

2）实训条件

（1）学生已掌握滨水景观设计的程序步骤和滨水园林植物、花卉相关知识。
（2）学生已具备在滨水景观设计中运用园林构成要素、园林造景手法的技能。
（3）需准备图纸和相应的测量绘图工具。

3）图纸要求

（1）图纸大小及绘图比例自定，总体图面布局合理。
（2）图面构图合理，整洁美观；线条流畅，墨色均匀；并进行色彩渲染。
（3）图面图例、比例、指北针、设计说明、文字标注、尺寸标注、图幅等要素齐全，且符合制图规范。

4）设计要求

（1）立意新颖，格调雅致，具有时代气息，与周边环境协调统一。

（2）根据滨水景观的性质、功能、场地形状和规模，因地制宜地确定景观形式、内容和设施，体现滨水公园的景观特色。

（3）合理地进行功能分区，确定出入口的位置，布置滨水道路系统及主次园林景点和建筑。

（4）植物景观设计应遵循因地制宜、适地适树的原则，在统一基调的基础上，考虑植物景观的季相和色相变化。

4. 实训工具

电子经纬仪、标杆、皮尺、测绳、木桩、pH 试纸、记录本、绘图板、绘图纸、丁字尺、三角板、圆模板、量角器、铅笔、绘图墨水笔、彩色铅笔（或马克笔）、铅笔刀、橡皮、擦图片、曲线板、圆规、透明胶带、毛刷、图面材料、笔记本电脑（内含设计软件）等。

5. 方法步骤

（1）基础资料收集与调研：收集地形图、现状图等基础图纸资料；调查土壤条件、环境状况、社会经济条件、人口密度、现有植物状况等。

（2）现场勘查：包括实地测量、绘制现状图，掌握设计场地及周边环境情况。

（3）设计任务书的编写：通过对调查收集资料的分析，确定设计指导思想、设计原则，编写设计任务书。

（4）总体规划设计阶段：构思总体方案及植物种植设计。

（5）详细规划设计阶段：对各景点、景区、建筑单体、建筑小品及植物配置进行详细设计。

（6）编制设计说明书。

6. 成果要求

（1）总体规划图：比例为 1∶1000～1∶500，采用 A1 或 A2 图幅。图中要清晰标注山水、地形地貌、主次出入口、园路、广场、园林建筑及绿化用地。

（2）规划分析图：包括功能分区图、道路分析图、视线分析图、景观轴线分析图等。

（3）局部规划图：对于主要部分，需绘制比例为 1∶300～1∶200 的详细设计图。

（4）竖向设计图：在地形起伏较大处，进行高程设计，标注各主要部位的高程。

（5）植物种植图：需绘制比例为 1∶500～1∶200 的植物种植图。

（6）编制设计说明书：需写清设计指导思想、设计原则、分区功能、景点特色及相关景观、植物名录及其他材料统计表。

（7）汇报 PPT、展板或视频：汇报成果需涵盖项目名称、设计目录、设计原则、滨水景观总体规划设计、效果图、详细规划设计及滨水景观项目预算单。

参 考 文 献

陈六汀，2012. 滨水景观设计概论[M]. 武汉：华中科技大学出版社.
丁绍刚，2018. 风景园林概论[M]. 2版. 北京：中国建筑工业出版社.
董晓华，周际，2021. 园林规划设计[M]. 3版. 北京：高等教育出版社.
高钰，2016. 庭园景观设计[M]. 北京：机械工业出版社.
刘颂，刘滨谊，温全平，2011. 城市绿地系统规划[M]. 北京：中国建筑工业出版社.
栾春凤，白丹，2017. 园林规划设计[M]. 2版. 武汉：武汉理工大学出版社.
马库斯，弗朗西斯，2020. 人性场所：城市开放空间设计导则：第2版[M]. 俞孔坚，王志芳，孙鹏，等译. 2版. 北京：北京科学技术出版社.
麦克哈格，2006. 设计结合自然[M]. 芮经纬，译. 天津：天津大学出版社.
秦一博，2017. 广场景观设计项目教程[M]. 北京：人民邮电出版社.
斯塔克，西蒙兹，2014. 景观设计学：场地规划与设计手册：第5版[M]. 朱强，俞孔坚，郭兰，等译. 北京：中国建筑工业出版社.
赵肖丹，陈冠宏，2012. 景观规划设计[M]. 北京：中国水利水电出版社.
赵肖丹，宁妍妍，2012. 园林规划设计[M]. 北京：中国水利水电出版社.
张东强，李海燕，2019. 滨水植物景观设计[M]. 北京：化学工业出版社.